AI办公高手速成

工具与提效技巧大全

王先涛 徐捷◎编著

机械工业出版社
CHINA MACHINE PRESS

图书在版编目（CIP）数据

AI 办公高手速成：工具与提效技巧大全 / 王先涛，徐捷编著．-- 北京：机械工业出版社，2025. 3.

ISBN 978-7-111-77519-5

Ⅰ. TP317.1

中国国家版本馆 CIP 数据核字第 202533AS21 号

机械工业出版社（北京市百万庄大街 22 号　邮政编码 100037）

策划编辑：孙海亮　　　　责任编辑：孙海亮

责任校对：李　霞　张雨霏　景　飞　　　　责任印制：刘　媛

涿州市京南印刷厂印刷

2025 年 3 月第 1 版第 1 次印刷

170mm × 230mm · 16.75 印张 · 278 千字

标准书号：ISBN 978-7-111-77519-5

定价：69.00 元

电话服务		网络服务	
客服电话：	010-88361066	机　工　官　网：	www.cmpbook.com
	010-88379833	机　工　官　博：	weibo.com/cmp1952
	010-68326294	金　　书　　网：	www.golden-book.com
封底无防伪标均为盗版		机工教育服务网：	www.cmpedu.com

前言

痛点分析

在职场办公的征途中，你是否曾为了一份紧急的文档熬夜加班？是否曾为了一次烦琐的数据分析而焦头烂额？又是否曾为了一篇高质量的文案而绞尽脑汁？在当今这个信息爆炸、节奏飞快的职场环境中，每一位职场人士都面临着前所未有的挑战与压力。

痛点一：重复劳动，耗费时间精力

在日常办公中，我们需要处理大量的重复性任务，如编写办公文档、制定公司制度、分析与整理表格数据、制作 PPT 课件等。这些工作虽然重要，却容易陷入机械化操作，导致时间的大量浪费和精力的过度消耗。

痛点二：创意枯竭，创新难以为继

在快速变化的职场环境中，员工通常面临巨大的压力和紧迫的时间要求，无论是撰写文案、设计营销方案，还是制作视觉内容，往往都需要在短时间内完成，这种高压的工作环境容易抑制创造力，使人陷入思维固化状态，难以突破已有的框架。

痛点三：效率低下，无法快速响应

现代职场中，处理大量信息已经成为常态，尤其是在文档处理、数据分析、报告编写等领域。然而，传统手工处理信息的方式耗时长、易出错，员工往往需要花费大量时间整理、筛选和分析信息，导致工作效率大幅下降，拖慢整个团队或公司的进度。

写作驱动

无论是繁重的文档处理工作、复杂的数据分析任务，还是创意无限的文案撰写与营销策划工作，每一项都考验着我们的效率与创造力。这些看似平常却烦琐复杂的任务，不仅占据了我们大量的工作时间，还常常让人感到力不从心，导致难以兼顾效率与质量。而这本书，正是为了解决这些痛点而编写的。

本书旨在为职场人士打造一套全面的提效 AI 工具包。我们深知，在 AI 技术日新月异的当下，将其巧妙融入日常办公中，不仅能极大地提升工作效率，还能让工作变得更加智能、精准，让我们富有创造力。

因此，本书精心挑选了当前市面上最为实用、高效的 18 款主流 AI 工具，结合具体场景，从文档处理、表格处理、PPT 制作、文案生成、图像生成、视频生成、人事管理、编程辅助、营销策划到职场提效等多个维度，全面剖析职场办公中的常见问题，并提供针对性的 AI 解决方案。

本书亮点

本书集实用性、创新性与前瞻性于一体，主要包括以下 4 个亮点。

❶**全面覆盖，场景丰富**。从文档处理、表格处理到 PPT 制作，从文案生成、图像生成到视频生成，再到人事管理、编程辅助、营销策划和职场提效，本书涉及 50 多个行业与岗位，几乎涵盖了职场办公的所有关键领域，每一章都围绕特定场景展开，确保读者即学即用。

❷ **AI 赋能，智能提效**。本书对 18 款 AI 工具进行了全面而深入的介绍，包括百度文库、腾讯文档、讯飞智文、Kimi、通义、橙篇、文心一格、豆包、ProcessOn、即梦 AI、可灵 AI、剪映、天工 AI、文心一言、讯飞星火、秘塔 AI 搜索、ChatGPT、智谱清言。使用这些 AI 工具不仅能够显著提升工作效率，还能激发工作灵感，让职场办公变得更加轻松有趣。

❸**实战导向，案例丰富**。为了让读者更好地理解和掌握 AI 工具的使用技巧，本书中的 125 个实例干货内容，全面涵盖日常办公中的常见任务，并结合行业特点和具体需求进行介绍，确保读者能够学以致用，将所学知识迅速转化为实际工作能力。

❹资源丰富，学习无忧。本书赠送150分钟同步教学视频、170多个素材与效果文件等学习与教学资源。这些资源将帮助读者更加直观地了解AI工具的操作流程和使用技巧，让学习变得更加便捷和高效。

特别提醒

❶版本更新：本书在编写时，是基于当前各款AI工具的界面截取的实际操作图片。本书涉及多种软件和工具，其中百度文库App为9.0.70、腾讯文档App为3.8.2、Kimi智能助手App为1.4.5、通义App为3.11.0、豆包App为5.2.0、快影App为V6.58.0.658004、剪映App为14.6.0、剪映电脑版为5.3.0、天工App为1.8.5、智谱清言App为2.4.3、讯飞星火App为4.0.10、秘塔AI搜索App为1.0.9。虽然在编写的过程中，是根据界面或网页截取的实际操作图片，但书从编辑到出版需要一段时间，在此期间，这些软件和工具的功能和界面可能会有变动，在阅读时，应重点学习书中的思路，然后举一反三应用到工作中。

❷提示词的使用：提示词也称为关键词、指令或“咒语”。需要注意的是，即使是针对相同的提示词，AI工具每次生成的文案、图像和视频也会有差别，这是因为模型每次会基于算法与算力得出新结果，是正常情况。因此，大家按书中步骤进行操作，看到的结果与书中的截图与视频可能有所区别。即便大家用同样的提示词自己再生成一次，得到的文案或效果也会与上一次有差异。因此，在扫码观看教学视频时，读者应把更多的精力放在提示词的编写和实操步骤上。

❸内容说明：本书虽然分了10章，包括文档处理、表格处理、PPT制作、文案生成、图像生成、视频生成等内容，各章甚至小节对应的AI工具都不同，这些AI工具的功能都各有所长，但是大家不要受章节限制，要找到适合自己的工具与功能。书中介绍的某个工具的某些功能，其实在其他部分AI工具中也有，限于篇幅，不再一一介绍，大家可以自己去尝试操作。另外，在撰写本书的过程中，因为篇幅有限，对于AI工具回复的内容只展示了要点，详细的回复文案，请读者查看随书提供的完整效果文件。

❹版本说明：为了让大家学到更多，对于具有相同功能的工具，在同一章会有一部分侧重讲网页版，一部分侧重讲手机版，这样大家可以融会贯通。

素材获取

如果读者需要获取书中案例的素材、效果、视频和其他资源，请使用微信“扫一扫”功能，按需扫描下列对应的二维码即可。

作者售后

感谢胡杨、苏高等人参与资料整理。由于作者水平有限，书中难免有疏漏之处，恳请广大读者批评、指正。沟通和交流请联系微信：xujielaoshi88。

CONTENTS 目录

第2章 表格处理

AI数据分析与自动化图表

第3章 PPT制作

AI大纲生成与自动化编辑

第8章 编程辅助 AI代码生成与错误检测

第9章 营销策划

AI赋能品牌推广与活动运营

第10章 职场提效

AI金融分析与行业信息搜索

文档处理

AI 办公提效与智能化创作

在当今这个信息爆炸的时代，文档处理成了职场人士日常工作中不可或缺的一环。然而，随着文档数量的激增和复杂度的提升，用传统的手工处理方式逐渐让职场人士感觉力不从心。此时，AI办公提效就显得尤为重要。无论是辅助生成PPT、制作思维导图、撰写研究报告，还是写小红书爆款文案，AI都能迅速准确地完成信息处理，并自动生成相应内容。本章主要介绍使用百度文库进行智能办公的方法，帮助职场人士快速提升工作效率。

1.1 百度文库：下载、注册与登录

百度文库作为百度公司推出的“一站式 AI 内容获取和创作平台”，功能经过不断完善，已经发展成为中国领先的在线文档和知识服务平台。在 AI 办公领域，百度文库凭借其丰富的功能、强大的技术支持和广泛的文档资源，展现出了显著的优势。

使用百度文库处理办公文档之前，首先需要用户注册与登录网页版百度文库，还要掌握在手机中下载与登录百度文库 App 的方法，本节将进行详细讲解。

1.1.1 注册与登录网页版百度文库

扫 码
看视频

在使用百度文库网页之前，用户需要先注册一个百度账号，登录百度文库后才可以使用百度文库的 AI 功能进行文档处理。下面介绍注册与登录百度文库网页的方法。

STEP 01 在计算机中打开浏览器，输入百度文库的官方网址，打开官方网站，单击上方的“登录”按钮，如图 1-1 所示。

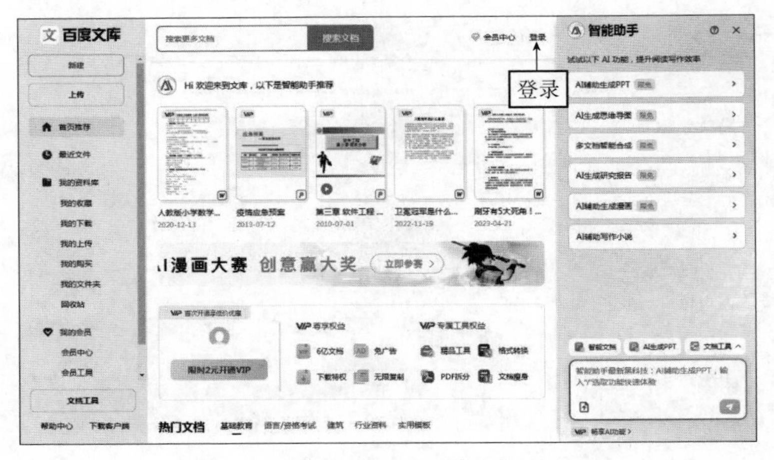

图1-1　单击上方的“登录”按钮

STEP 02 执行上述操作后会弹出相应窗口。如果用户已经拥有百度账号，则在“账号登录”面板中直接输入账号（手机号 / 用户名 / 邮箱）和密码进行登录。也可以使用百度 App 扫码登录。如果用户没有百度账号，则在窗口的右下角位置单击“立即注册”按钮，如图 1-2 所示。

图1-2　单击"立即注册"按钮

STEP 03 执行操作后进入"欢迎注册"页面，如图1-3所示，在其中输入用户名、手机号、密码和验证码等信息，选中底部的协议相关复选框，然后单击"注册"按钮，即可注册并登录百度文库。

图1-3　进入"欢迎注册"页面

1.1.2　下载与登录百度文库App

扫码看视频

如果用户需要在手机上使用百度文库进行AI办公，就需要在应用商店中下载百度文库App并登录，具体操作步骤如下。

STEP 01 打开手机中的应用商店，点击搜索栏，在搜索文本框中输入"百度文库"，点击“搜索”按钮,即可搜索到百度文库 App。点击 App 右侧的“安装”按钮,如图 1-4 所示。

STEP 02 执行操作后，即可开始下载并自动安装百度文库 App。安装完成后，App 右侧会显示“打开”按钮，如图 1-5 所示。

STEP 03 点击“打开”按钮,进入百度文库 App 的欢迎界面,阅读相关协议内容后点击“同意并继续”按钮，如图 1-6 所示。

STEP 04 进入百度文库 App 主界面，在下方工具栏中点击“我的”标签，进入“我的”界面,点击“立即登录”按钮,弹出相应面板。选中底部的协议相关复选框,点击“一键登录”按钮，如图 1-7 所示，即可登录百度文库 App。

图1-4　点击“安装”按钮

图1-5　安装完成后显示“打开”按钮

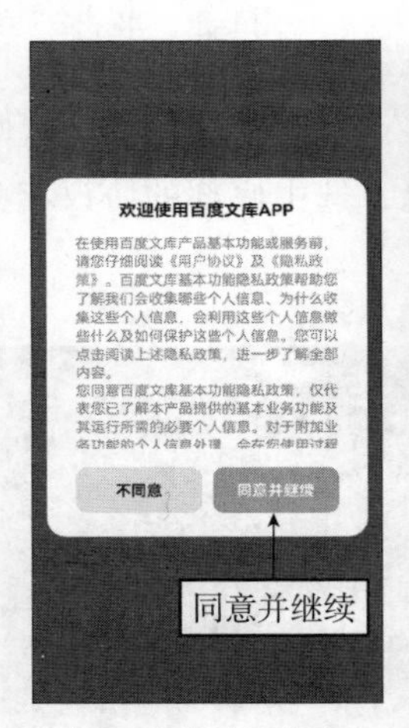

图1-6　点击“同意并继续”按钮

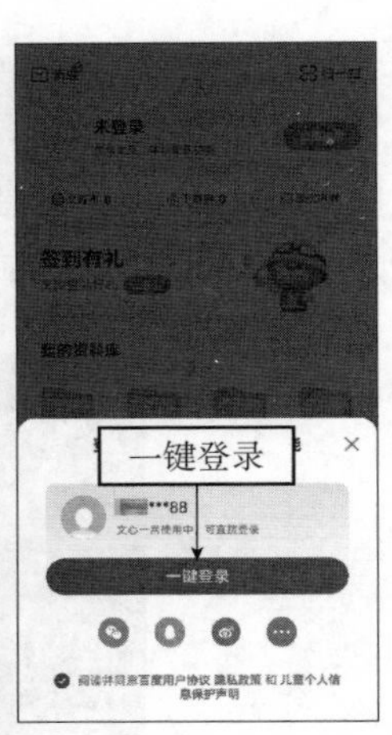

图1-7　点击“一键登录”按钮

提示

百度文库拥有庞大的文档资源，涵盖了教学、考试、专业技术、公务及法律等多个领域，文档数量已突破 13 亿。此外，百度文库还具有文档内容智能总结与问答、精准提炼文章要点、辅助润色美化文案的功能，支持一键扩写、续写或改写内容。这些智能化的功能极大地减轻了办公人员的创作负担，提高了创作效率和质量。

百度文库在办公领域具有显著的优势，不仅提供了海量高质量的文档资源，还通过智能化的内容生成与编辑、便捷的文件识别与管理、高效的文档协作与分享功能，以及专业的培训与教育资源，为办公人员提供了全方位的支持和服务。

1.2 AI文档生成：创意与效率的结合

使用百度文库中的 AI 文档生成功能，职场人士可以快速获得模板化的办公文档，如个人简历、工作总结、心得体会、演讲稿等，避免了从零开始创建文档的烦琐过程。这节省了员工的大量时间，让员工能将更多精力投入到内容的编写和优化上，从而提升整体工作效率。本节主要介绍使用百度文库中的 AI 文档生成功能的方法，帮助用户进行文档处理。

1.2.1 一键生成个性化文档

扫 码
看视频

百度文库中的文档种类繁多，涵盖各行各业的知识和案例，用户可以使用 AI 模板功能一键生成个性化文档。具体操作步骤如下。

STEP 01 打开百度文库首页，在左上角位置单击“新建”按钮，在弹出的列表框中选择“选择模板创建”|“演讲稿”选项，如图 1-8 所示。

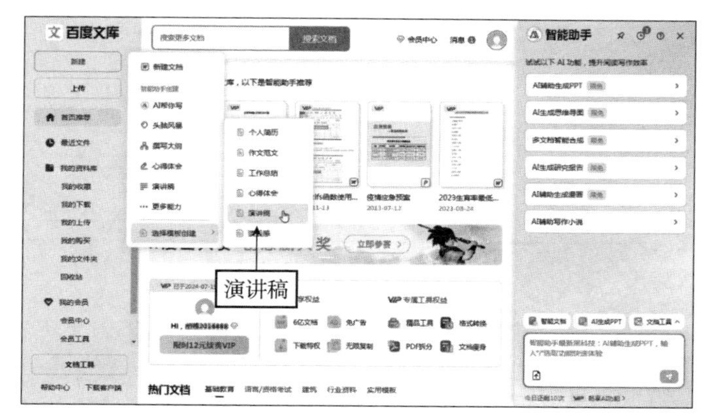

图1-8 选择“演讲稿”选项

STEP 02 打开“演讲稿”页面，通过在文本框中输入相关指令可以自动生成演讲稿的内容，在文本框的下方会显示相关示例，如图 1-9 所示，用户可以参考示例编写生成演讲稿的指令。

STEP 03 在文本框中输入相应指令，指导 AI 生成特定的演讲稿内容，如图 1-10 所示。

STEP 04 按 Enter 键确认，即可通过 AI 自动生成一篇符合要求的演讲稿内容，单击方框左下角的“插入”按钮，将演讲稿内容插入文档，如图 1-11 所示。单击下方的“导出”按钮，即可导出演讲稿内容。

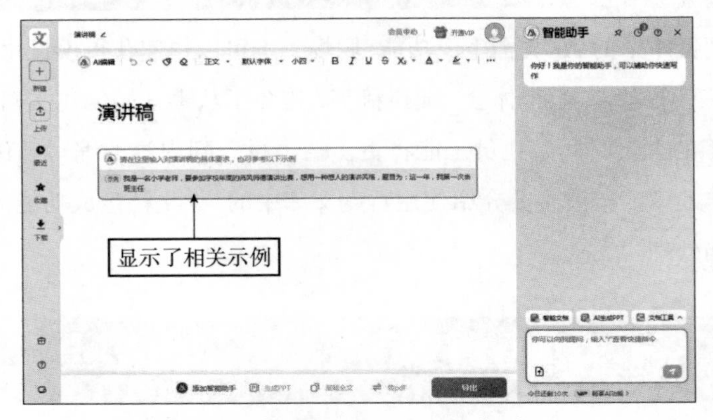

图1-9 文本框的下方显示了相关示例

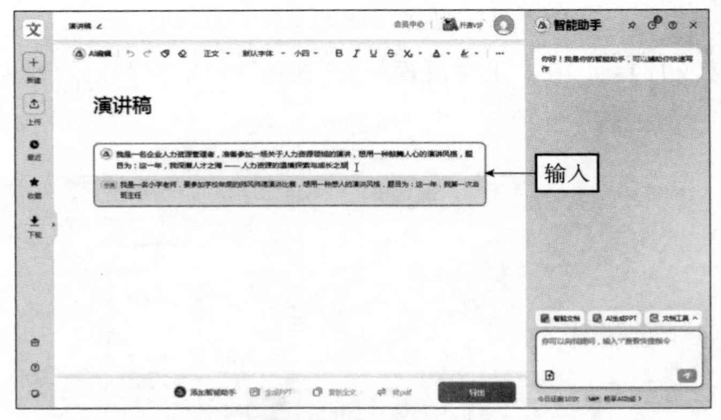

图1-10 输入相应指令

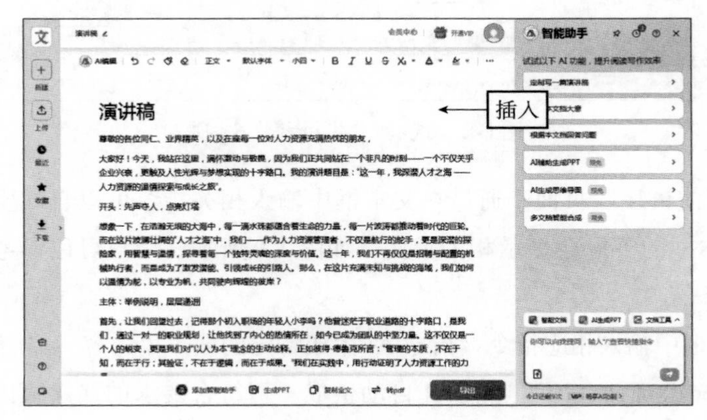

图1-11 将演讲稿内容插入文档

1.2.2　自定义主题，展现独特视角

在百度文库中，用户不仅可以使用AI模板一键生成个性化文档，还可以自定义文档的主题，生成符合要求的办公文档，具体操作步骤如下。

STEP 01 打开百度文库首页，在页面右侧的“智能助手”面板中，单击“智能文档”按钮，如图1-12所示。

STEP 02 在下方的输入框中，AI自动设定了指令模板，要求输入文档的主题，这里输入“员工劳动合同”，单击发送按钮，如图1-13所示。

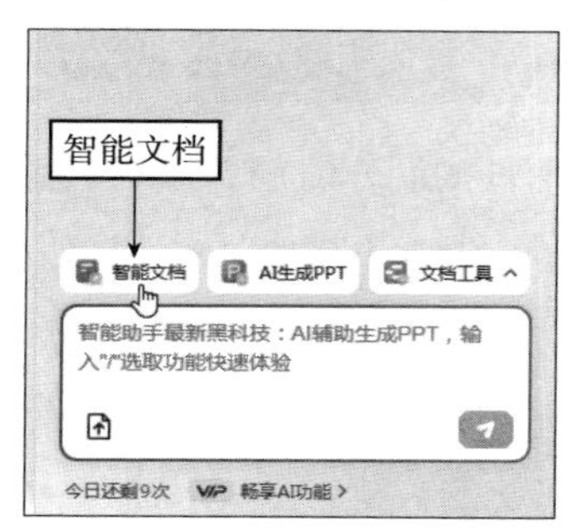

图1-12　单击“智能文档”按钮

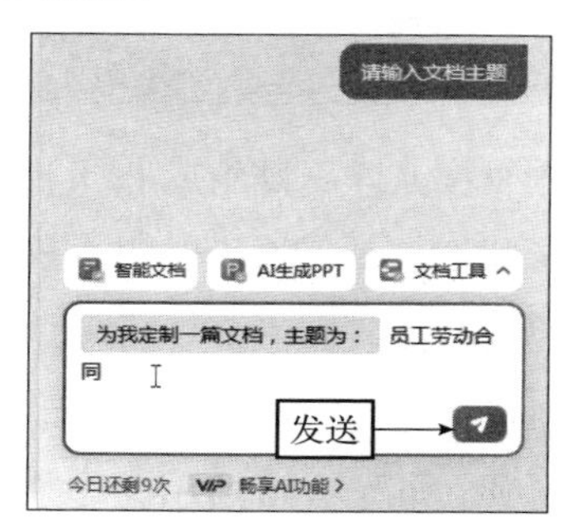

图1-13　单击发送按钮

提示

这里需要用户注意的是，只有开通了百度文库会员，才可以导出“智能助手”面板中生成的文档内容。

STEP 03 执行操作后，即可生成一份“员工劳动合同”文档，在“智能助手”面板中可以查看生成的文档内容，如图1-14所示。

STEP 04 滚动鼠标滚轮，定位到文档的结束位置，单击下方的“下载”按钮，如图1-15所示，即可下载“员工劳动合同”文档。

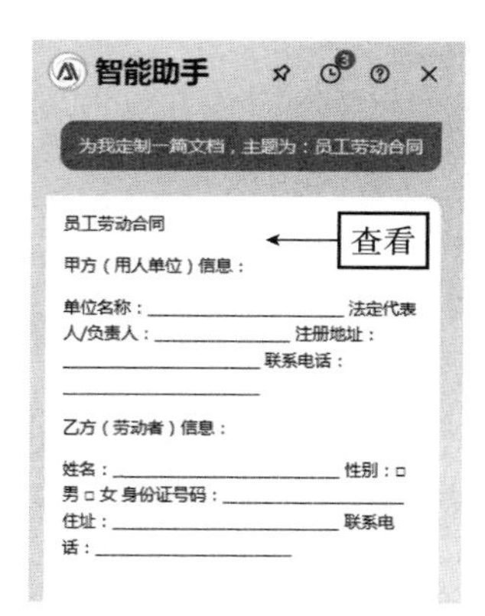

图1-14　查看生成的文档内容

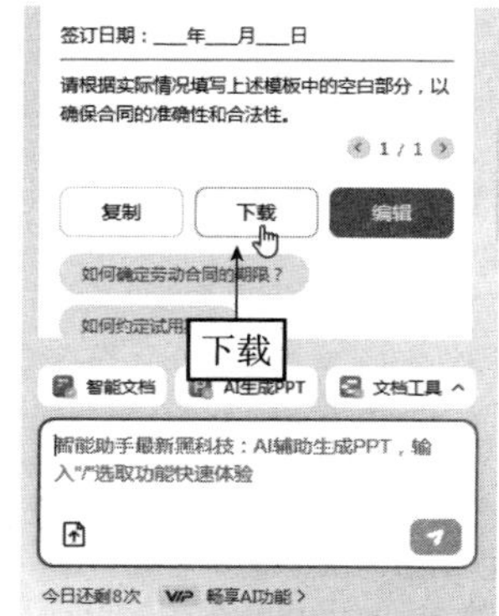

图1-15　单击下方的“下载”按钮

1.3 AIGC功能：智能办公创作的高手

百度文库近年来在 AI 技术的加持下，逐步重构为“一站式 AI 内容获取和创作平台”，其 AIGC（Artificial Intelligence Generated Content，人工智能生成内容）功能已支持生成 PPT、思维导图、研究报告、小红书 / 公众号推文等多种类型的内容，并可快速生成满足学习、工作和休闲等多场景需求的文章。本节将通过相关案例，详细介绍使用百度文库 AIGC 功能的方法。

1.3.1 AI辅助生成PPT，课件创作自动化

扫码看视频

使用百度文库一键生成 PPT 可以极大地缩短课件的制作时间，用户只需输入主题或相关指令，即可在短时间内获得一个结构完整、内容丰富的 PPT 课件。下面介绍具体操作方法。

STEP 01 打开百度文库首页，在页面右侧的“智能助手”面板中，选择“AI 辅助生成 PPT”选项，如图 1-16 所示。

STEP 02 在下方的输入框中，AI 自动设定了指令模板，要求输入 PPT 的主题，这里输入“新员工入职培训”，单击发送按钮，如图 1-17 所示。

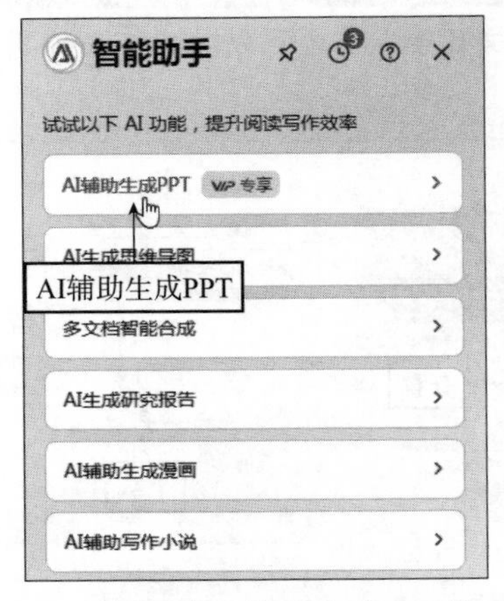

图1-16 选择“AI辅助生成PPT”选项

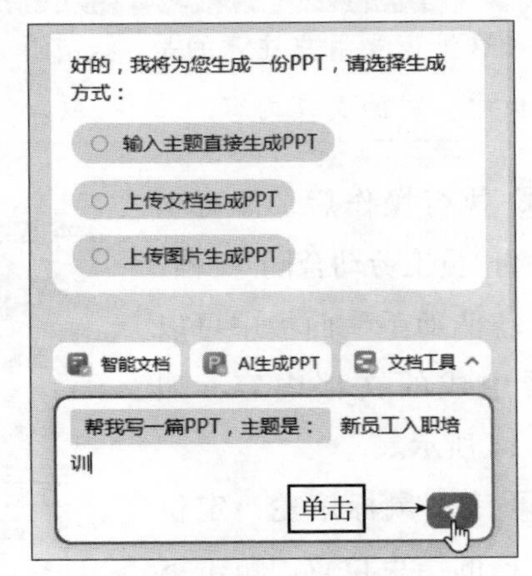

图1-17 单击发送按钮

STEP 03 执行操作后，即可获取“新员工入职培训”的课件内容，单击下方的“生成 PPT”按钮，如图 1-18 所示。

STEP 04 执行操作后，弹出相应窗口，在“选择模板”选项卡中选择一个自己喜欢的PPT模板，单击“继续生成”按钮，如图1-19所示。

STEP 05 执行操作后，进入相应页面，其中显示了已经生成的PPT课件，确认无误后，单击右下角的“导出”按钮，如图1-20所示，即可导出PPT课件。

图1-18　单击“生成PPT”按钮

图1-19　单击“继续生成”按钮

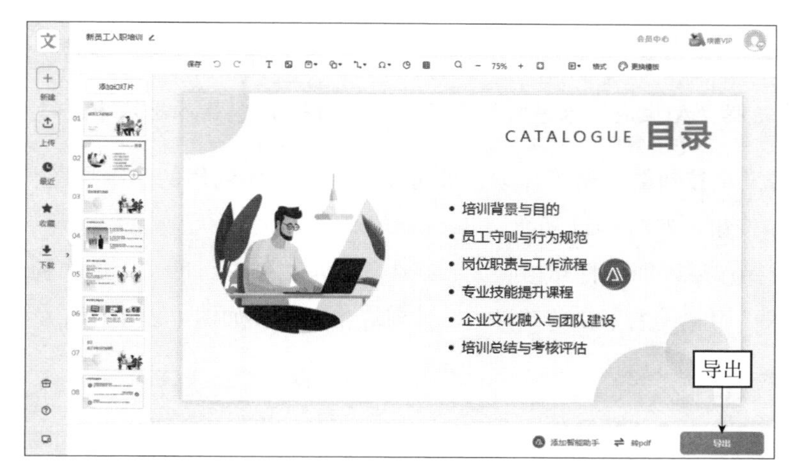

图1-20　单击右下角的“导出”按钮

1.3.2　AI生成思维导图，逻辑思维可视化

扫码
看视频

通过百度文库生成思维导图，可以清晰地展现出内容的结构和层次关系。百度文库作为一个大型的知识分享平台，拥有海量的文档资源，结合百度文库的资源，用户可以轻松创建出符合需求的个性化思维导图。下面以生成职业规划思维导图为例，介绍使用百度文库生成思维导图的方法。

STEP 01 打开百度文库首页，在页面右侧的“智能助手”面板中，选择“AI 生成思维导图”选项，如图 1-21 所示。

STEP 02 在下方的输入框中，AI 自动设定了指令模板，要求输入思维导图的主题，这里输入“编辑岗位的个人职业规划”，如图 1-22 所示。

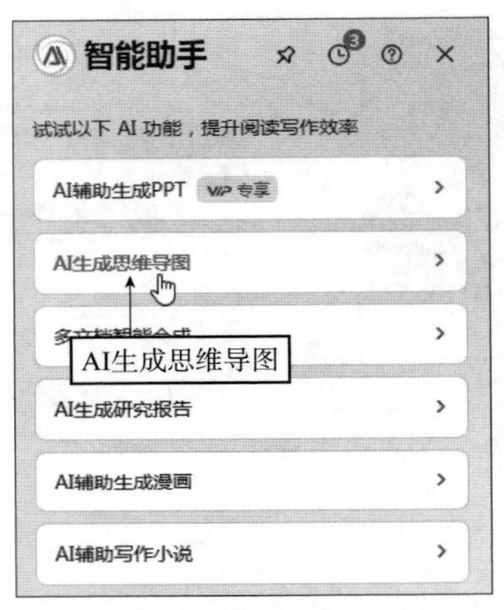

图1-21 选择“AI生成思维导图”选项

图1-22 输入思维导图的主题

STEP 03 单击发送按钮，稍等片刻，即可获得百度文库创作的思维导图，单击“查看并编辑”按钮，如图 1-23 所示。

STEP 04 执行操作后，即可打开相应页面，在其中可以查看百度文库创作的思维导图。若符合要求，可单击右下角的“导出”按钮导出文件，如图 1-24 所示。

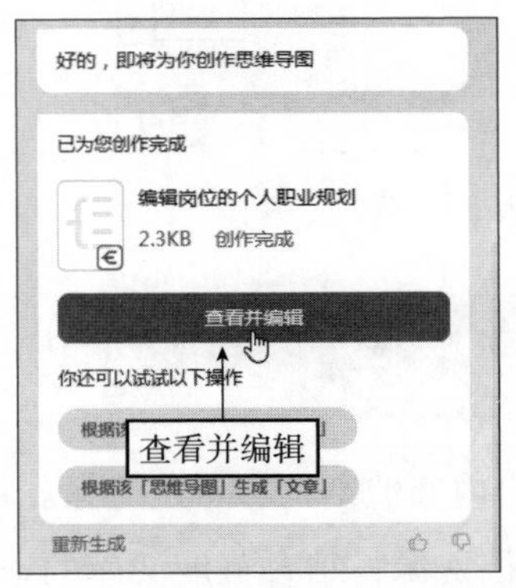

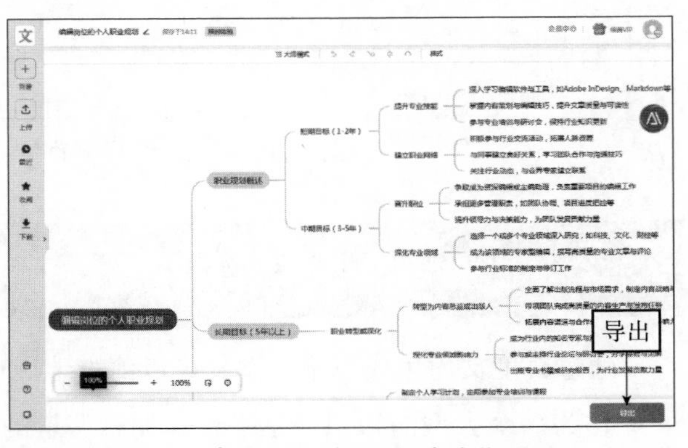

图1-23 单击“查看并编辑”按钮

图1-24 单击右下角的“导出”按钮

提示

无论是针对从职业定位到职业转型的整个过程，还是针对某个具体职业阶段的详细规划，都可以使用百度文库生成的思维导图直观展示。

1.3.3　AI多文档智能合成，信息整合智慧

在工作中，有时候我们需要处理大量的文档，可能需要从多个来源收集信息并整合到一个文档中。传统方式需要手动复制粘贴，既费时又容易出错。百度文库中的“多文档智能合成”功能可以自动完成这一过程，可大大提高工作效率。例如，对于作家、编剧等创作者来说，“多文档智能合成”功能可以辅助他们整合素材，激发灵感，为创作提供便利。

在整合多个文档之前，用户首先需要将文档上传至百度文库中。下面介绍使用“多文档智能合成”功能整合摄影书籍内容的方法。

STEP 01 打开百度文库首页，在左上角位置单击“上传”按钮，在弹出的列表框中选择“上传至资料库”选项，如图 1-25 所示。

STEP 02 弹出相应对话框，单击“上传文档”按钮，如图 1-26 所示。

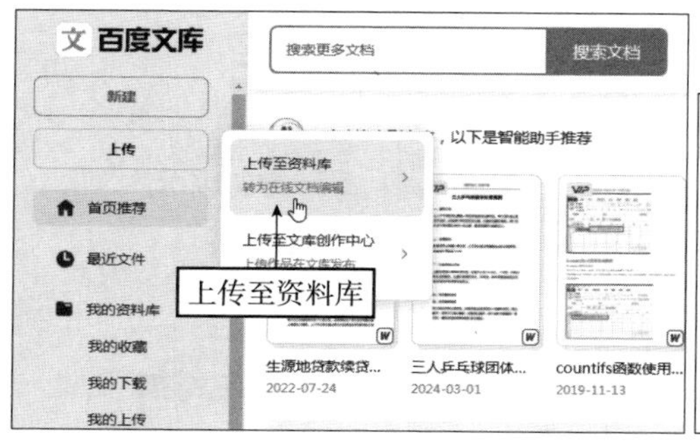

图1-25　选择“上传至资料库”选项

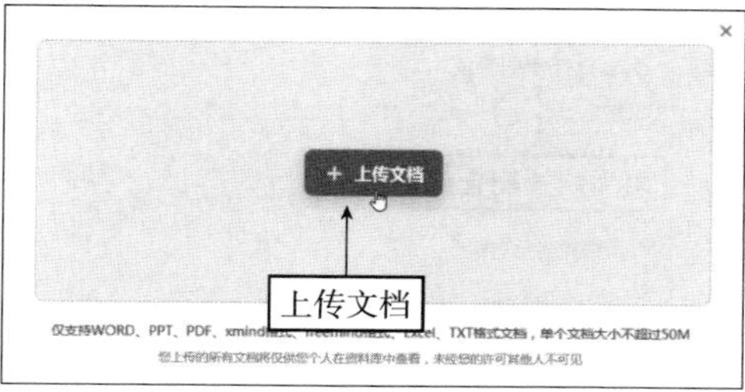

图1-26　单击“上传文档”按钮

STEP 03 弹出“打开”对话框，在文件夹中选择需要上传的文档，如图 1-27 所示。

STEP 04 单击“打开”按钮，即可上传文档。因为用户一次只能上传一个文档，所以参照上述方法，再次上传第二个和第三个文档，上传的文档会全部显示在“我的上传”页面中，如图 1-28 所示。

图1-27　选择需要上传的文档　　　　图1-28　文档显示在“我的上传”页面中

STEP05 在页面右侧的“智能助手”面板中，选择“多文档智能合成”选项，如图 1-29 所示。

STEP06 在面板的下方将弹出相应的提示内容，选中“合成文档”单选按钮，如图 1-30 所示。

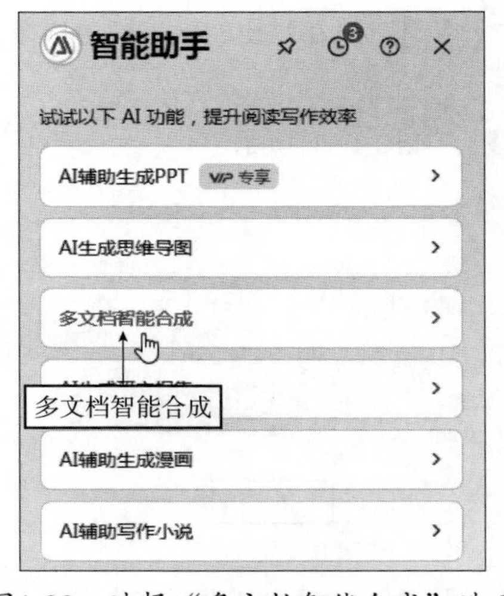

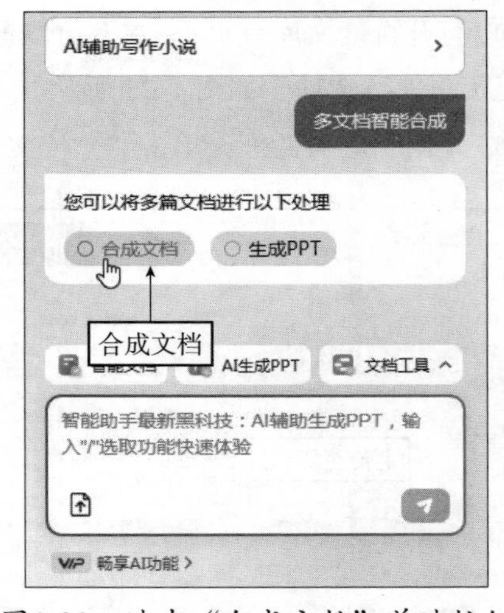

图1-29　选择“多文档智能合成”选项　　　　图1-30　选中“合成文档”单选按钮

STEP07 弹出“多文档智能合成”对话框，在“我的上传”选项卡中依次选中多个需要合成的文档，单击“合成文档”按钮，如图 1-31 所示。

STEP08 执行操作后，在“智能助手”面板中将显示 AI 整合的文档内容，单击“编辑”按钮，如图 1-32 所示。

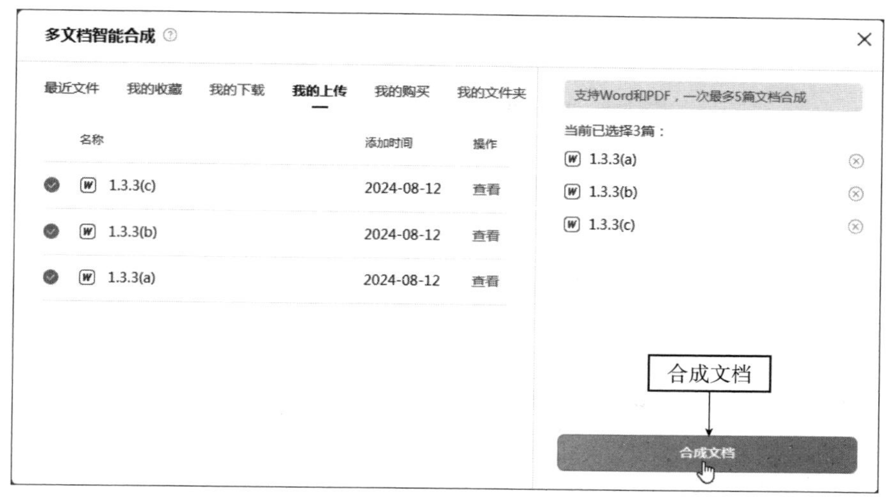

图1-31　单击“合成文档”按钮

图1-32　单击“编辑”按钮

STEP 09 执行上述操作后，打开相应页面，其中显示了整合后的摄影书籍内容，如图 1-33 所示，单击“导出”按钮，导出文档。

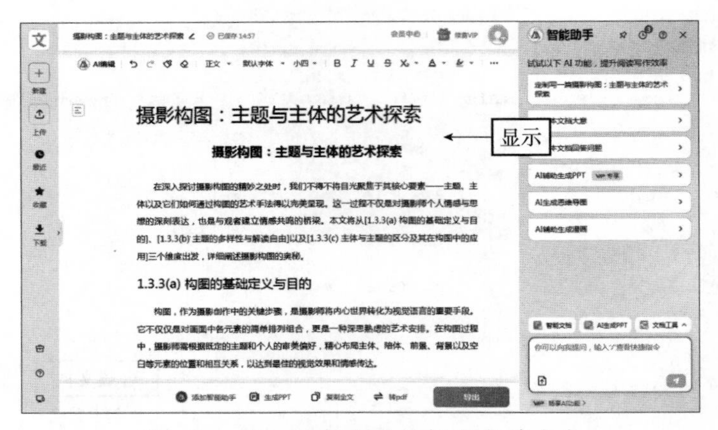

图1-33 显示了整合后的摄影书籍内容

1.3.4 AI生成研究报告，一键获取专业内容

扫 码
看视频

百度文库作为一个大型的知识分享平台，拥有海量的消费市场研究报告、案例分析和行业数据等文档资源。这些资源多由专业人士和行业专家撰写或上传，具有较高的专业性和权威性，涵盖了各个行业和领域的消费市场情况，为用户撰写研究报告提供了丰富的素材和参考，有助于提升研究报告的专业性。下面介绍在百度文库中用AI生成消费市场研究报告的操作方法。

STEP01 打开百度文库首页，在页面右侧的"智能助手"面板中，选择"AI生成研究报告"选项，如图1-34所示。

STEP02 在下方的输入框中，AI自动设定了指令模板，要求输入研究报告的主题，这里输入"人工智能技术在智能家居行业中的应用前景"，如图1-35所示。

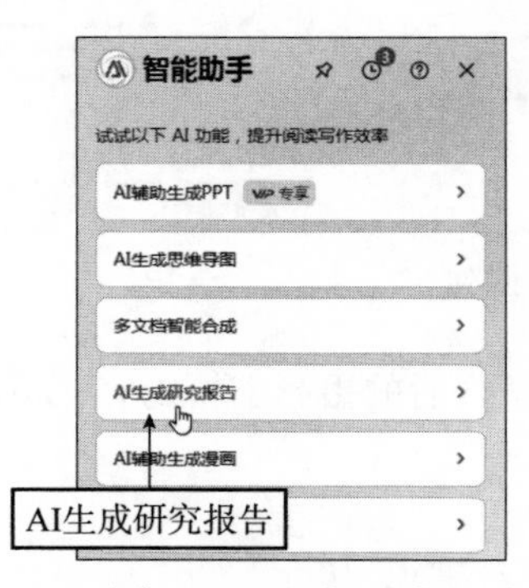

图1-34 选择"AI生成研究报告"选项

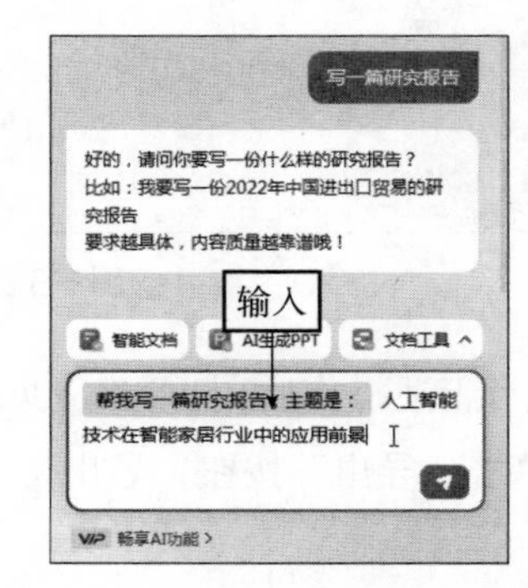

图1-35 输入研究报告的主题

STEP 03 单击发送按钮，即可获得百度文库生成的研究报告大纲内容，如图 1-36 所示。

STEP 04 滚动鼠标滚轮，定位到文档的结束位置，单击“生成研究报告”按钮，如图 1-37 所示。

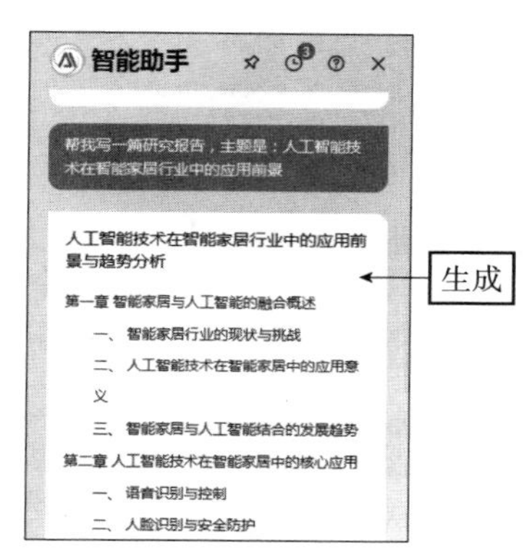

图1-36　获得研究报告大纲内容

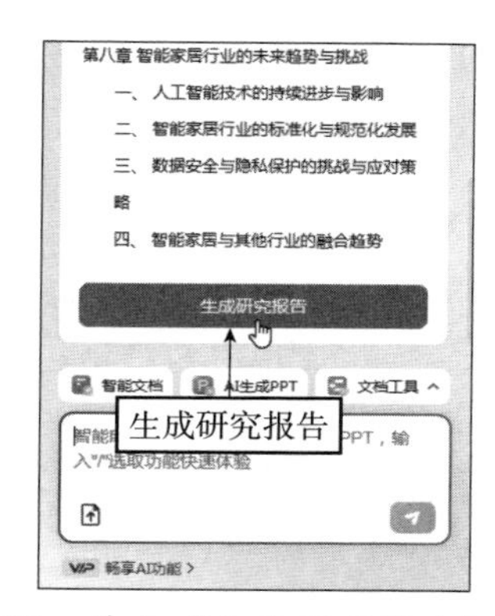

图1-37　单击“生成研究报告”按钮

STEP 05 稍等片刻，即可获得一篇详细的研究报告，单击“编辑”按钮，打开相应页面，在其中可以查看研究报告的内容，并选择一个合适的主题模板，如图 1-38 所示。

图1-38　选择一个合适的主题模板

STEP 06 单击“导出”按钮，弹出相应对话框，再次单击“导出”按钮，如图 1-39 所示，即可导出研究报告的内容。

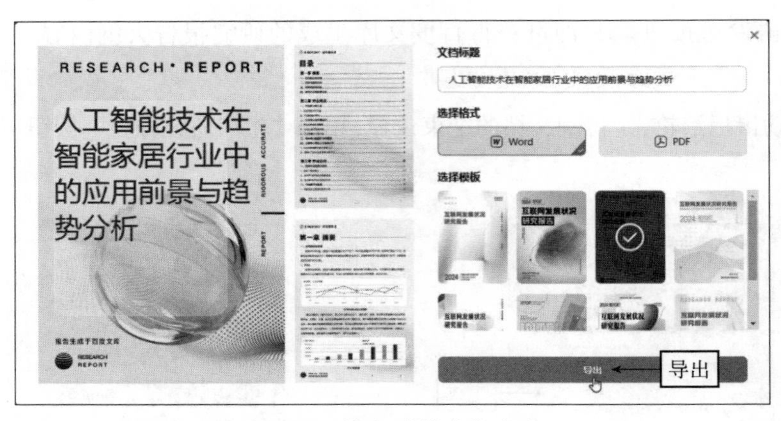

图1-39 单击“导出”按钮

提示

百度文库中的“AI生成研究报告”功能，是基于人工智能技术开发的，它为用户撰写研究报告提供了极大的便利，提升了用户的工作效率。用户只需输入研究报告的主题或关键词，它就能自动分析并生成一个结构清晰、逻辑严谨的研究报告框架。基于收集到的数据和用户输入的指令，它能够自动生成报告的主体内容，包括数据图表、专业洞察及分析结论等。

用户无须再花费大量时间和精力去查阅资料、整理数据和撰写报告，它能够在短时间内完成这些工作，让用户有更多时间去关注其他重要的事情。

1.3.5 AI辅助生成漫画，故事创意视觉化

扫 码
看视频

百度文库通过AI技术，实现了从一句话主题到完整漫画作品的快速生成。用户只需输入主题或上传文档，AI便能自动生成故事脚本、绘制分镜、生成图文并茂的条漫，大大降低了漫画创作的门槛。利用AI技术，百度文库能够在短时间内完成漫画的创作，大大提高了用户的创作效率。这对于想要尝试漫画创作但缺乏时间或技能的用户来说，是一个巨大的福音。

百度文库有多种漫画风格供用户选择，如线条增强、厚涂光影、精致写实及条漫卡通等，可以满足不同用户的审美需求。用户可以根据自己的喜好和需求，设定漫画中角色的形象。如果不满意AI生成的形象，还可以进行编辑或重新生成。

下面介绍在百度文库中输入相关主题生成人物漫画的操作方法。

STEP 01 打开百度文库首页，在页面右侧的“智能助手”面板中，选择“AI 辅助生成漫画”选项，如图 1-40 所示。

STEP 02 在下方的输入框中，AI 自动设定了指令模板，要求输入漫画的主题，这里输入“男孩和女孩之间的爱情故事”，如图 1-41 所示。

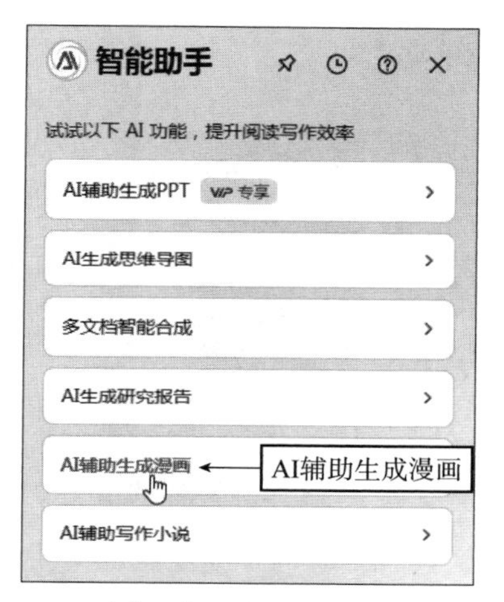

图1-40　选择“AI辅助生成漫画”选项

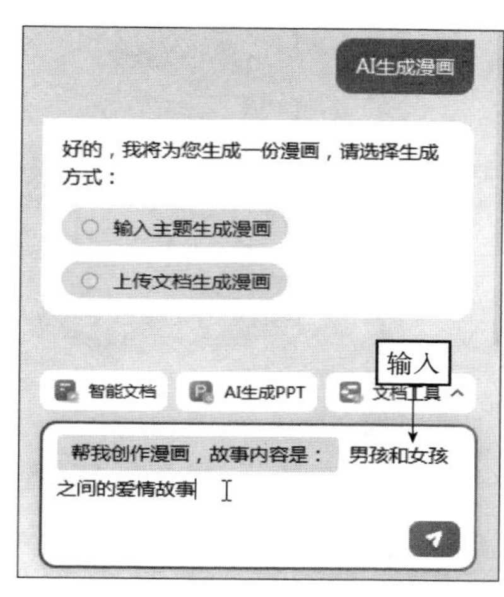

图1-41　输入漫画的主题

STEP 03 单击发送按钮，稍等片刻，即可获得百度文库生成的漫画故事，单击“制作漫画”按钮，如图 1-42 所示。

STEP 04 执行操作后，进入相应页面，其中显示了百度文库生成的漫画故事与故事分镜，单击“下一步”按钮，如图 1-43 所示。

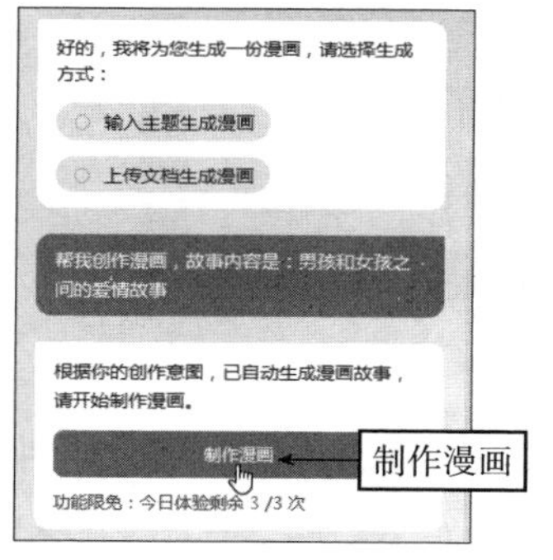

图1-42　单击“制作漫画”按钮

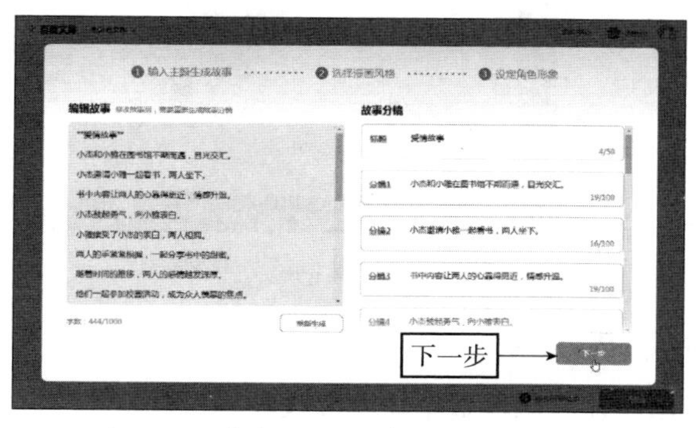

图1-43　单击“下一步”按钮（1）

STEP 05 进入“选择漫画风格”页面，在其中可以选择漫画的风格，单击“下一步”按钮，如图 1-44 所示。

STEP 06 进入“设定角色形象”页面，其中显示了漫画中的角色形象，单击“下一步”按钮，如图 1-45 所示。

图1-44 单击“下一步”按钮（2）

图1-45 单击“下一步”按钮（3）

STEP 07 执行操作后，进入相应页面，在其中可以查看分镜头的漫画效果，如图 1-46 所示，在右侧面板中还可以设置漫画的对话样式。单击右下角的“导出”按钮，即可导出人物漫画。

图1-46　查看分镜头的漫画效果

1.3.6　AI辅助写小说，一键生成万字长文

扫　码
看视频

在百度文库中，用户只需输入关键词或初步想法，“AI 辅助写小说”功能便能自动生成相应的段落、章节，甚至完整的故事，极大地提高了小说的写作效率。该功能支持多种小说风格，如言情、科幻、悬疑等，作者可以根据需要选择合适的风格进行创作。

下面介绍使用“AI 辅助写小说”功能一键生成万字长文小说的方法。

STEP 01 打开百度文库首页，在页面右侧的“智能助手”面板中，选择“AI 辅助写小说”选项，弹出“选择灵感标签”面板，在“题材”右侧单击“都市异能”标签，在“角色”右侧单击“霸道总裁”标签，在“情节”右侧单击“先婚后爱”标签，在“风格”右侧单击“甜宠”标签，设置小说的题材、角色、情节和风格，使 AI 根据这些信息生成符合要求的小说内容，然后单击“下一步”按钮，如图 1-47 所示。

STEP 02 进入“丰富人物情节”面板，其中显示了人物设定与故事情节，如果用户对人物情节满意，此时单击“生成小说大纲”按钮，如图 1-48 所示。

STEP 03 执行操作后，进入“生成小说大纲”面板，其中显示了生成的小说大纲内容，如果用户对大纲内容不满意，可以单击“重新生成”按钮，重新生成小说大纲；如果用户对大纲内容满意，此时单击“生成完整小说”按钮，如图 1-49 所示。

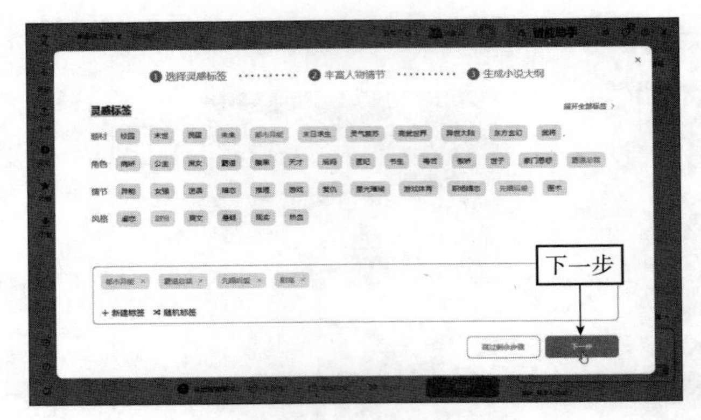

图1-47 单击“下一步”按钮

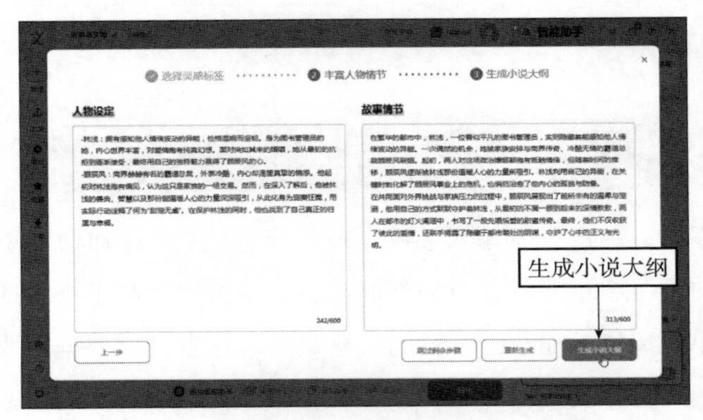

图1-48 单击“生成小说大纲”按钮

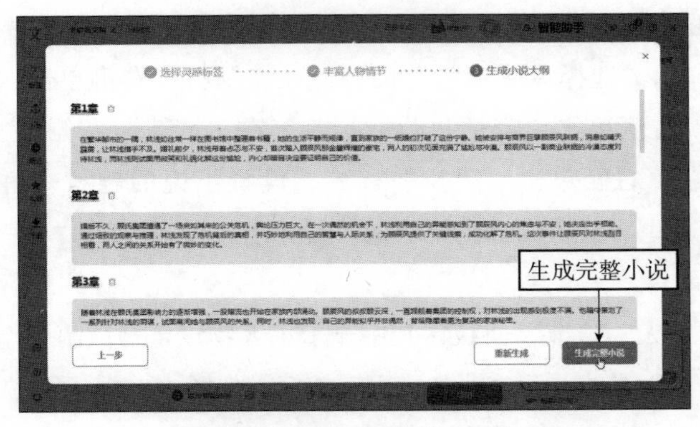

图1-49 单击“生成完整小说”按钮

STEP 04 进入“故事开始”面板，其中显示了小说第1章的完整内容，用户可以在其中查看故事情节，如果对内容满意，可以单击“续写下一章”按钮，如图1-50所示。

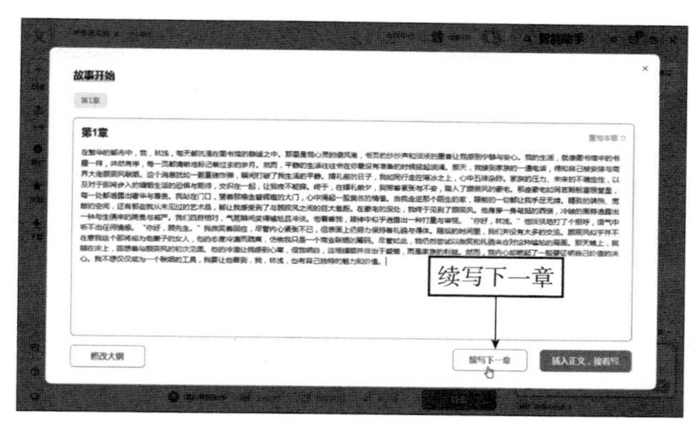

图1-50　单击“续写下一章”按钮

STEP 05 执行操作后，AI 即可续写小说第 2 章的内容，单击“插入正文，接着写”按钮，如图 1-51 所示，可以将这些生成的内容先插入文档中，然后在文档中接着写。

图1-51　单击“插入正文，接着写”按钮

提示

在图 1-51 中，用户也可以单击“续写下一章”按钮，继续让 AI 续写下一章的内容，待全部章节撰写完成后，再单击“插入正文，接着写”按钮，将生成的内容插入正文中。

STEP 06 执行操作后，弹出信息提示框，提示用户插入正文后，将无法再重新生成章节内容，单击“确定”按钮，进入正文页面，如图 1-52 所示，其中显示了自动生成的小说内容，在页面中单击“继续写”按钮，可以让 AI 继续写第 2 章的内容。小说撰写完成后，单击“导出”按钮，可以导出小说。

图1-52　进入正文页面

1.3.7　AI写会议通知，生成格式规范的办公文件

扫　码
看视频

百度文库通过自然语言处理技术，会自动抓取会议相关的信息，如时间、地点和议程等，并快速生成格式规范的会议通知，这大大减轻了员工的工作负担，提高了工作效率。

下面介绍使用百度文库 App 生成会议通知的方法。

STEP 01 打开百度文库 App，在“首页”界面中点击“更多”按钮，如图 1-53 所示。

STEP 02 进入“智能助手”界面，点击下方的文本输入框，如图 1-54 所示。

图1-53　点击“更多”按钮

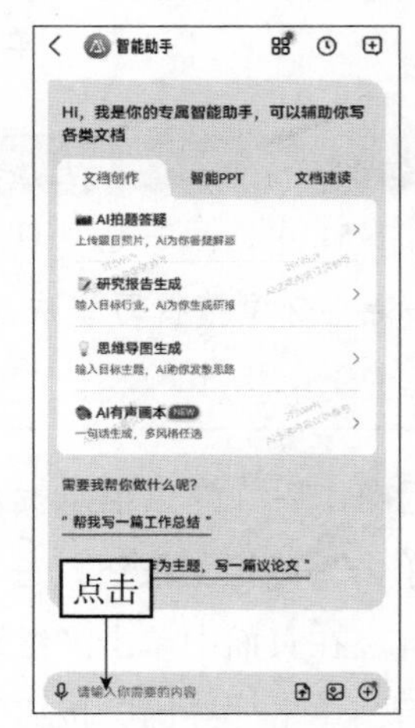

图1-54　点击下方的文本输入框

STEP 03 输入相应的指令，点击发送按钮，便可以得到百度文库生成的会议通知，相关指令和回复内容如下。

提问

请帮我撰写一份会议通知。内容包括会议主题：[关于蛋糕新品的研发]，会议时间：[2025年11月12日下午两点]，会议地点：[公司会议室]，参会人员：[小红，小敏，小丽，小强，小玲]，以及会议的主要议程和需要参会人员注意的事项。请确保语言正式、清晰，包含所有必要的会议信息。

百度文库

【会议通知】

主题：关于蛋糕新品的研发

尊敬的各位参会人员：

为了进一步丰富我司产品线，提升市场竞争力，同时满足消费者对美味与创新的双重追求，我们特组织召开"关于蛋糕新品的研发"专题会议。现将会议具体安排通知如下，请您务必准时参加。

【会议时间】

2025年11月12日（星期三）下午两点整

【会议地点】

公司会议室（具体楼层及房间号请参照公司楼层指示牌或提前询问前台）

【参会人员】

- 小红（产品研发部主管）
- 小敏（市场调研专员）
- 小丽（甜品设计师）

……

提示

在这个案例中，为了方便读者阅读，使百度文库生成的文案内容呈现更加清晰，采用文字版进行案例展示。

1.3.8 AI拍照解答，根据图片写朋友圈营销文案

在百度文库中，使用“AI 拍照解答”功能，用户只需拍摄商品照片，系统即可自动分析图片中的商品信息，并生成符合朋友圈风格的营销文案，这极大地提高了内容创作的效率，让商家能够更快地将产品推向市场。

AI 技术能够识别图片中的商品特征，如颜色、材质和款式等，并据此提炼出产品的核心卖点，这些卖点往往是消费者最关心的信息。通过精准的文案呈现，可以更有效地吸引朋友圈中潜在买家的注意力，提升购买转化率。

下面介绍使用百度文库 App 的“AI 拍照解答”功能生成朋友圈营销文案的方法。

STEP 01 打开百度文库 App，在“首页”界面中点击“AI 拍照解答”按钮，如图 1-55 所示。

STEP 02 执行操作后，进入“学习辅助”界面，如图 1-56 所示。

STEP 03 切换至“写社媒文案”界面，然后将手机中的摄像头对准需要拍摄的商品，点击拍摄按钮，如图 1-57 所示。

STEP 04 执行操作后，即可拍摄一张商品图片，在下方工具栏中点击“写朋友圈”按钮，如图 1-58 所示，让 AI 生成朋友圈营销文案。

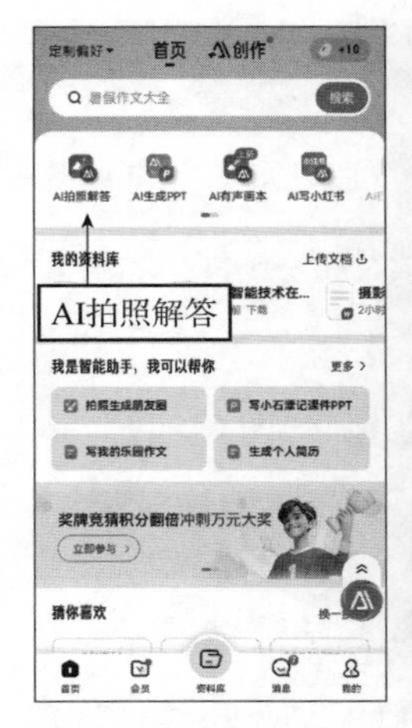

图1-55 点击“AI 拍照解答”按钮

图1-56 进入“学习辅助”界面

图1-57 点击拍摄按钮

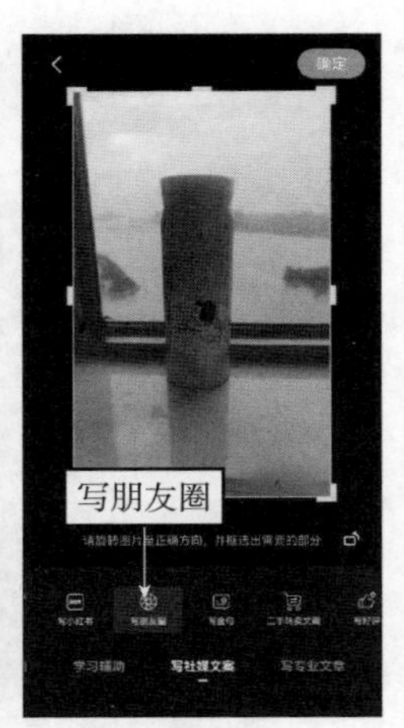

图1-58 点击“写朋友圈”按钮

STEP 05 点击“确定”按钮，进入“智能助手”界面，其中显示了 AI 生成的朋友圈营销文案，生成的内容如下。

文 百度文库

情感共鸣风格

午后阳光洒在我的小窝中，这紫色保温杯成了最温柔的守候。卡通与花朵交织的梦，暖手更暖心。窗外城市喧嚣，而我这里，只有宁静和一份不被打扰的“小确幸”。每个人的窗台上，或许都该有这样一件小物，提醒我们，生活再忙，也别忘了温柔对待自己。

引用名言风格

“家，是灵魂的港湾。”——塞涅卡。这紫色保温杯，不仅温暖了指尖，更似一抹温柔的风，拂过心田。卡通与花朵的图案，是生活的小小诗行，与窗外模糊的都市风景形成鲜明对比，仿佛在说，在纷扰的世界中，要保持内心的宁静与美好。

简洁直观+真诚自然风格

嘿，看这儿！我的紫色小伙伴，卡通脸加花朵秀，萌得刚好，窗台一放，瞬间提升幸福感！窗外世界再大，此刻我只想沉浸在这份小温馨里。你呢？是不是也缺一个这样的“小确幸”？快来一起感受这份简单却真挚的快乐吧！

1.3.9 AI写岗位职责，提高招聘效率和质量

扫 码
看视频

在百度文库App中，用户只需输入岗位的基本信息或关键词，AI助手便能迅速分析并生成一个初步的岗位职责框架，大大节省了用户从零开始构思和撰写的时间。下面介绍使用百度文库App一键生成员工岗位职责的操作方法。

STEP 01 打开百度文库App，在“首页”界面中点击“AI写小红书”按钮，如图1-59所示。

STEP 02 弹出“指令探索”面板，点击“工作职场”标签，切换至“工作职场”选项卡，在其中点击“岗位职责生成器”缩略图，如图1-60所示。

STEP 03 进入“岗位职责生成器”界面，在下方的输入框中输入相应的岗位名称，如图1-61所示，指导AI生成相应的岗位职责。

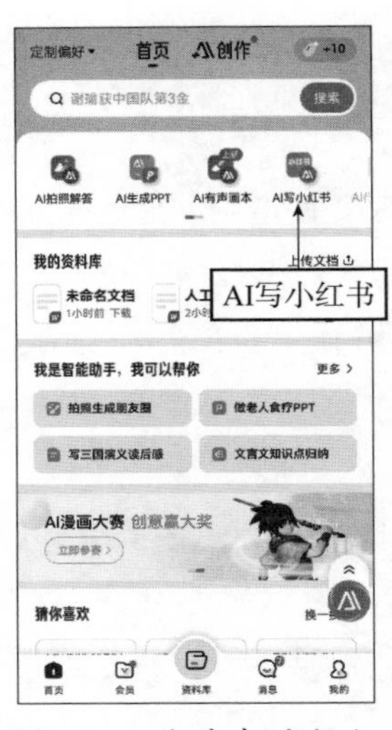

图1-59 点击相应按钮

图1-60 点击相应缩略图

图1-61 输入岗位名称

提示

在招聘高峰期或需要大量撰写岗位职责的场景下，百度文库 App 中的"岗位职责生成器"功能能够显著减轻 HR（Human Resources，人力资源）或招聘团队的工作压力，提高整体工作效率。

STEP 04 点击发送按钮，执行操作后，便可以得到百度文库生成的销售部经理岗位职责，生成的内容如下。

文 百度文库

销售部经理岗位职责

一、岗位职责概述

销售部经理作为公司销售团队的核心领导者，承担着销售策略规划与执行、团队管理与发展、客户关系管理等的重要职责。其工作不仅关乎公司的直接收入来源，也直接影响到公司的品牌形象和市场地位。因此，销售部经理需具备高度的责任感、敏锐的市场洞察力、卓越的领导能力及持续学习的心态，以确保部门目标的顺利达成。

二、具体工作职责与任务

1. 销售策略规划与执行：

- 根据公司总体战略目标，制定年度、季度及月度销售计划和预算，确保销售目标的合理性与可实现性。

- 分析市场趋势、竞争对手动态及客户需求，及时调整销售策略，包括产品定位、价格策略、渠道拓展等。

- 监督销售策略的执行情况，定期评估效果，提出改进建议并实施。

2. 团队管理与发展：

- 组建并优化销售团队结构，招聘、选拔并培养销售人才，提升团队整体能力。

- 制定销售人员培训计划，包括产品知识、销售技巧、客户服务等，不断提升团队专业素质。

- 设定团队及个人销售目标，激励团队成员达成业绩，同时关注员工职业发展规划，营造积极向上的工作氛围。

3. 客户关系管理：

- 建立并维护与客户的长期合作关系，定期拜访重要客户，了解客户需求，解决客户问题。

- 组织或参与客户交流活动，增强客户黏性，提升客户满意度和忠诚度。

……

综上所述，销售部经理作为公司的重要岗位，其职责涵盖了销售策略规划与执行、团队管理与发展、客户关系管理等多个方面。通过不断提升自身工作效率、保证工作质量、保持良好心态，以及持续增强专业能力，销售部经理将能够带领销售团队不断突破，实现公司业绩的持续增长。

提示

因为本书篇幅有限，AI 工具回复的内容只展示要点，详细的回复内容请看随书提供的完整效果文件。

1.3.10　AI写小红书穿搭笔记，精准编写时尚内容

扫　码
看视频

百度文库拥有庞大的文档资源，涵盖了学术、商业、技术和生活等多个领域，生活领域资源包括时尚穿搭等生活类内容。这意味着百度文库中包含了大量的穿搭笔记、时尚趋势分析及搭配技巧等文档，为生成小红书穿搭笔记提供了丰富的素材

基础。下面介绍用 AI 写小红书穿搭笔记的方法。

STEP 01 打开百度文库 App，在“首页”界面中点击“AI 写小红书”按钮，如图 1-62 所示。

STEP 02 弹出“指令探索”面板，在“小红书笔记”选项卡中，点击“穿搭”缩略图，如图 1-63 所示。

STEP 03 执行操作后，进入“穿搭”界面，其中显示了相应的指令模板，用户可以使用百度文库设定的指令模板来生成小红书穿搭笔记，如图 1-64 所示。

STEP 04 如果用户对默认的指令模板不满意，也可以点击“主题”“类型”或“内容”右侧的编辑按钮，编辑和修改文字内容，使生成的小红书穿搭笔记更加符合用户的要求，如图 1-65 所示。

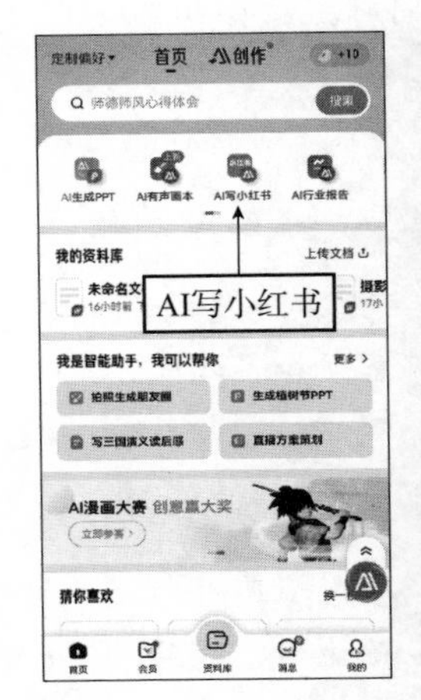

图1-62 点击“AI写小红书”按钮

图1-63 点击“穿搭”缩略图

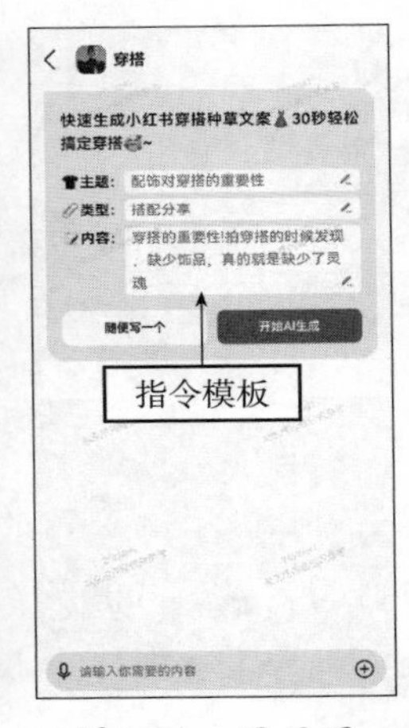

图1-64 显示了指令模板

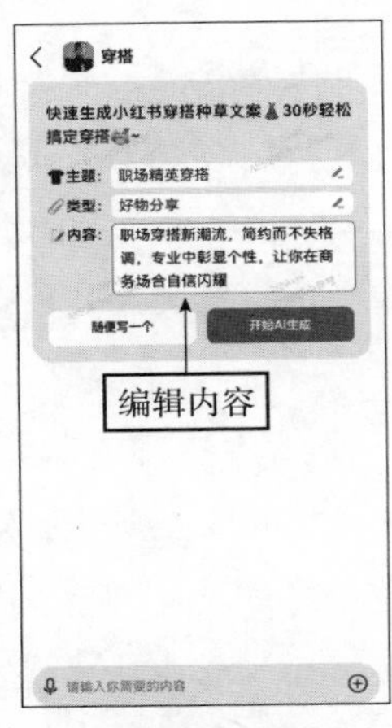

图1-65 编辑和修改文字内容

STEP 05 内容编辑修改完成后，点击“开始 AI 生成”按钮，即可得到百度文库生成的回复内容，要求用户选择一个适合的标题，如图 1-66 所示。

STEP 06 这里点击第 1 个标题，即可得到百度文库生成的小红书穿搭笔记，生成的内容如下。

> 文 百度文库
>
> 职场新风尚来袭，解锁简约格调新高度！
>
> 嘿！宝贝们，想要在职场脱颖而出，又不想过分张扬？来来来，看我这套职场精英必备穿搭秘籍！

基础款白衬衫，微透质感透露小心机，搭配高腰西装裤，拉长身形比例，简约中尽显利落与干练。

小细节不能少！一对精致耳钉或是细腰带，瞬间提升整体质感，专业里不失个性光芒。

外套选择简约剪裁的羊毛大衣或风衣，气场全开，走路带风，商务会议也能自信满满！

别忘了，一双干净利落的尖头高跟鞋，不仅是增高神器，更是专业态度的最佳代言！

这样的你，无论是商务谈判还是日常办公，都能轻松驾驭，自信闪耀在每个商务场合！

#职场穿搭##简约格调##精英风范##商务自信##个性职场##时尚职场女性#

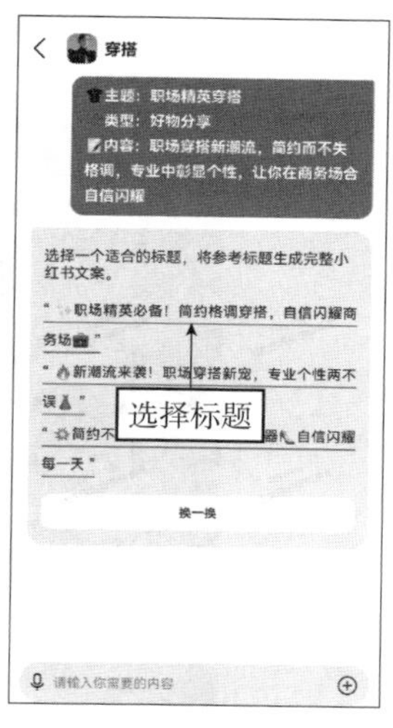

图1-66　选择一个适合的标题

1.3.11　AI写公众号推文，降低文案创作门槛

扫　码
看视频

百度作为国内知名的互联网企业，其品牌影响力广泛而深远，借助百度的品牌优势，百度文库生成的公众号推文更容易获得读者的信任和认可。百度文库提供了便捷的公众号推文创作工具，可以帮助用户快速生成符合要求的推文，降低了公众号推文的创作门槛，提高了创作效率。下面介绍在百度文库中用AI写公众号推文的操作方法。

STEP 01 打开百度文库App，在“首页”界面中点击“AI写小红书”按钮，如图1-67所示。

STEP 02 弹出“指令探索”面板，点击“创意写作”标签，切换至“创意写作”选项卡，在下方点击“公众号推文”缩略图，如图1-68所示。

STEP 03 执行操作后，进入“公众号推文”界面，其中显示了相关的公众号推文示例，如图1-69所示。

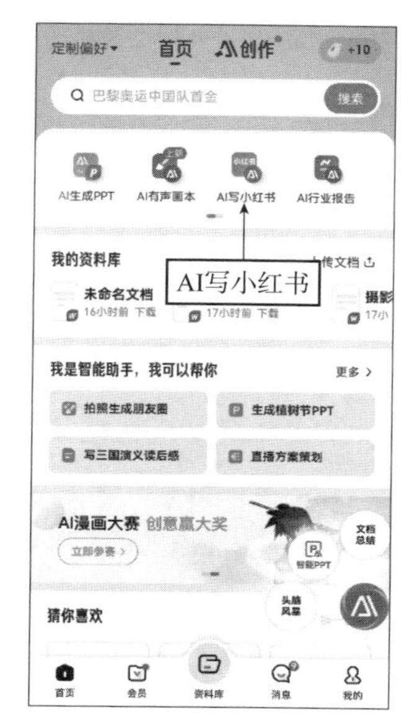

图1-67　点击相应按钮

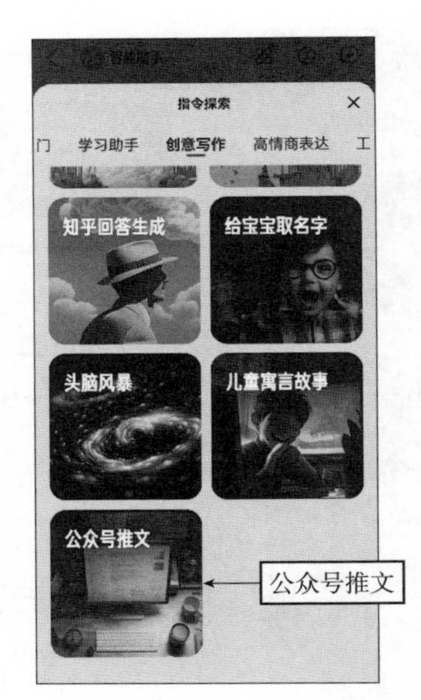

图1-68 点击相应缩略图

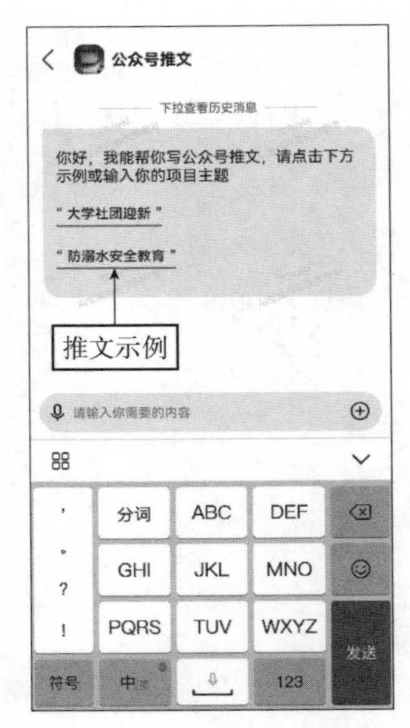

图1-69 显示了推文示例

STEP 04 在下方的输入框中输入相应的指令，点击发送按钮，便可以得到百度文库生成的一篇公众号推文，相关指令和回复内容如下。

提问

写一篇关于湖南美食的公众号推文。

百度文库

湖南美食探秘：舌尖上的湘味盛宴，等你来"撩"！

在中华美食的璀璨星河中，湖南菜以其独特的辣、鲜、香，犹如一颗耀眼的星辰，吸引着无数食客的目光与味蕾。今天，就让我们一起踏上一场说走就走的"美食之旅"，深入探索那些让人欲罢不能的湖南美味，感受那份来自洞庭湖畔、湘江之滨的热情与纯粹。

一、辣而不燥，湘菜之魂

辣椒炒肉：家的味道，辣的温柔

提及湖南，怎能不提辣椒炒肉？这道菜，简单却直击"灵魂"，精选五花肉与本地鲜椒同炒，辣而不燥，香而不腻，每一口都是对味觉的极致"挑逗"，让人回味无穷。

剁椒鱼头：鲜与辣的完美邂逅

剁椒鱼头，是湖南菜的又一经典之作。鱼头鲜嫩，剁椒红艳，两者相遇，激发出令人难以抗拒的鲜美与辣爽。热气腾腾中，是湖南人对食材本味的极致追求与热爱。

二、小吃遍地，街头巷尾的诱惑

臭豆腐：闻起来臭，吃起来香

别被它的名字吓跑，臭豆腐可是湖南小吃界的“网红”。外皮酥脆，内里软嫩，搭配上特制的辣椒酱和蒜泥，一口下去，香、辣、鲜、臭交织，让人欲罢不能。

糖油粑粑：甜蜜的慰藉

在湖南的街头巷尾，总能见到糖油粑粑的身影。软糯的糯米团，裹上金黄的外衣，再淋上甜而不腻的糖浆，每一口都是对童年的回忆，对甜蜜生活的向往。

……

1.4 本章小结

本章详细介绍了百度文库作为工作知识宝库的价值，以及 AI 文档生成与百度文库 AIGC 功能在职场中的广泛应用。通过个性化文档创作和 AI 辅助高效办公功能，读者可大幅提升工作效率与创意表达能力。学习本章内容后，读者能够掌握智能办公新技能，为后续深入探索更多职场效率 AI 工具与使用方法奠定坚实基础。

表格处理

AI 数据分析与自动化图表

在数据驱动的时代，数据的有效处理与可视化展现已成为各行各业决策制定的关键，本章内容正是引领大家踏入这一重要领域的桥梁。本章将详细介绍如何利用腾讯文档先进的AI技术来优化表格数据的处理流程，实现从数据简化、整理到深度分析的自动化，主要包括注册与登录账号、创建智能表格、进行数据处理，以及使用腾讯文档App进行移动办公等。通过对本章的学习，职场人员能够显著提升工作效率。

2.1　腾讯文档：下载、注册与登录

腾讯文档是腾讯公司推出的一款在线协作编辑工具，它集成了文档、表格、幻灯片等多种文件类型的编辑与协作功能，旨在提升团队协作的效率和便捷性。腾讯文档在表格数据处理方面集成了多项 AI 功能，这些功能旨在提高用户处理和分析表格数据的效率与准确性。

在使用腾讯文档处理表格数据之前，首先需要注册与登录网页版腾讯文档网页，并掌握下载与登录腾讯文档 App 的方法。这也会为本章后面的学习奠定良好的基础。

2.1.1　注册与登录网页版腾讯文档

扫　码
看视频

使用腾讯文档网页版进行 AI 办公之前，首先需要注册并登录账号，用户可以使用微信或 QQ 扫码登录，具体操作步骤如下。

STEP 01 在计算机中打开浏览器，输入腾讯文档的官方网址，打开官方网站，单击右上角的“登录”按钮，如图 2-1 所示。

图2-1　单击右上角的“登录”按钮

STEP 02 弹出“请选择登录方式”对话框，在“微信登录”选项卡中，用户可以使用微信“扫一扫”功能扫码登录账号，如图 2-2 所示。

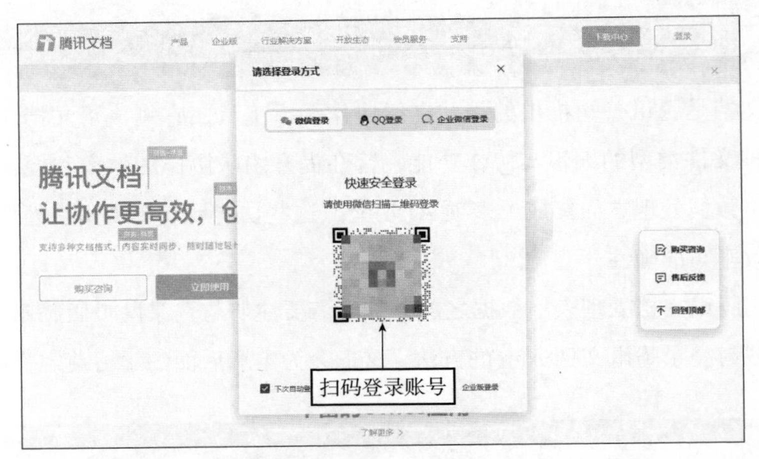

图2-2　使用微信“扫一扫”功能扫码登录账号

STEP 03 如果用户没有微信，则可切换至“QQ 登录”或“企业微信登录”选项卡，使用 QQ 或企业微信的“扫一扫”功能扫码登录账号。如果用户也没有 QQ 和企业微信，则单击“QQ 登录”选项卡下方的“注册账号”按钮，如图 2-3 所示。

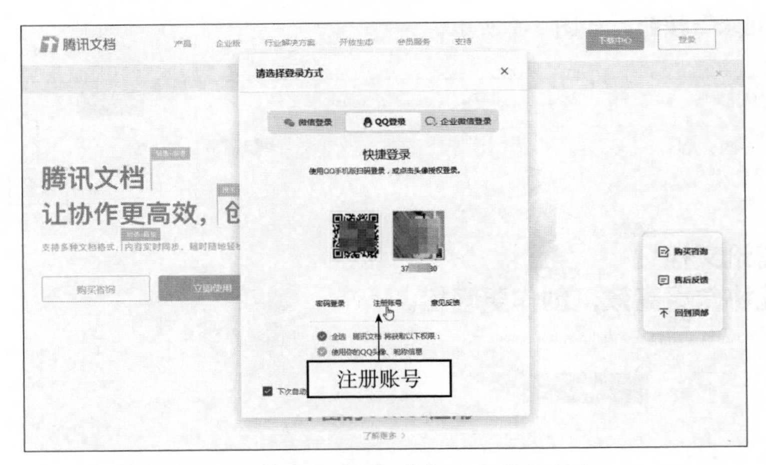

图2-3　单击下方的“注册账号”按钮

STEP 04 进入“欢迎注册 QQ”页面，在其中输入相关信息（昵称、密码和手机号等），然后选中协议相关单选按钮，单击“立即注册”按钮，如图 2-4 所示，即可注册并登录腾讯文档。

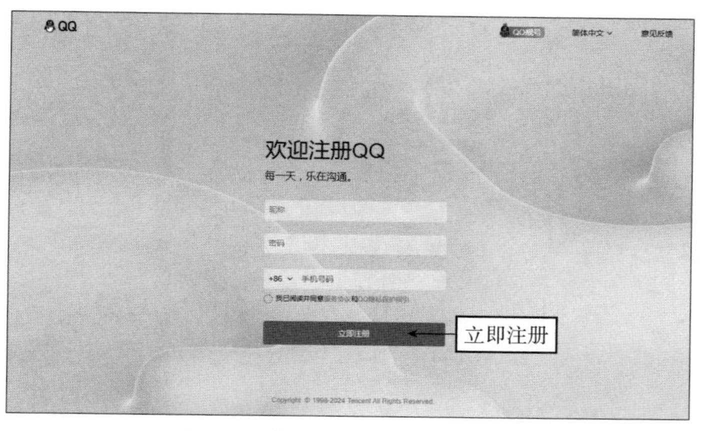

图2-4　单击“立即注册”按钮

提示

腾讯文档支持 Windows、MacOS、Linux、Android 和 iOS 等多种操作系统，方便用户在不同平台上进行协作和编辑。

2.1.2　下载与登录腾讯文档App

扫　码
看视频

腾讯文档 App 支持 iOS、Android 等移动设备的操作系统，用户可以随时随地通过手机或平板电脑创建、处理表格数据，不会受限于计算机和网络环境，这种便捷性使得移动办公成为可能，提高了工作效率。下面介绍下载与登录腾讯文档 App 的操作方法。

STEP 01 打开手机中的应用商店，点击搜索栏，在搜索文本框中输入“腾讯文档”，点击“搜索”按钮,即可搜索到腾讯文档 App。点击 App 右侧的“安装”按钮,如图 2-5 所示。

STEP 02 执行操作后，即可开始下载并自动安装腾讯文档 App。安装完成后，App 右侧会显示“打开”按钮，如图 2-6 所示。

STEP 03 点击“打开”按钮,进入“用户协议及隐私政策概要”界面,阅读相关协议内容后，点击“同意”按钮，如图 2-7 所示。

STEP 04 进入腾讯文档登录界面，选中底部的协议相关单选按钮，然后点击 QQ 图标，如图 2-8 所示。

图2-5 点击“安装”按钮

图2-6 安装完成后显示“打开”按钮

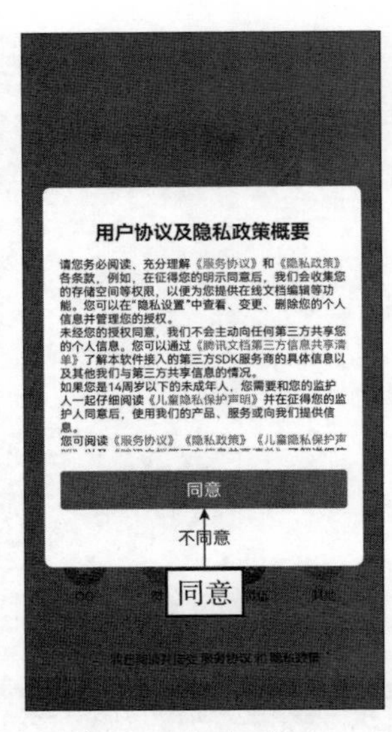

图2-7 点击“同意”按钮

STEP 05 执行操作后，进入相关界面，点击下方的“同意”按钮，如图 2-9 所示。

STEP 06 执行操作后，进入腾讯文档 App 的“首页”界面，其中显示了账号的相关信息，如图 2-10 所示，至此说明已完成腾讯文档 App 的下载与登录操作。

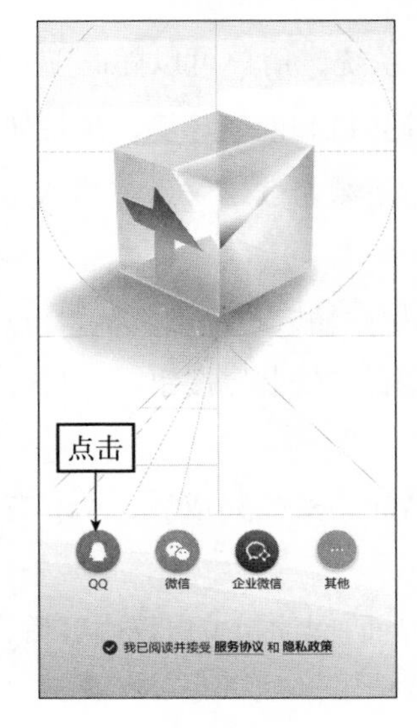

图2-8 点击QQ图标

图2-9 点击“同意”按钮

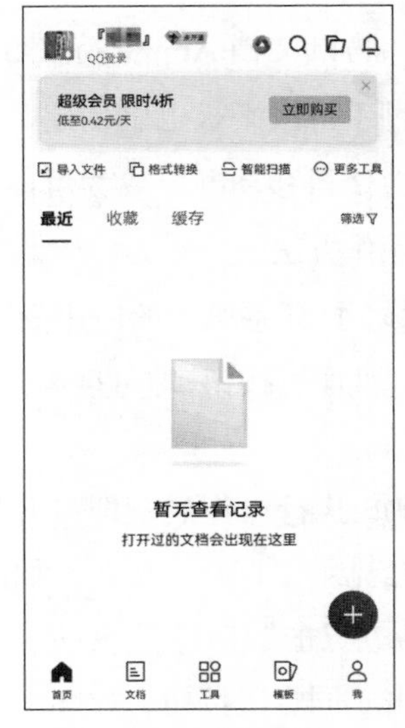

图2-10 “首页”界面显示了账号的相关信息

2.2　智能表格：用AI生成公司数据信息

使用腾讯文档中的智能表格功能可以智能生成各种公司数据信息，如部门团建人员信息表、员工假期值班表及春季招聘需求汇总表等，为公司的发展提供有力的数据支持。本节主要介绍使用腾讯文档中的智能表格功能生成公司各类数据信息的方法。

2.2.1　创建表格，生成部门团建人员信息表

扫码看视频

通过团建人员信息表，可以清晰地记录每个部门参与团建活动的员工姓名、联系方式及其他相关信息（如特殊饮食需求、过敏史等），这有助于组织者更好地规划活动细节，确保每位员工的参与度和舒适度。下面介绍使用腾讯文档生成部门团建人员信息表的方法。

STEP 01 打开腾讯文档页面，单击上方的“新建”按钮，在弹出的面板中单击“表格”按钮，如图 2-11 所示。

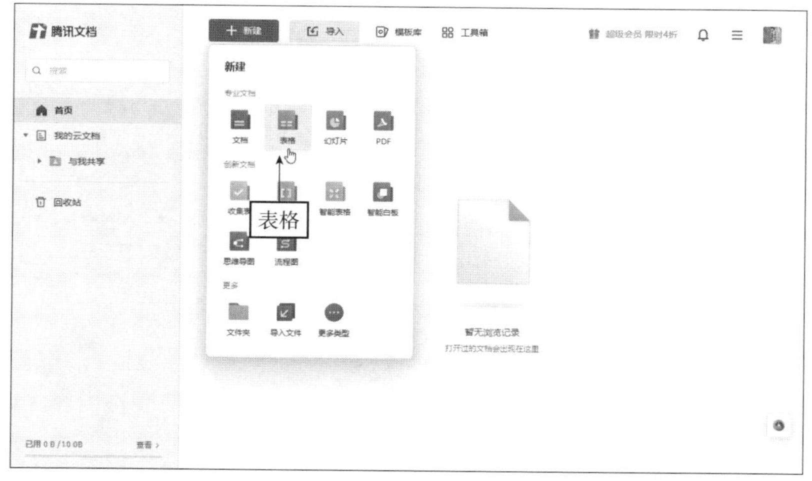

图2-11　单击“表格”按钮

STEP 02 弹出“新建表格”对话框，单击“通过 AI 新建”按钮，如图 2-12 所示。

STEP 03 在页面右侧弹出“智能助手”面板，在下方输入相应指令——“部门团建人员信息表”，指导 AI 生成特定的表格内容，如图 2-13 所示。

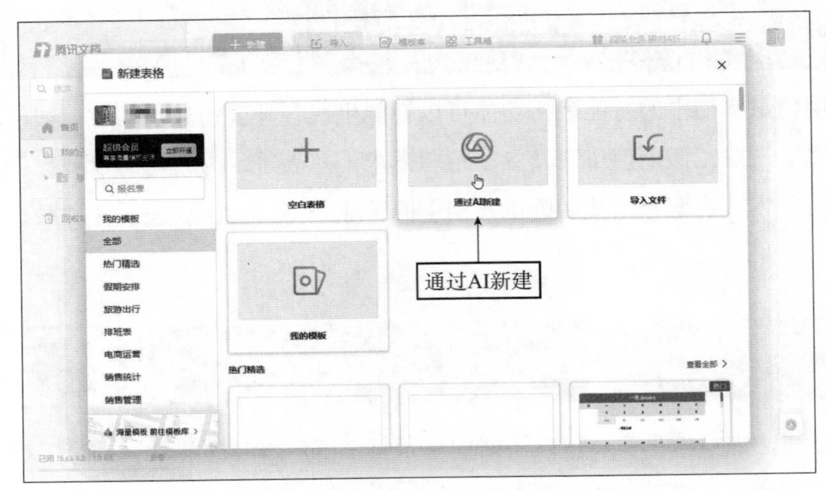

图2-12 单击“通过AI新建”按钮

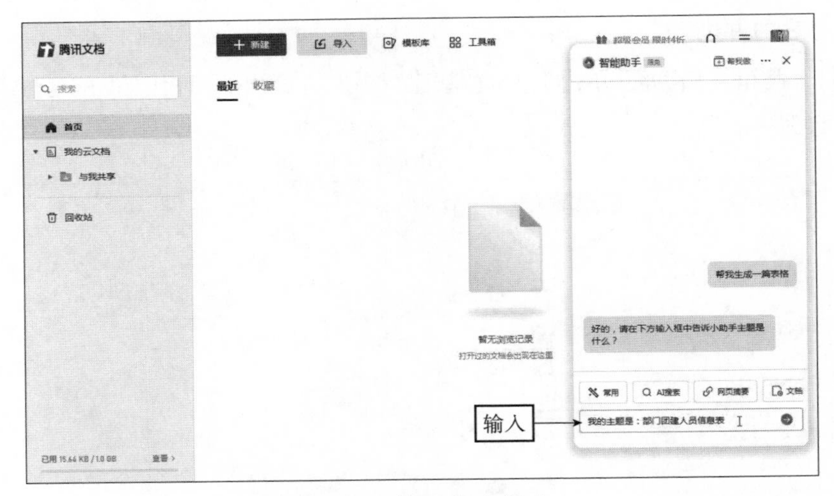

图2-13 输入相应指令

STEP 04 单击右侧的发送按钮➔，稍等片刻，AI 即可生成相应的表格内容，单击“生成表格”按钮，如图 2-14 所示。

STEP 05 执行操作后，AI 即可生成 Excel 表格，单击 Excel 表格，如图 2-15 所示。

STEP 06 执行操作后，即可打开 Excel 表格，查看创建的表格内容，如图 2-16 所示。用户可根据需要修改表格中的内容，如姓名、性别、年龄和联系电话等，使表格内容更加符合要求。

图2-14　单击"生成表格"按钮

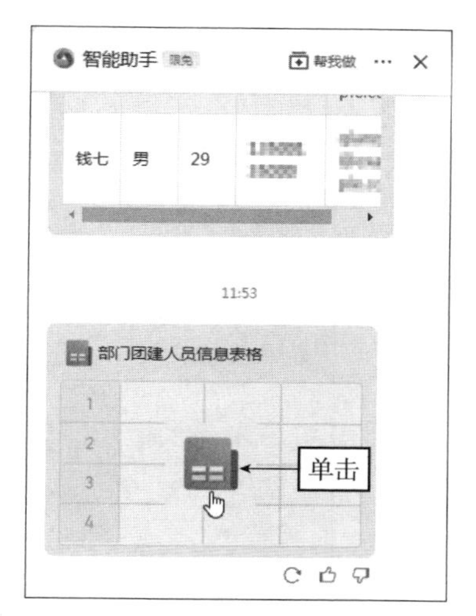

图2-15　单击Excel表格

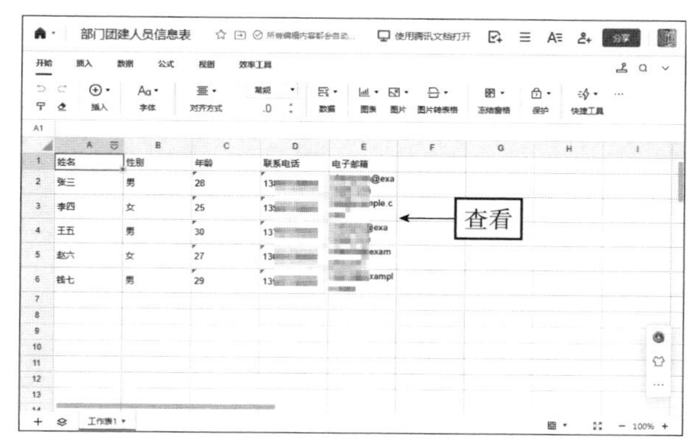

图2-16　查看创建的表格内容

2.2.2　模板应用，生成员工假期值班表

扫　码
看视频

在假期期间，企业通常需要保持一定的运营水平，比如处理紧急事务、回应客户咨询，以及进行基本的安全维护。通过制定值班表，可以确保有足够的员工在岗，以应对可能出现的各种情况，从而保持业务的连续性和稳定性。腾讯文档提供了许多AI模板，用户可以使用AI模板生成假期员工值班表，下面介绍具体的操作方法。

STEP 01 打开腾讯文档页面，单击上方的"新建"按钮，在弹出的面板中单击"表格"按钮，弹出"新建表格"对话框，在左侧"我的模板"列表框中选择"假期安排"选项，切换至“假期安排”选项卡，在右侧选择“假期值班表”，单击“立即使用”按钮，如图 2-17 所示。

图2-17　单击“立即使用”按钮

提示

在“我的模板”列表框中，提供了各种类型的 Excel 模板，用户可根据需要进行选择。

STEP 02 执行操作后，即可打开 Excel 表格，查看创建的假期值班表，如图 2-18 所示，用户可根据需要在表格中输入值班人员的信息。

图2-18　查看创建的假期值班表

STEP 03 在页面上方单击“文档操作”按钮☰，在弹出的列表框中选择“导出为”|“本地 Excel 表格”选项，如图 2-19 所示，即可导出 Excel 表格。

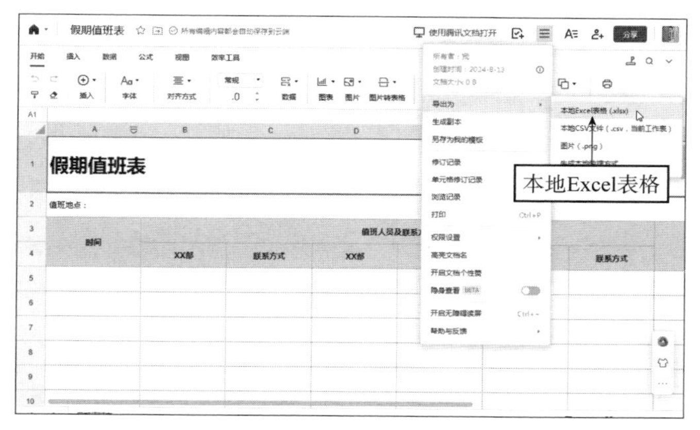

图2-19　选择"导出为"|"本地Excel表格"选项

提示

在页面上方单击"文档操作"按钮☰，在弹出的列表框中选择"导出为"|"本地CSV文件"选项，可以将表格导出为CSV文件。

2.2.3　智能表格，生成春季招聘需求汇总表

扫码看视频

通过腾讯文档中的"智能表格"功能可以生成新型的数据库电子表格，这种表格具有丰富的列类型、多维的展示视图和全局的公告栏等，能够显著提升项目管理和团队协作的效率。"智能表格"支持文本、数字、超链接等多达20种列类型，对数据格式有严格要求，固定的规整格式能有效减少多人协作时数据被误写乱写的情况。下面介绍使用腾讯文档中的"智能表格"功能生成春季招聘需求汇总表的方法。

STEP 01 打开腾讯文档页面，单击上方的"新建"按钮，在弹出的面板中单击"智能表格"按钮，如图2-20所示。

STEP 02 弹出"新建智能表格"对话框，切换至"人力行政"选项卡，在右侧选择"春季招聘需求汇总表"，单击"立即使用"左侧的眼睛图标👁，如图2-21所示。

STEP 03 弹出"春季招聘需求汇总表"对话框，其中显示了表格的相关信息，单击"立即使用"按钮，如图2-22所示。

图2-20 单击“智能表格”按钮

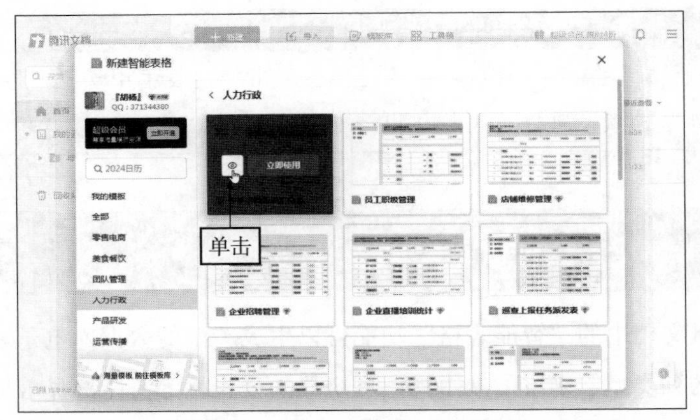

图2-21 单击“立即使用”左侧的眼睛图标

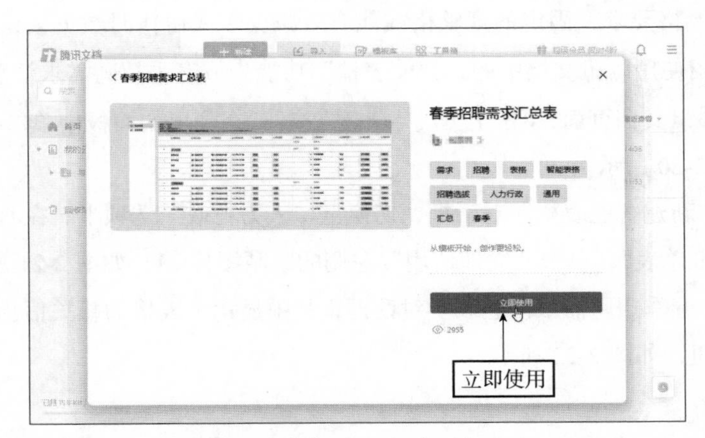

图2-22 单击“立即使用”按钮

STEP 04 执行操作后，即可生成一份春季招聘需求汇总表，查看表格内容，如图 2-23 所示。单击“文档操作”按钮☰，在弹出的列表框中选择“导出为”|“本地 Excel 表格”选项，即可导出 Excel 表格。

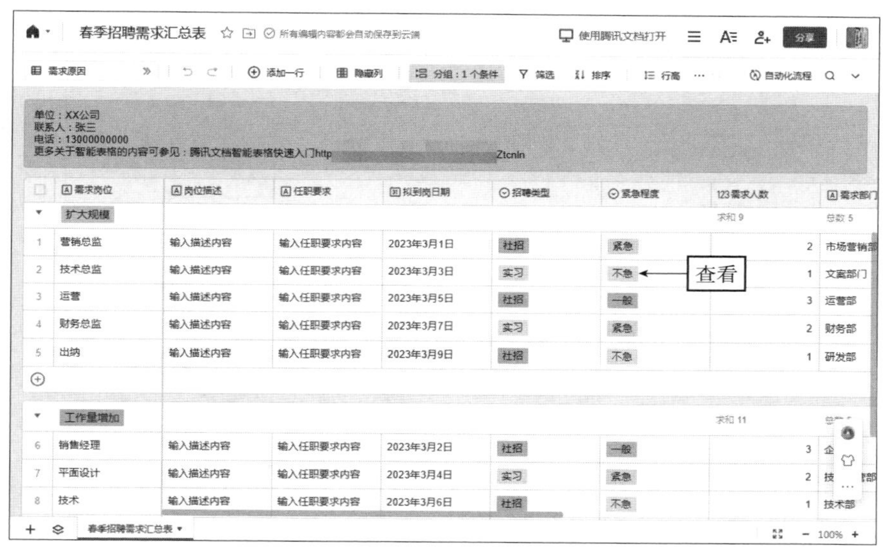

图2-23　生成一份春季招聘需求汇总表

2.3 数据处理：用AI处理表格内容

人工处理表格数据时，难免会出现输入错误或计算错误，而 AI 通过精确的算法和模型，能够显著降低这类错误的发生，提高数据的准确性。使用 AI 技术处理表格内容，如 AI 写公式、AI 编辑表格及 AI 生成图表等，能显著提高工作效率，本节将进行详细讲解。

2.3.1 AI写公式，计算表格中的工资单数据

扫　码
看视频

在腾讯文档中，AI 写公式能够自动化地根据输入的数据和指令，快速生成工资单中所需的各项公式，如求和、求平均值和计算个人所得税等，从而大大节省手动编写公式的时间。下面介绍通过 AI 写公式来计算表格中的工资单数据的操作方法。

STEP 01 打开腾讯文档页面，单击上方的“新建”按钮，在弹出的面板中单击“表格”按钮，

弹出“新建表格”对话框，单击“导入文件”按钮，如图 2-24 所示。

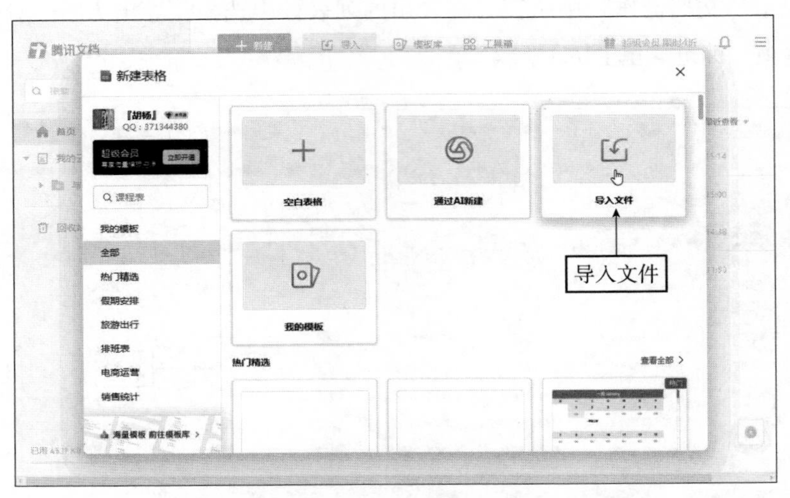

图2-24 单击“导入文件”按钮

STEP 02 弹出“打开”对话框，在其中选择需要导入的工资单 Excel 文件，如图 2-25 所示。

STEP 03 单击“打开”按钮，弹出“导入本地文件”对话框，默认选择“转为在线文档多人编辑”选项，单击“确定”按钮，如图 2-26 所示。

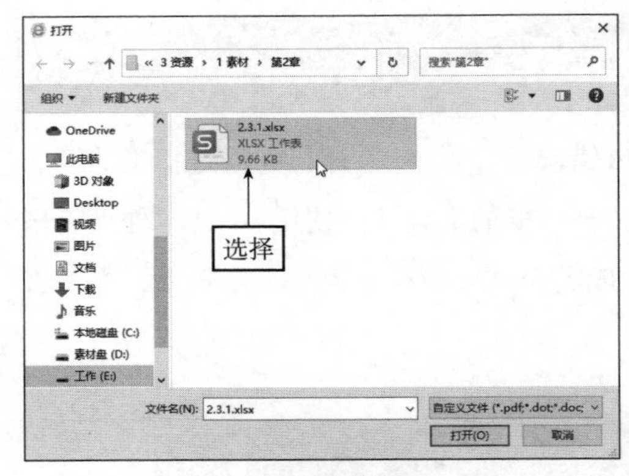

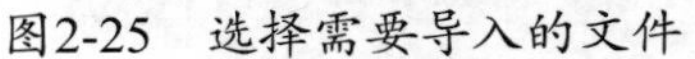
图2-25 选择需要导入的文件

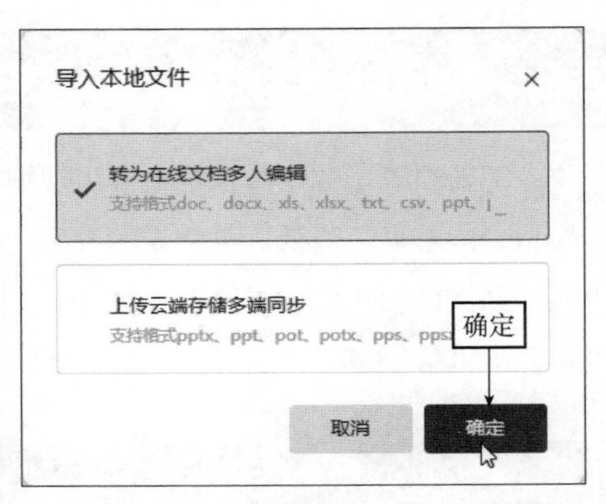

图2-26 单击“确定”按钮

STEP 04 执行操作后，即可将工资单 Excel 文件导入腾讯文档中，在页面中选择刚导入的工资单 Excel 文件，如图 2-27 所示。

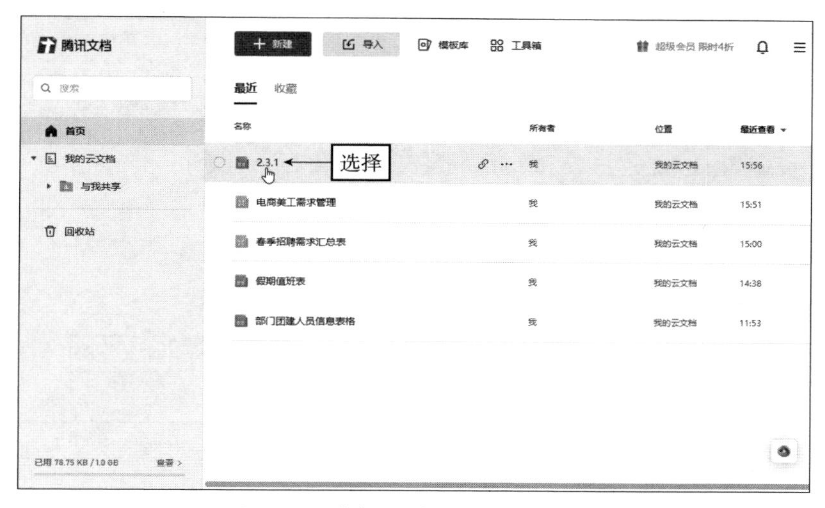

图2-27　选择刚导入的Excel文件

STEP 05 执行操作后，即可打开工资单 Excel 文件，选中 F2 单元格，在右侧的“智能助手”面板中，选择“帮你写公式”选项，如图 2-28 所示。

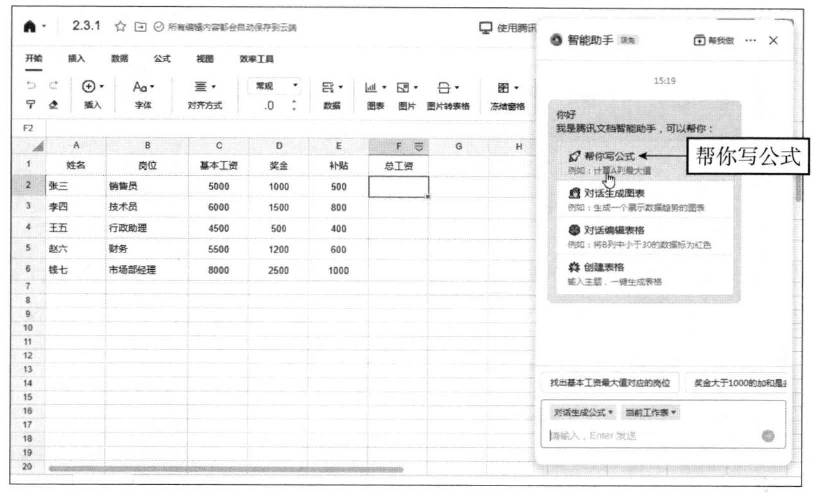

图2-28　选择“帮你写公式”选项

STEP 06 在下方文本框中输入相应指令，指导 AI 生成相应的计算公式，如图 2-29 所示。

STEP 07 单击右侧的发送按钮，稍等片刻，AI 即可生成相应的计算公式，单击“插入公式”按钮，如图 2-30 所示。

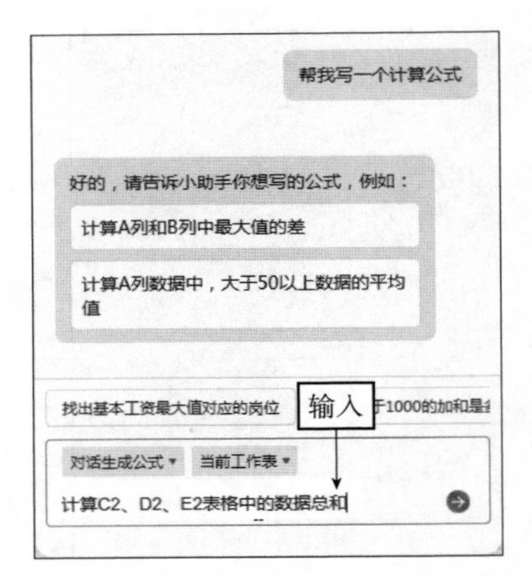

图2-29　输入相应指令

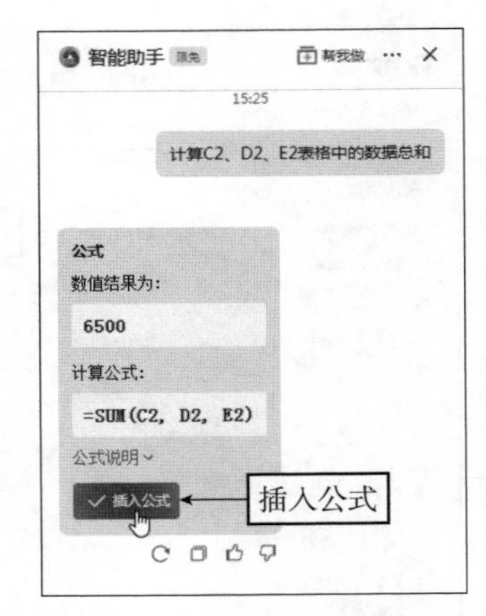

图2-30　单击“插入公式”按钮

STEP 08 执行操作后，即可将公式插入 F2 单元格中，得出数据计算结果，如图 2-31 所示。

F2　=SUM(C2,D2,E2)

	A	B	C	D	E	F
1	姓名	岗位	基本工资	奖金	补贴	总工资
2	张三	销售员	5000	1000	500	6500
3	李四	技术员	6000	1500	800	
4	王五	行政助理	4500	500	400	
5	赵六	财务	5500	1200	600	
6	钱七	市场部经理	8000	2500	1000	
7						

计算

图2-31　得出数据计算结果

STEP 09 将鼠标指针移至 F2 单元格右下角的位置，当鼠标指针呈加号形状+时，按住鼠标左键并向下拖曳至 F6 单元格后，释放鼠标左键，即可得出此单元格区域中的所有数据计算结果，如图 2-32 所示。至此，完成工资单数据的计算处理。

F2　=SUM(C2,D2,E2)

	A	B	C	D	E	F
1	姓名	岗位	基本工资	奖金	补贴	总工资
2	张三	销售员	5000	1000	500	6500
3	李四	技术员	6000	1500	800	8300
4	王五	行政助理	4500	500	400	5400
5	赵六	财务	5500	1200	600	7300
6	钱七	市场部经理	8000	2500	1000	11500
7						

计算

图2-32　得出数据计算结果

2.3.2　AI编辑表格，根据指令编辑工资单数据

AI 编辑表格的意义在于它极大地提升了表格处理的效率、准确性及智能化水平，给各行各业的数据管理和分析工作都带来了深远的影响。通过减少人工干预，AI 显著缩短了表格处理的时间，使用户可以将更多精力投入到更高层次的数据分析和决策工作中。

下面介绍在腾讯文档中使用 AI 编辑表格数据的方法。

STEP 01 在 2.3.1 节介绍的案例的基础上，选择 F 列单元格区域中的数据内容，如图 2-33 所示。

F1　总工资

	A	B	C	D	E	F
1	姓名	岗位	基本工资	奖金	补贴	总工资
2	张三	销售员	5000	1000	500	6500
3	李四	技术员	6000	1500	800	8300
4	王五	行政助理	4500	500	400	5400
5	赵六	财务	5500	1200	600	7300
6	钱七	市场部经理	8000	2500	1000	11500
7						

选择

图2-33　选择F列单元格区域中的数据内容

STEP 02 在右侧的“智能助手”面板中选择“对话编辑表格”选项，如图 2-34 所示。

STEP 03 在下方文本框中输入相应指令，指导 AI 如何编辑表格数据，如图 2-35 所示。

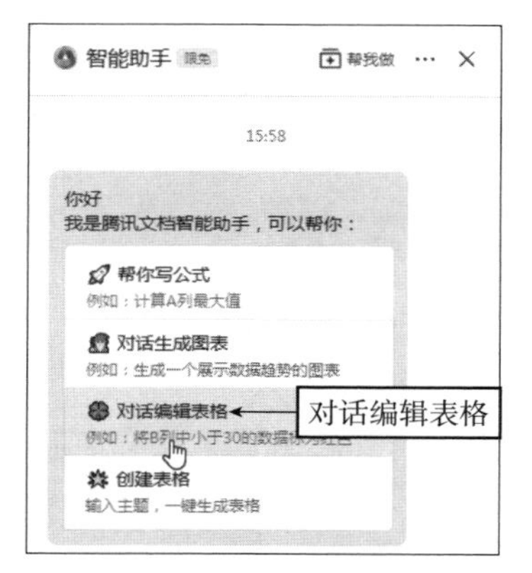

图2-34　选择“对话编辑表格”选项

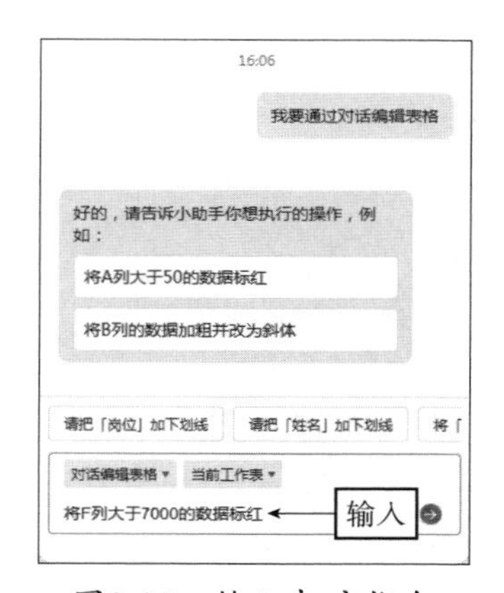

图2-35　输入相应指令

STEP 04 单击右侧的发送按钮，稍等片刻，AI 即可根据指令编辑表格数据，将 F 列

大于 7000 的数据标红，效果如图 2-36 所示。

I17						
	A	B	C	D	E	F
1	姓名	岗位	基本工资	奖金	补贴	总工资
2	张三	销售员	5000	1000	500	6500
3	李四	技术员	6000	1500	800	8300
4	王五	行政助理	4500	500	400	5400
5	赵六	财务	5500	1200	600	7300
6	钱七	市场部经理	8000	2500	1000	11500
7						

图2-36　将F列大于7000的数据标红

2.3.3　AI生成图表，对比各岗位的工资单数据

扫　码
看视频

图表是数据可视化的一种重要形式，通过图形和颜色等视觉元素，将复杂的数据以直观、易懂的方式呈现出来。AI 能够自动分析和理解数据，生成符合逻辑的图表，使得数据中包含的趋势、模式和关系一目了然。这种信息可视化有助于人们更快地理解和吸收数据中的关键信息。

下面介绍使用 AI 生成图表来对比各岗位的工资单数据的方法。

STEP 01 在 2.3.2 节介绍的案例的基础上，在右侧的“智能助手”面板中，选择“对话生成图表”选项，如图 2-37 所示。

STEP 02 执行操作后，AI 将弹出相应提示信息，选择“生成一个展示数据对比的柱状图”选项，如图 2-38 所示。

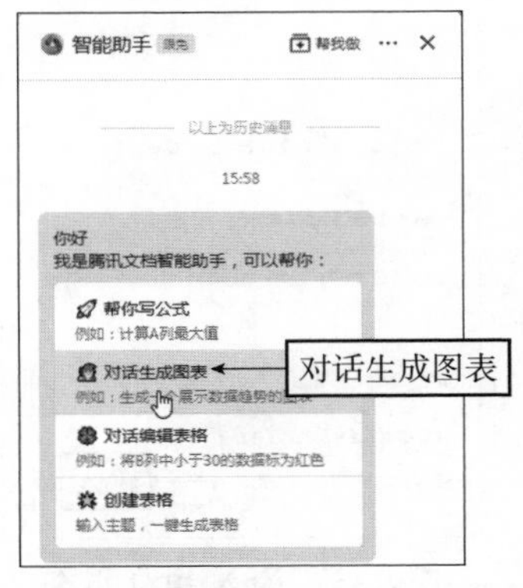

图2-37　选择“对话生成图表”选项

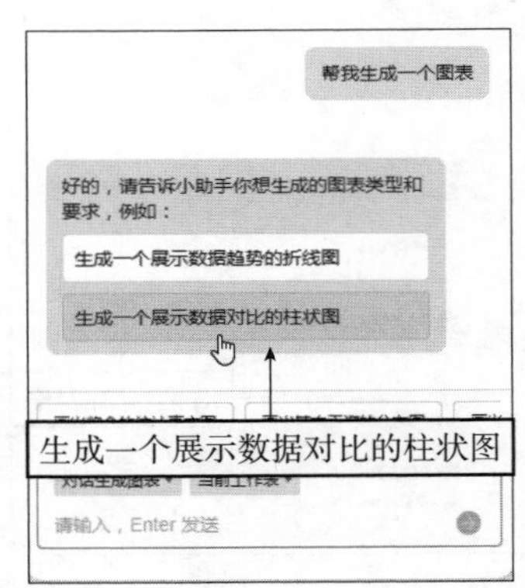

图2-38　选择“生成一个展示数据对比的柱状图”选项

STEP 03 执行操作后，AI 即可生成相应的数据对比柱状图，单击“插入图表”按钮，如图 2-39 所示。

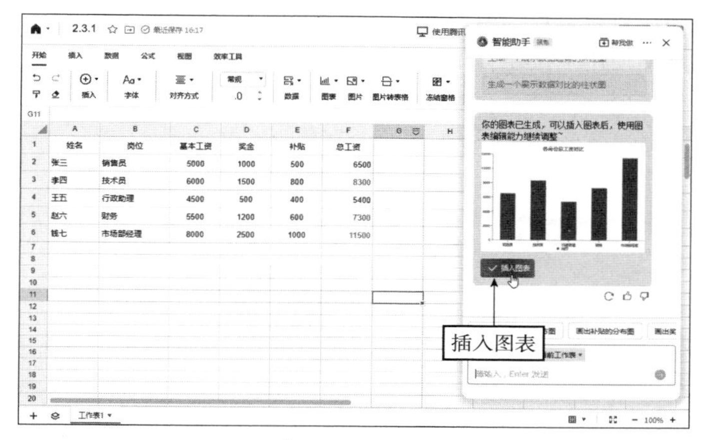

图2-39　单击“插入图表”按钮

STEP 04 执行操作后，即可在表格中插入“各岗位总工资对比”柱状图，效果如图 2-40 所示。

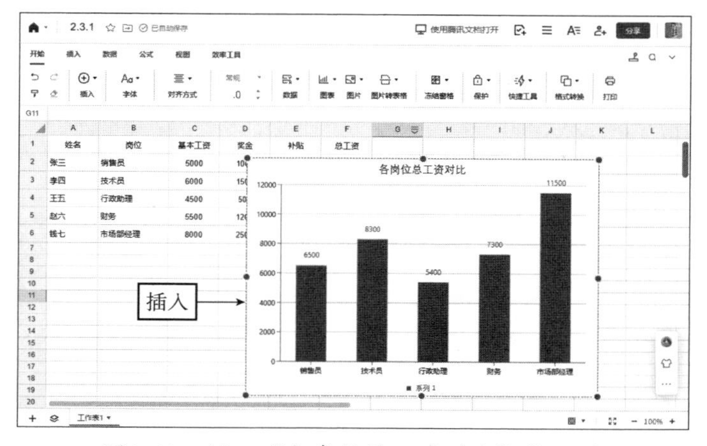

图2-40　插入“各岗位总工资对比”柱状图

2.3.4　AI调整排序，将花名册中的员工按年龄排序

在腾讯文档中，AI 通过复杂的算法和模型，可以根据用户的指令对大量数据快速、准确地进行分析和处理，从而得出数据的排序结果，这种排序方式能够显著提

高用户的工作效率。下面介绍使用 AI 对员工花名册按“年龄”进行排序的操作方法。

STEP 01 打开腾讯文档页面，单击上方的“新建”按钮，在弹出的面板中单击“智能表格”按钮，弹出“新建智能表格”对话框，在“全部”选项卡中选择“餐厅员工花名册”表格，单击“立即使用”按钮，如图 2-41 所示。

图2-41　单击“立即使用”按钮

STEP 02 执行操作后，即可生成一份餐厅员工花名册，查看表格内容，如图 2-42 所示。

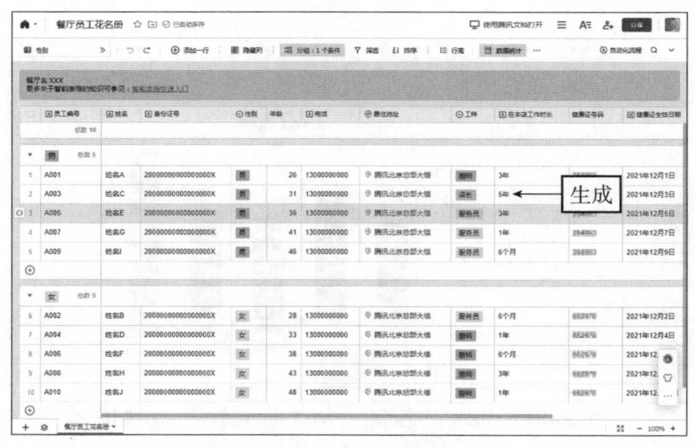

图2-42　生成一份餐厅员工花名册

提示

在企业和政府等机构中，AI 可以通过对大量数据的排序和分析，帮助决策者快速发现问题的关键所在，从而制定更加科学合理的决策。

STEP 03 在右侧的“智能助手”面板中，选择“调整排序”选项，如图 2-43 所示。

STEP 04 执行操作后，AI 将弹出相应的提示信息，在文本框中输入相应指令，指导 AI 按要求进行排序操作，单击“开始排序”按钮，如图 2-44 所示。

STEP 05 执行操作后，AI 即可对表格中的数据按“年龄”进行排序，效果如图 2-45 所示。

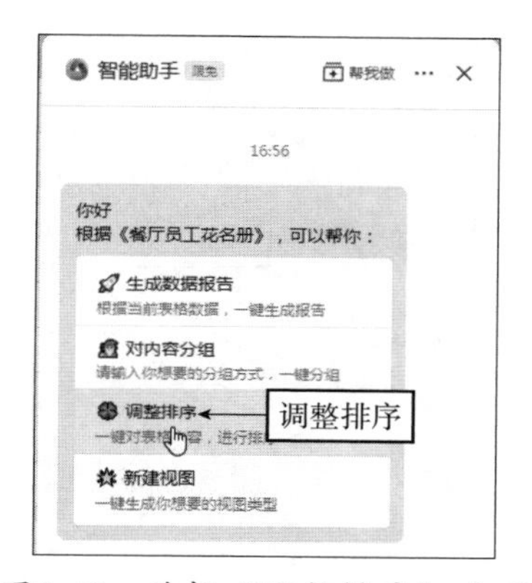

图2-43　选择“调整排序”选项

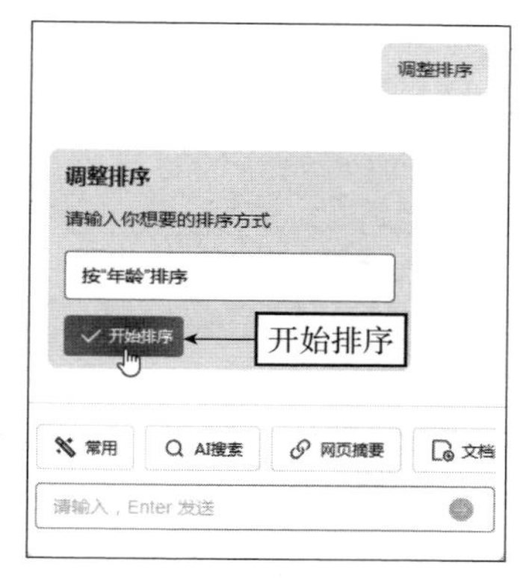

图2-44　单击“开始排序”按钮

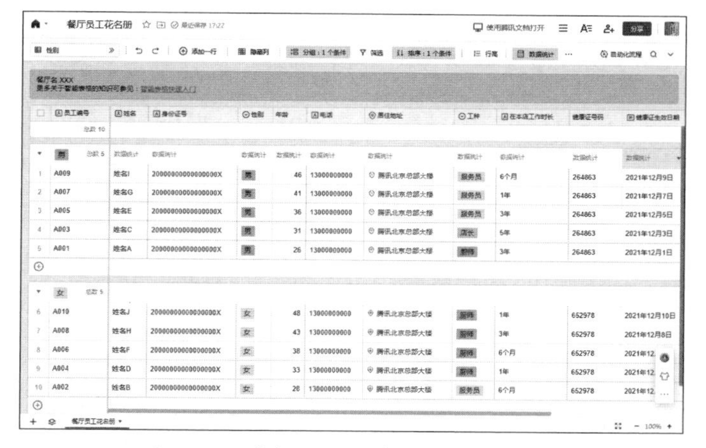

图2-45　对数据按“年龄”进行排序

2.3.5　AI数据分组，将花名册中的员工按工种分组

扫　码
看视频

AI 数据分组能够大大提高数据处理的效率，尤其是在面对海量数据时。下面介绍使用 AI 对员工花名册按“工种”进行分组的方法。

STEP 01 在 2.3.4 节介绍的案例的基础上，在右侧的“智能助手”面板中，选择“对内容分组”选项，如图 2-46 所示。

STEP 02 执行操作后，AI 将弹出相应提示信息，在文本框中输入相应指令，指导 AI 按要求进行分组操作，单击“开始分组”按钮，如图 2-47 所示。

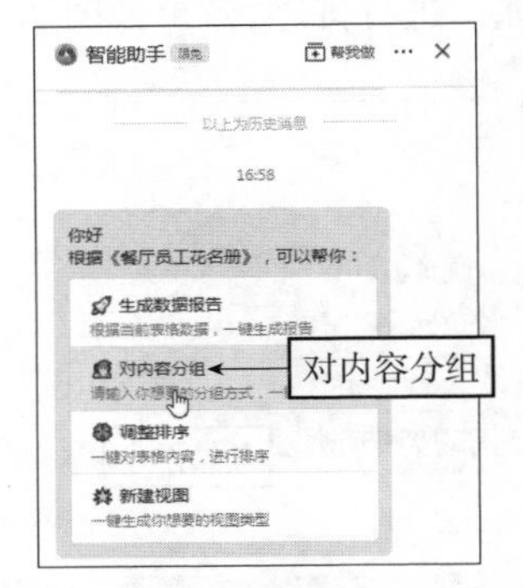

图2-46 选择“对内容分组”选项

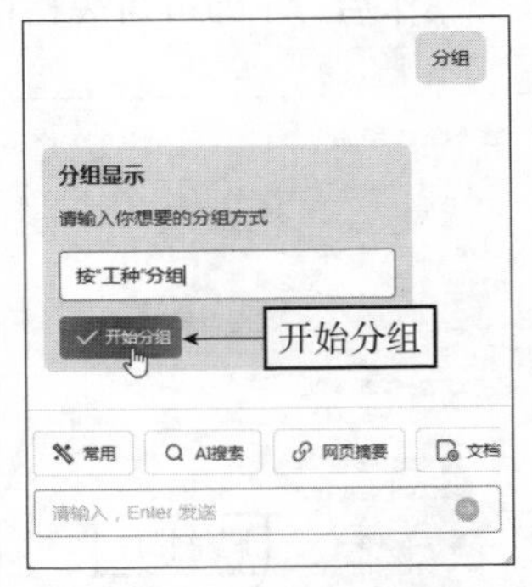

图2-47 单击“开始分组”按钮

STEP 03 执行操作后，AI 即可对表格中的数据按“工种”进行分组，效果如图 2-48 所示。

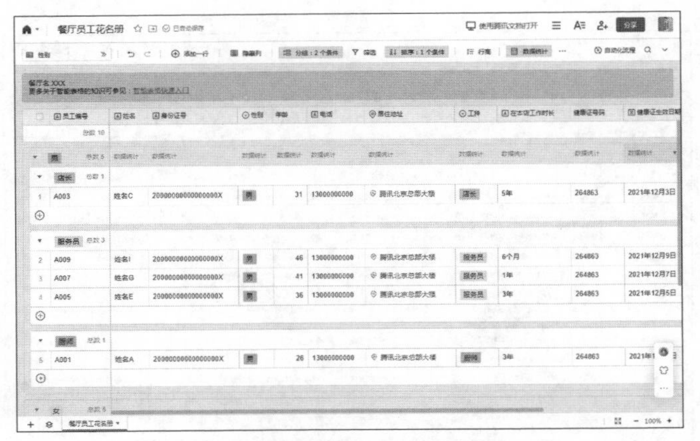

图2-48 将数据按“工种”进行分组

2.4 移动办公：通过手机App提升工作效率

腾讯文档 App 在移动办公和团队协作方面更加灵活和强大，尤其适合需要在不同地点和设备上进行文档编辑和共享的用户。本节主要介绍通过腾讯文档 App 的 AI 功能生成表格数据的方法，包括生成学生假期每日计划表和团队 KPI 考核表等，满足用户的个性化需求。

2.4.1 通过模板，生成学生假期每日计划表

扫码看视频

腾讯文档 App 向用户提供了多种表格模板，用户可根据实际需要选择并应用相应的表格模板，以节省重复制表的时间，具体操作步骤如下。

STEP 01 打开腾讯文档 App，进入“首页”界面，其中显示了用户最近使用的办公文件，如图 2-49 所示。

STEP 02 在界面底部点击“模板”标签，切换至“模板”界面，如图 2-50 所示，其中显示了多种类型的模板，包括文档、表格、幻灯片和收集表等。

STEP 03 在界面上方点击“表格”标签，切换至“表格”选项卡，如图 2-51 所示，其中显示了许多表格模板，部分模板需要用户开通会员才能使用。

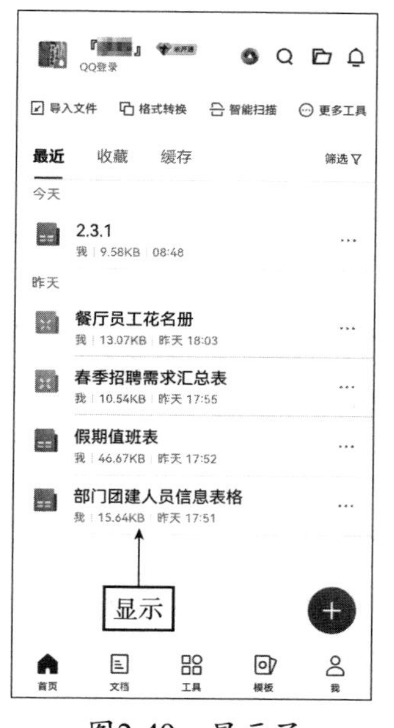

图2-49 显示了办公文件

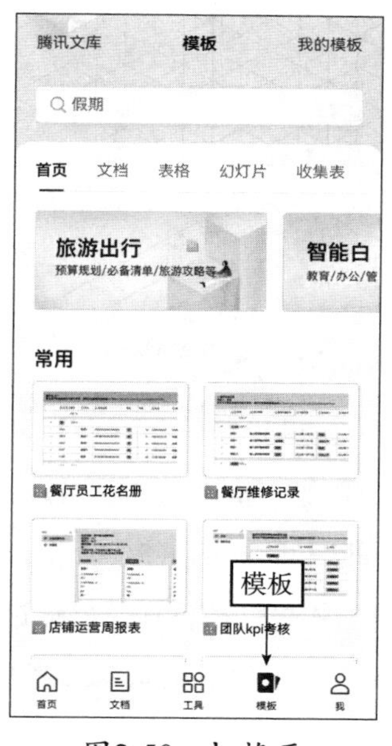

图2-50 切换至“模板”界面

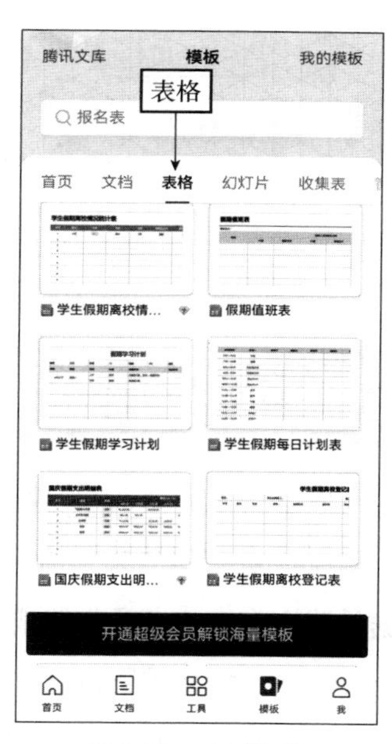

图2-51 切换至“表格”选项卡

STEP 04 在“表格”选项卡中选择“学生假期每日计划表”模板，进入“学生假期每日计划表”界面，其中显示了表格的相关信息，点击“立即使用”按钮，如图 2-52 所示。

STEP 05 执行操作后，即可打开学生假期每日计划表，查看表格内容，如图 2-53 所示。

STEP 06 点击右上角的☰按钮，弹出相应面板，点击“导出为 Excel”按钮，如图 2-54 所示，即可导出学生假期每日计划表。

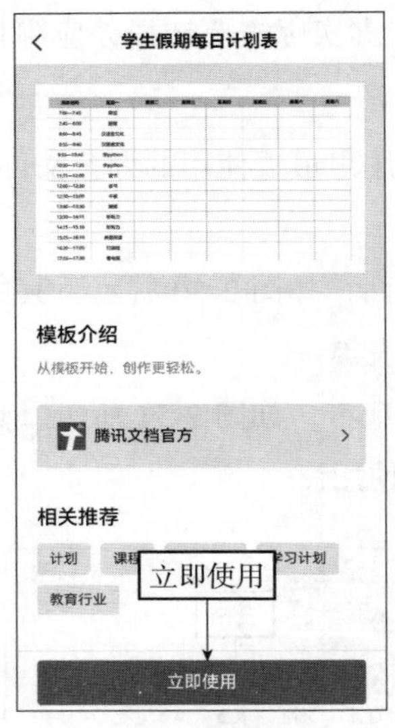

图2-52 点击“立即使用”按钮

	A	B	C	D
1	具体时间	星期一	星期二	星期三
2	7:00—7:45	早饭		
3	7:45—8:00	迷糊		
4	8:00—8:45	汉语言文化		
5	8:55—9:40	汉语言文化		
6	9:55—10:40	学python		
7	10:50—11:35	学python		
8	11:35—12:00	读书		
9	12:00—12:30	读书		
10	12:30—13:00	午餐		
11	13:00—13:30	睡觉		
12	13:30—14:15	听听力		
13	14:25—15:10	听听力		
14	15:25—16:10	英语阅读		
15	16:20—17:05	打游戏		
16	17:05—17:30	看电视		
17	17:30—18:00	看电视		
18	18:00—19:00	跑步		
19	19:10—20:00	洗澡		
20	20:10—21:00	阅读		
21	21:10—22:00	阅读		
22	22:10—24:00	休息		
23	使用说明：每项完成后可用删除线删除			

图2-53 查看表格内容

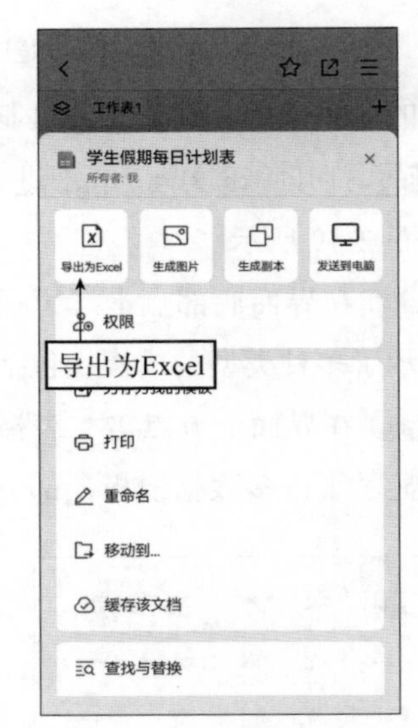

图2-54 点击“导出为Excel”按钮

2.4.2 智能表格，快速生成团队KPI考核表

扫码看视频

通过腾讯文档 App 中的“智能表格”功能，可以一键生成团队 KPI 考核表，每位团队成员都能清晰地看到自己和团队的 KPI、实际完成情况和进度对比，这种数据透明度有助于激发团队成员的积极性和责任感，促进公平竞争和相互学习。

下面介绍使用腾讯文档 App 一键生成团队 KPI 考核表的操作方法。

STEP 01 打开腾讯文档 App，进入“首页”界面，在界面底部点击“模板”标签，切换至“模板”界面，如图 2-55 所示。

STEP 02 在界面上方点击“智能表格”标签，切换至“智能表格”选项卡，如图 2-56 所示。其中显示了许多智能表格模板，部分模板需要用户开通会员才能使用。

STEP 03 滚动鼠标滚轮，在界面下方选择“团队 KPI 考核”智能模板，如图 2-57 所示。

STEP 04 执行操作后，进入“团队 KPI 考核”界面，其中显示了模板的相关介绍，点击“立即使用”按钮，如图 2-58 所示。

图2-55 切换至“模板”界面

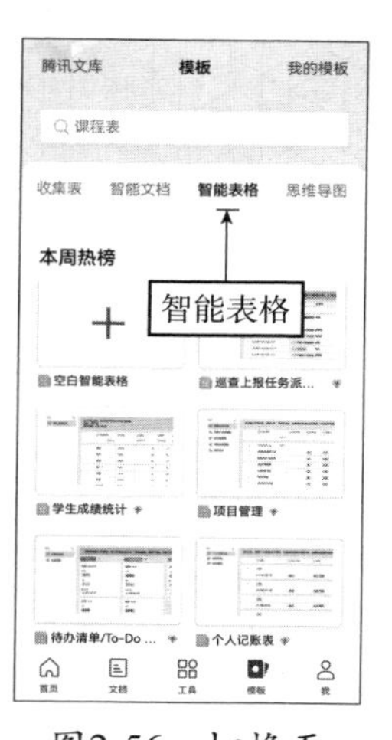

图2-56 切换至“智能表格”选项卡

图2-57 选择“团队KPI考核”智能模板

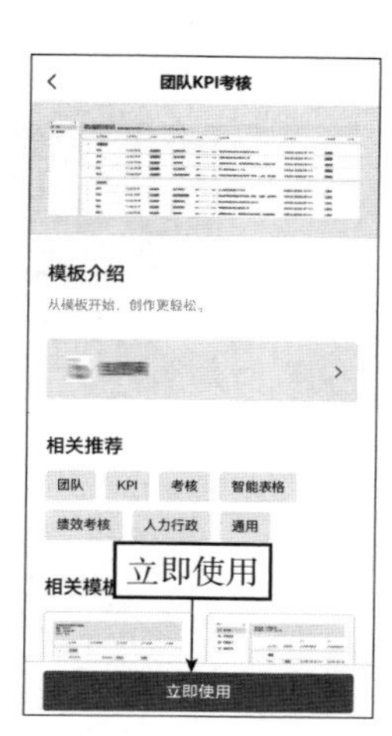

图2-58 点击“立即使用”按钮

STEP 05 执行操作后，即可打开团队 KPI 考核表，在其中可以查看表格的相关内容，从右向左滑动屏幕，可以查看表格中的其他数据信息，如图 2-59 所示。

STEP 06 在界面中，点击右上角的☰按钮，弹出相应面板，点击“导出为 Excel”按钮，如图 2-60 所示。

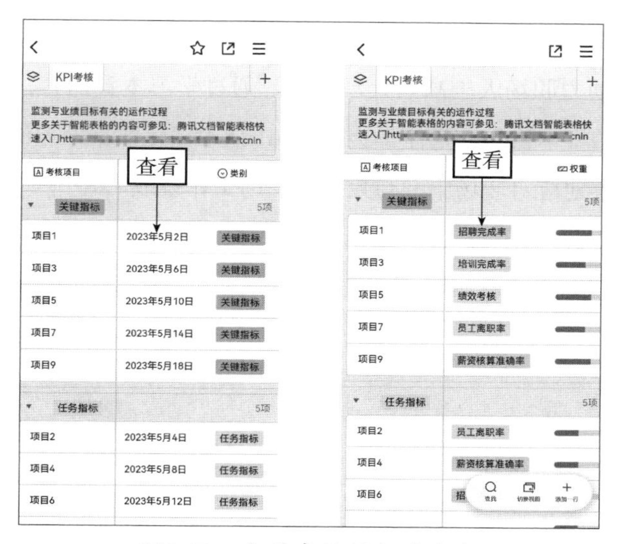

图2-59 查看表格的相关内容

STEP 07 执行操作后，即可导出团队 KPI 考核表，查看表格的内容，如图 2-61 所示。

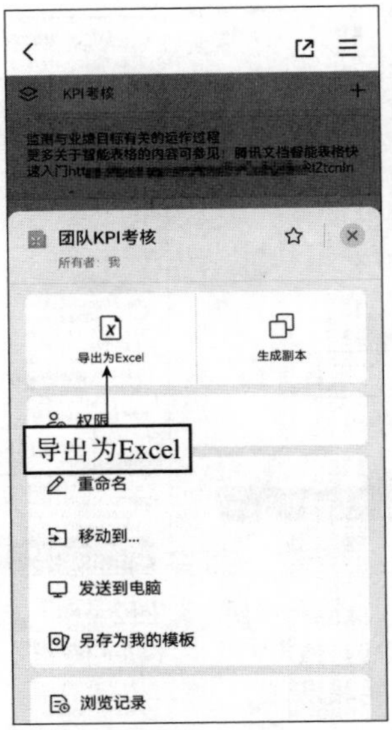

图2-60　点击“导出为Excel”按钮

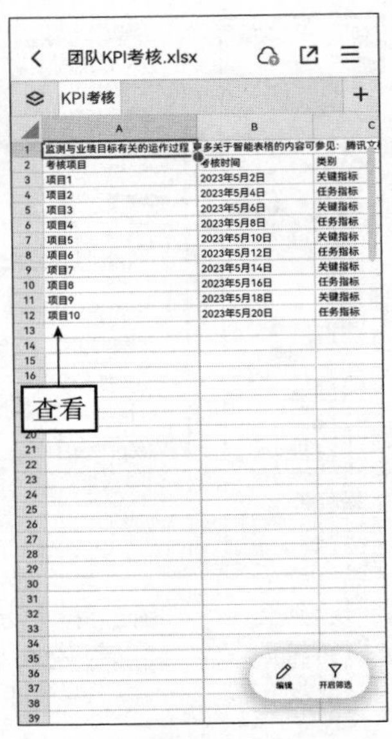

图2-61　查看表格的内容

2.5 本章小结

本章深入探讨了腾讯文档在表格处理领域的强大功能，从基础的注册、登录与App下载，到智能表格的一键生成与AI辅助的数据处理，再到移动办公，全面展示了腾讯文档如何助力职场人士高效处理数据。通过学习本章内容，读者不仅能够快速掌握腾讯文档的基本操作，还能学会利用AI技术优化数据处理流程，提升工作效率，从而更加从容地应对职场中的与数据相关的工作挑战。

第 3 章

PPT 制作
AI 大纲生成与自动化编辑

在职场中，掌握了使用AI工具制作PPT的能力如同拥有了一把高效能钥匙，AI工具不仅能根据内容迅速生成结构清晰的PPT大纲，还能自动美化设计，节省用户大量时间。AI助力下的演示自动化，让信息传达更加精准高效，提升用户专业形象，帮助用户在会议与汇报中脱颖而出，赢得先机。本章主要介绍使用讯飞智文AI工具创建与编辑PPT的方法，帮助用户在短时间内高效地完成PPT的设计。

3.1 讯飞智文：功能介绍与注册登录

讯飞智文是科大讯飞推出的一款基于星火认知大模型的AI文档创作平台，它为用户提供了高效、便捷的PPT创作和编辑体验。用户只需输入一句话，AI系统便能一键生成相应的PPT，这对于经常需要制作PPT的用户而言，大大提升了工作效率。

使用讯飞智文创作PPT之前，首先需要掌握讯飞智文的PPT功能，并且需要注册并登录讯飞智文网页，本节将进行相关讲解。

3.1.1 了解讯飞智文的AI PPT功能

讯飞智文在PPT生成方面拥有多项核心功能，这些功能极大地提升了用户制作PPT的效率和效果，下面进行相关分析，如图3-1所示。

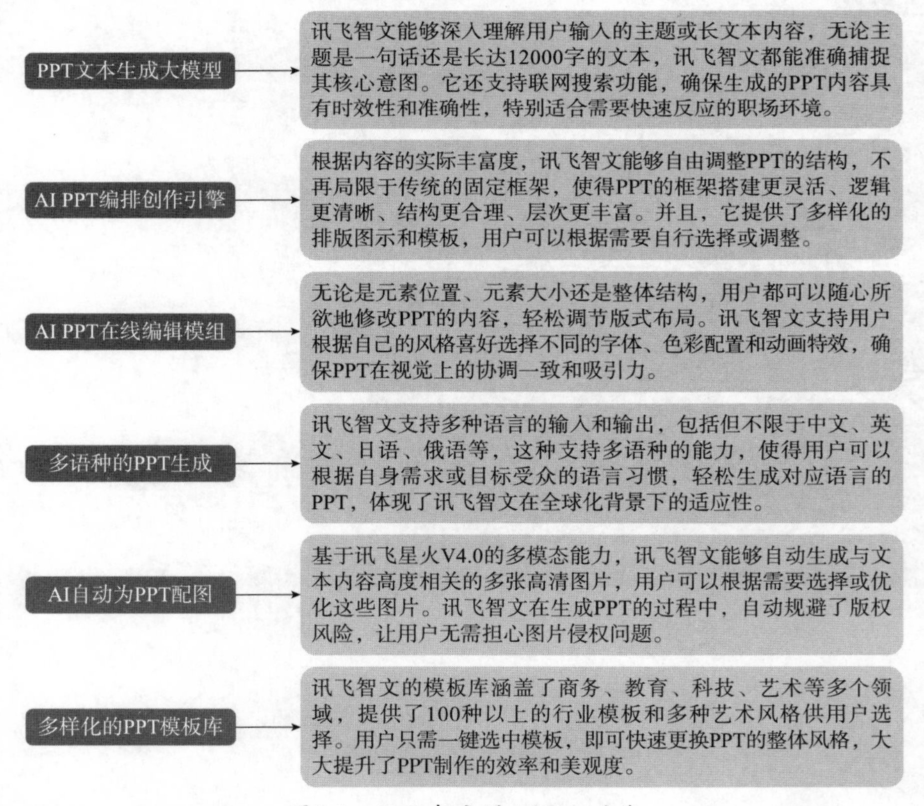

图3-1 讯飞智文的AI PPT功能

提示

讯飞智文采用了独立训练的PPT生成大模型，这一突破性技术使得其在PPT生成方面展现出了更优秀的专业度和表现力，该技术主要应用于以下三大场景。

❶ 职场办公：适用于企业内部的会议汇报、项目展示及培训资料制作等场景，帮助职场人士提高工作效率和文档质量。

❷ 教育培训：教育机构可以利用讯飞智文快速生成教学课件等文档，减轻教师的工作负担，提升教学质量。

❸ 个人创作：对于个人创作者而言，讯飞智文也是一个得力的助手，它可以帮助他们快速生成文章、报告等作品，激发他们的创作灵感。

3.1.2 注册与登录讯飞智文网页

扫码看视频

讯飞智文中的AI PPT制作功能，为用户提供了强大的技术支持和优质的创作体验。在设计PPT之前，首先需要注册一个讯飞智文账号，具体操作步骤如下。

STEP 01 在计算机中打开浏览器，输入讯飞智文的官方网址，打开官方网站，单击右上角的“注册”按钮，如图3-2所示。

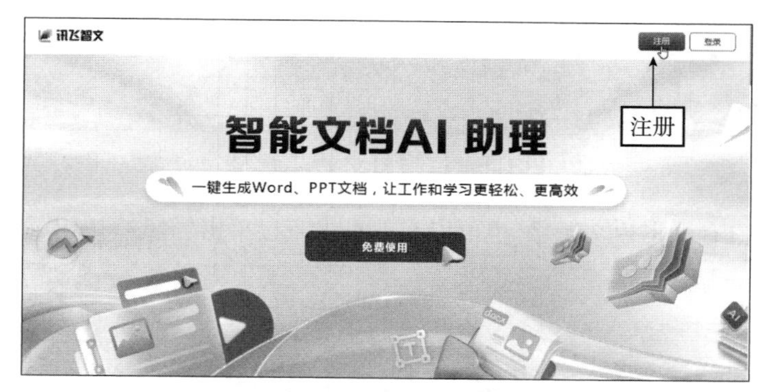

图3-2 单击右上角的“注册”按钮

STEP 02 执行操作后进入“手机号注册”页面，如图3-3所示，在其中输入手机号、验证码和密码等信息，并选中下方的协议相关复选框，单击“注册”按钮，即可注册讯飞智文账号。

STEP 03 用户也可以使用微信扫码注册，在网页右侧单击“微信扫码注册”选项卡，切换至“微信扫码注册”页面，扫描图中的二维码，如图3-4所示，即可注册账号。

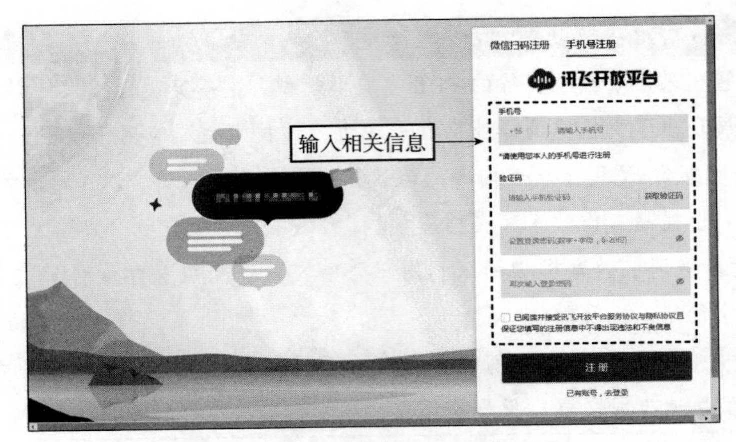

图3-3　进入“手机号注册”页面

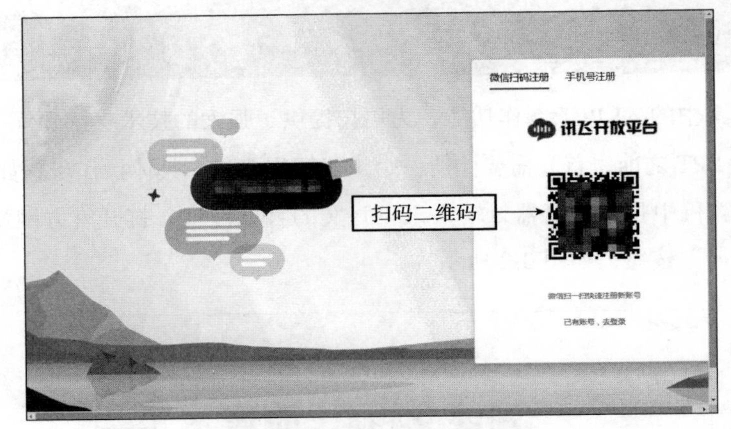

图3-4　扫描图中的二维码

STEP 04 如果用户有讯飞智文账号，也可以在首页中直接单击“登录”按钮，如图 3-5 所示。

图3-5　单击“登录”按钮

STEP 05 执行操作后进入“手机快捷登录”页面，在其中输入手机号与验证码等信息，如图 3-6 所示，然后选中下方的协议相关复选框，单击“登录”按钮，即可登录讯飞智文网页。

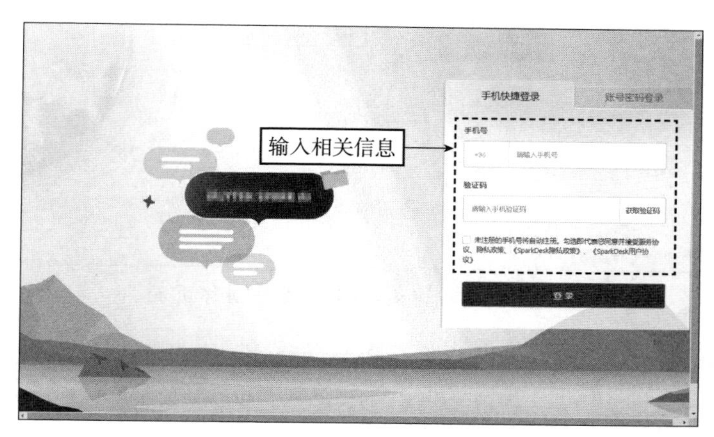

图3-6 输入手机号与验证码等信息

STEP 06 用户也可以通过用户名和密码登录讯飞智文网页，在页面中单击“账号密码登录”选项卡，进入“账号密码登录”页面，在其中输入用户名和密码等信息，如图 3-7 所示，单击“登录”按钮，即可登录讯飞智文网页。

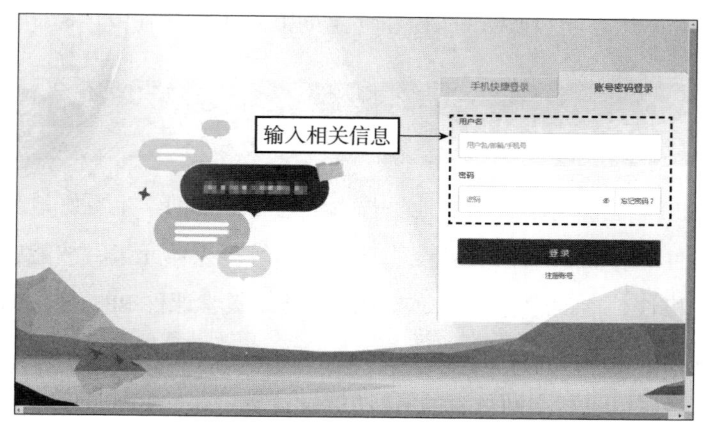

图3-7 输入用户名和密码等信息

STEP 07 登录账号后，即可进入讯飞智文后台管理与创作页面，如图 3-8 所示，在其中即可开始创作 PPT。

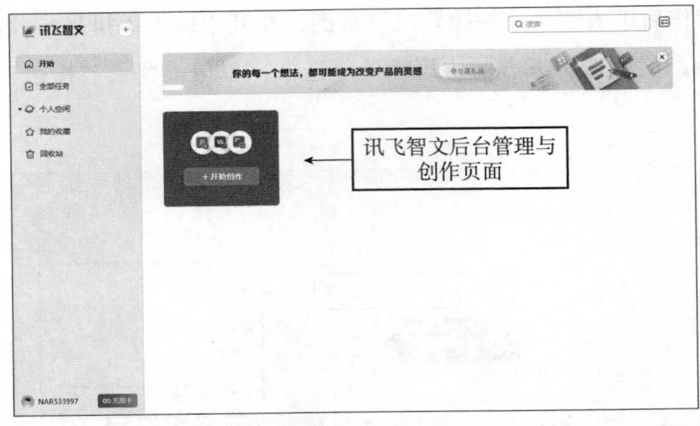

图3-8 讯飞智文后台管理与创作页面

3.2 创建PPT：演示设计的得力助手

讯飞智文中的 AI PPT 功能是一项集智能化、高效化和个性化于一体的创新功能，它极大地提升了 PPT 的制作效率和质量。讯飞智文通过集成先进的 AI 技术，为用户提供了一键生成、智能编排和在线编辑等全方位的 PPT 创作支持。用户只需输入相关主题，讯飞智文即可快速生成一份内容完整、结构合理的 PPT 初稿。本节主要介绍使用讯飞智文中的 AI PPT 功能设计各类常用 PPT 的操作方法。

3.2.1 设计教学课件PPT，让课堂更加生动有趣

扫码看视频

教学课件 PPT 能够清晰、系统地呈现教学内容，帮助学生更好地理解和掌握知识点。教学课件 PPT 因具有图文并茂、动画演示等多媒体元素，故能够激发学生的学习兴趣和积极性，使课堂更加生动有趣。此外，教学课件 PPT 能帮助教师更好地组织教学流程，提高教学效率。

下面介绍使用讯飞智文网页版的 AI 功能设计教学课件 PPT 的方法。

STEP 01 在讯飞智文网页中，单击左上角的加号按钮，在弹出的列表框中选择 AI PPT 选项，如图 3-9 所示，通过该选项可以创作 PPT。

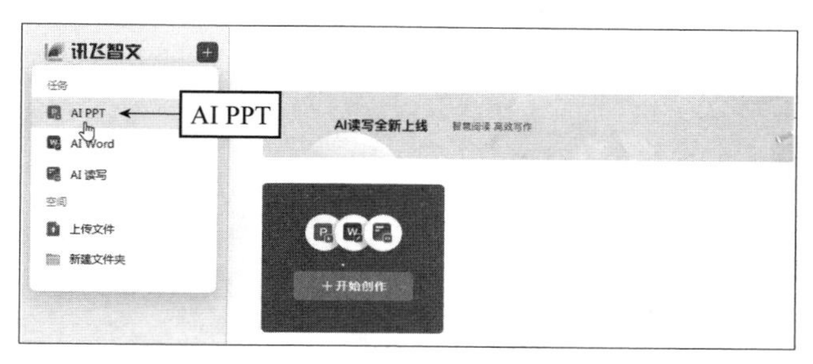

图3-9　选择AI PPT选项

STEP 02 执行操作后，进入“请选择创建方式”页面，单击“主题创建”按钮，如图 3-10 所示，该功能可以直接指定 PPT 的主题，让 AI 生成符合要求的教学课件 PPT。

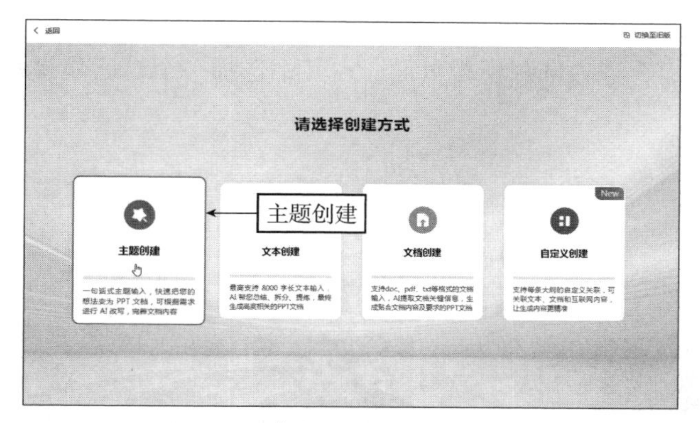

图3-10　单击“主题创建”按钮

STEP 03 执行操作后，进入“主题创建”页面，在文本框中输入教学课件的主题，例如“手机摄影技巧”，指导 AI 生成特定的教学课件，如图 3-11 所示。

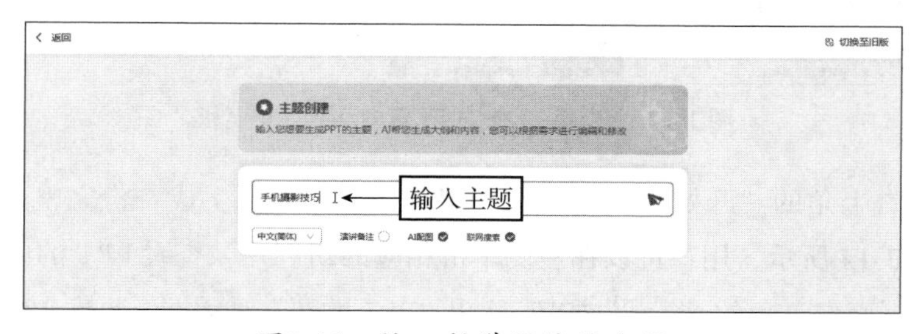

图3-11　输入教学课件的主题

STEP 04 单击右侧的发送按钮，稍等片刻，AI 即可生成一份教学课件的 PPT 大纲，如果用户对大纲内容满意，则在页面下方单击“下一步”按钮，如图 3-12 所示。

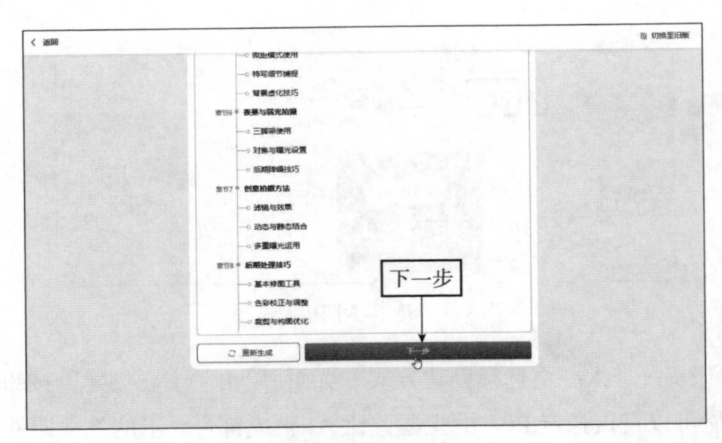

图3-12 单击“下一步”按钮

STEP 05 执行操作后，进入选择模板页面，在其中选择一个自己喜欢的主题模板，如图 3-13 所示。

图3-13 选择一个自己喜欢的主题模板

STEP 06 单击右上角的“开始生成”按钮，稍等片刻，即可生成一份完整的教学课件 PPT，如图 3-14 所示，用户可以在左侧单击相应的幻灯片，查看 PPT 的内容。

STEP 07 单击页面右上角的“下载”按钮，弹出“PPT 购买”对话框（下载 PPT 需付费），单击下方的“立即下载”按钮，如图 3-15 所示。

STEP 08 弹出“下载到本地”对话框，选择“PPT 文件”选项，如图 3-16 所示，单击“确定”按钮，即可下载教学课件 PPT。

图3-14　生成一份完整的教学课件PPT

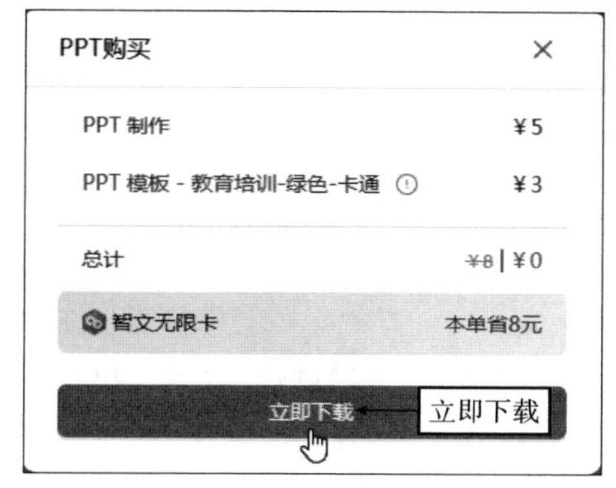

图3-15　单击“立即下载”按钮

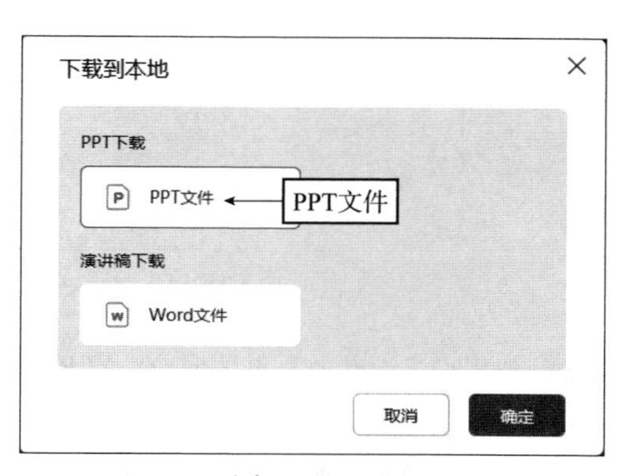

图3-16　选择“PPT文件”选项

3.2.2　设计活动方案PPT，直观展示活动细节

扫　码
看视频

活动方案 PPT 是活动策划与执行中不可或缺的工具，它精炼地呈现了活动主题、目的、内容、流程、亮点及预期效果，可帮助团队内部形成统一认知，让上级对活动方案有更清晰的认识。通过视觉化的设计，PPT 能直观展示活动细节，增强说服力与吸引力，促进资源调配与合作沟通。下面介绍使用讯飞智文设计活动方案 PPT 的方法。

提示

活动方案PPT通常应用于企业新品发布会、市场推广活动、大型会议、庆典晚会，以及教育培训项目启动活动等场景中。通过PPT，可以系统地梳理活动流程、展示创意亮点、分析预算与资源分配，便于内部团队协同工作，同时向外部合作伙伴、赞助商或参与者清晰展示活动价值与吸引力，促进共识与合作。

STEP 01 在讯飞智文页面中，单击“开始创作”按钮，如图3-17所示。

图3-17　单击“开始创作”按钮

STEP 02 弹出“快速开始”对话框，在AI PPT选项区中单击“主题创建”按钮，如图3-18所示。

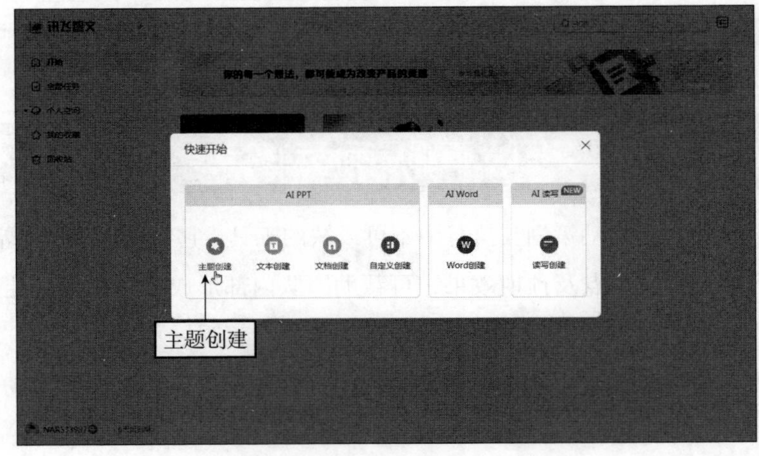

图3-18　单击“主题创建”按钮

STEP 03 执行操作后，进入“主题创建”页面，在文本框中输入活动方案的主题，例如“金秋献礼·年度大促感恩回馈活动”，指导 AI 生成特定主题的活动方案，如图 3-19 所示。

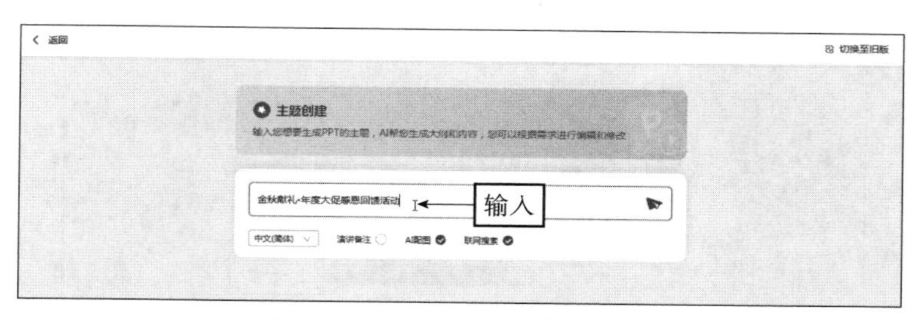

图3-19 输入活动方案的主题

STEP 04 单击右侧的发送按钮，稍等片刻，AI 即可生成一份活动方案的 PPT 大纲，如果用户对大纲内容不满意，则在页面下方单击“重新生成”按钮，如图 3-20 所示。

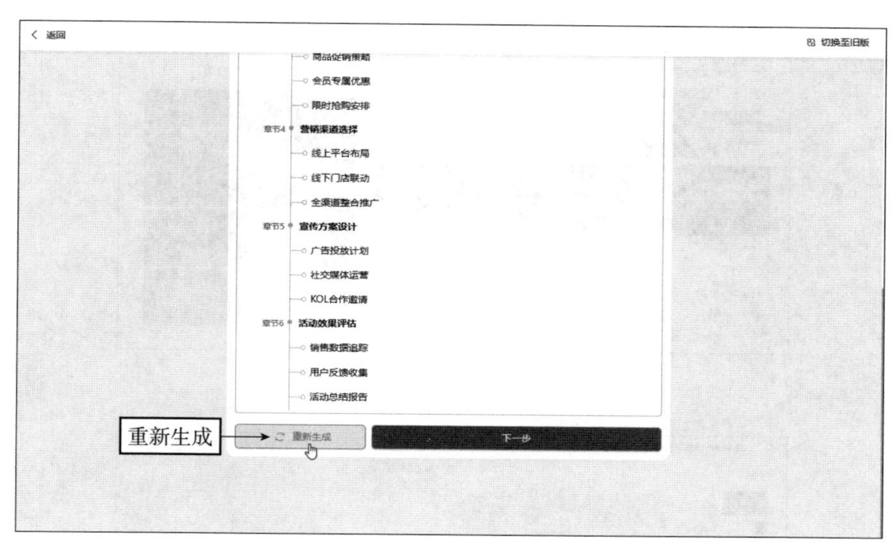

图3-20 单击“重新生成”按钮

STEP 05 执行操作后，即可重新生成一份活动方案的 PPT 大纲，确认无误后，在页面下方单击“下一步”按钮，如图 3-21 所示。

STEP 06 进入选择模板页面，在“全部”选项卡中，设置“行业”为“电子商务”，在下方选择喜欢的活动方案模板，如图 3-22 所示。

STEP 07 单击右上角的“开始生成”按钮，稍等片刻，即可生成一份完整的活动方案 PPT，如图 3-23 所示，用户可以在左侧单击相应的幻灯片，查看 PPT 的内容。

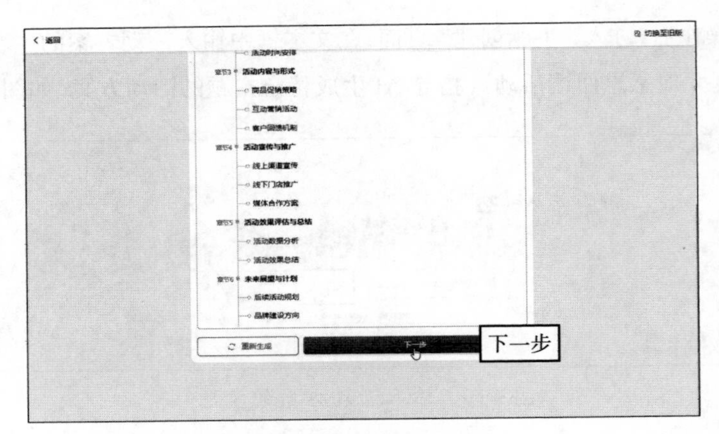

图3-21　单击“下一步”按钮

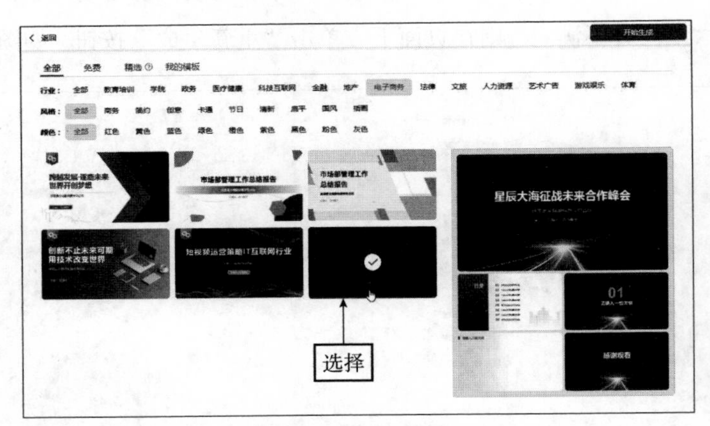

图3-22　选择喜欢的活动方案模板

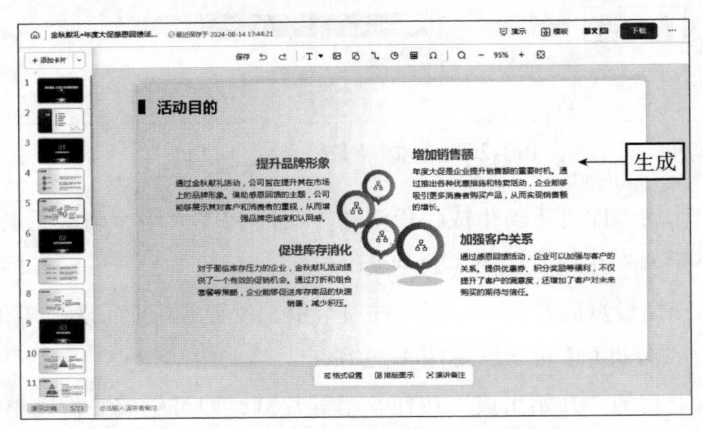

图3-23　生成一份完整的活动方案PPT

3.2.3　设计员工培训PPT，高效传达培训内容

员工培训 PPT 的核心价值在于直观、高效地传达培训内容。精心设计过的 PPT，能够系统化地展示理论知识、技能要点及案例分析，帮助员工快速掌握学习要点。在员工培训 PPT 中，还能融入多媒体元素，如视频、图表和动画等，增强教学的趣味性和互动性，提升学习兴趣和效果，满足不同场景下的培训需求。

在讯飞智文中，通过“文本创建”功能最多可以输入 12000 字的长文本内容，指导 AI 生成特定的员工培训 PPT，下面介绍具体的操作方法。

STEP 01 在讯飞智文页面中，单击“开始创作”按钮，弹出“快速开始”对话框，在 AI PPT 选项区中，单击“文本创建”按钮，如图 3-24 所示，通过文本生成员工培训 PPT。

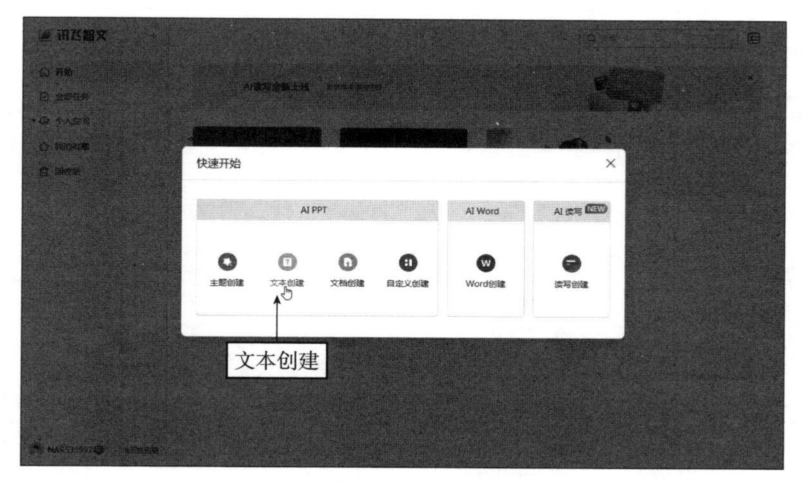

图3-24　单击“文本创建”按钮

STEP 02 执行操作后，进入“文本创建”页面，在文本框中输入员工培训的基本内容，可以是一段文字或整篇文章，最高支持 12000 字长文本输入，如图 3-25 所示。

提示

在图 3-25 中，若选中“演讲备注”单选按钮，就可以在 PPT 中生成一些辅助的文本信息，这些信息不会在演示时直接显示给观众，而是作为演讲者的辅助信息。

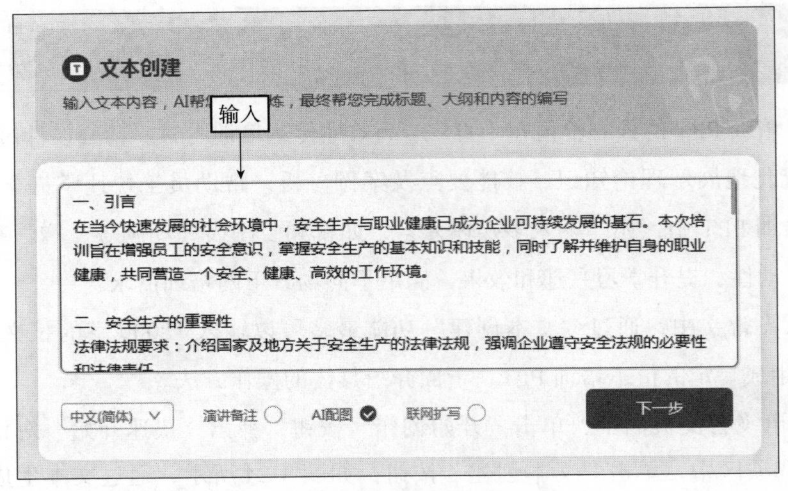

图3-25　输入员工培训的基本内容

STEP 03 单击“下一步”按钮，AI即可生成一份员工培训的PPT大纲，如果用户对大纲内容满意，则在页面下方单击“下一步”按钮，如图3-26所示。

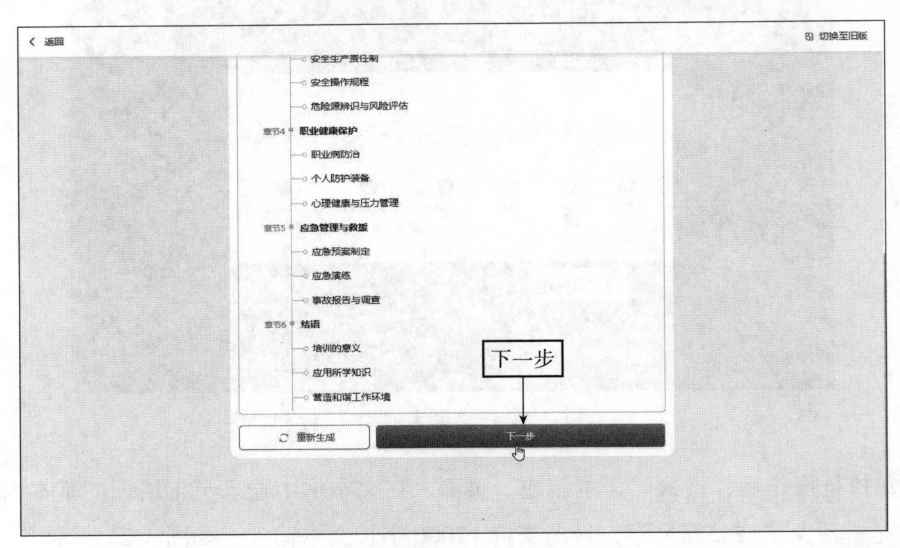

图3-26　单击“下一步”按钮

STEP 04 进入选择模板页面，在“全部”选项卡中，设置“行业”为“人力资源”，在下方选择喜欢的PPT培训模板，如图3-27所示。

STEP 05 单击右上角的“开始生成”按钮，稍等片刻，即可生成一份完整的员工培训PPT，用户可以在左侧单击相应的幻灯片，查看PPT的内容，如图3-28所示。

图3-27 选择喜欢的PPT培训模板

图3-28 查看员工培训PPT的内容

3.2.4 设计年终总结PPT，清晰展示工作成果

年终总结 PPT 可以清晰地展示过去一年中团队或个人的主要工作成果、业绩指标完成情况及项目进展等，有助于员工和上级直观地了解工作成效。在讯飞智文中，通过“文档创建”功能可以上传一个 Word 文档，AI 将自动解析文档中的年终总结内容，然后生成符合用户要求的年终总结 PPT，下面介绍具体的操作方法。

STEP 01 在讯飞智文页面中，单击“开始创作”按钮，弹出“快速开始”对话框，在 AI PPT 选项区中，单击“文档创建”按钮，如图 3-29 所示，通过文档内容生成年终总结 PPT。

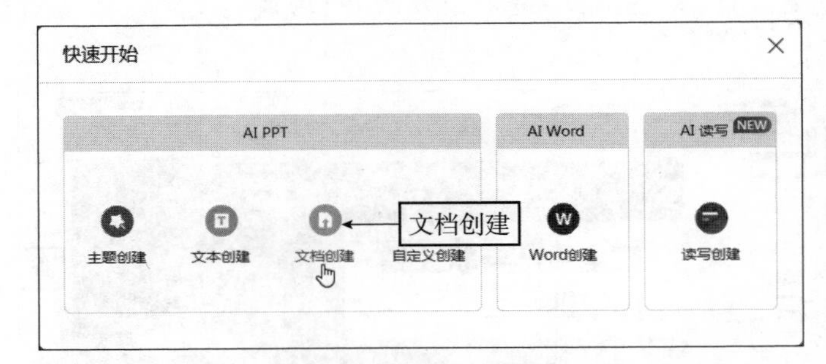

图3-29 单击“文档创建”按钮

STEP 02 执行操作后，进入“文档创建”页面，单击“点击上传”文字链接，如图 3-30 所示。

STEP 03 弹出“打开”对话框，在文件夹中选择需要上传的 Word 文档，如图 3-31 所示。

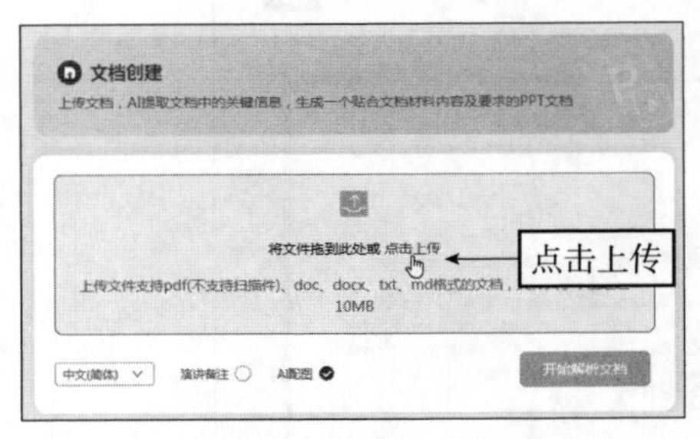

图3-30 单击“点击上传”文字链接

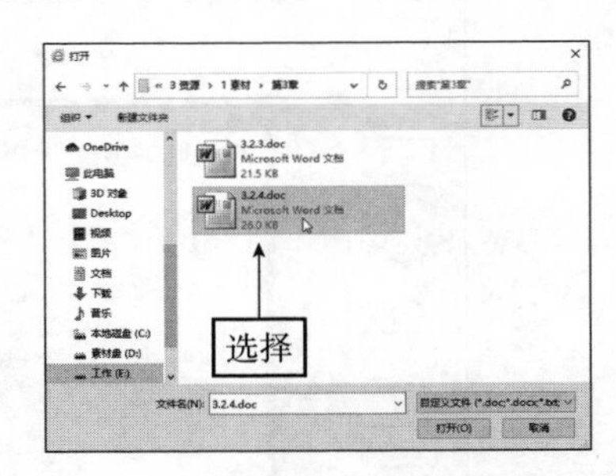

图3-31 选择需要上传的Word文档

STEP 04 单击“打开”按钮，即可将 Word 文档上传至“文档创建”页面中，单击“开始解析文档”按钮，如图 3-32 所示。

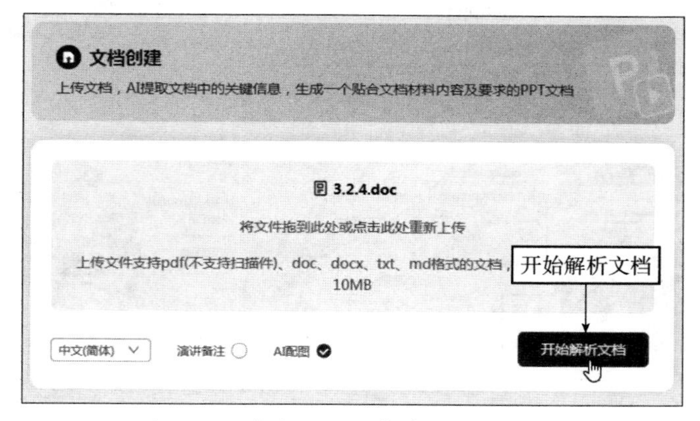

图3-32　单击“开始解析文档”按钮

STEP 05 稍等片刻，AI 即可生成一份年终总结的大纲内容，在页面下方单击“下一步”按钮，如图 3-33 所示。

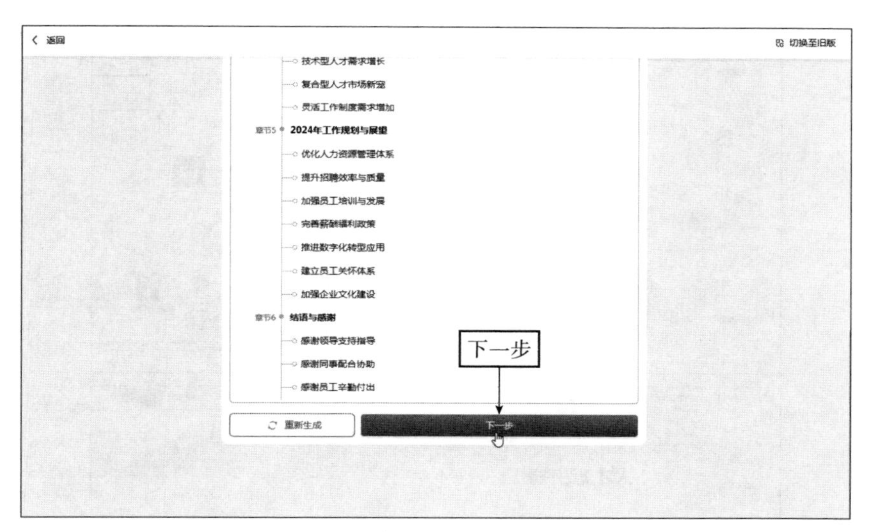

图3-33　单击“下一步”按钮

STEP 06 进入选择模板页面，在“全部”选项卡中，设置“行业”为“教育培训”，在下方选择喜欢的 PPT 模板，如图 3-34 所示。

STEP 07 单击右上角的“开始生成”按钮，稍等片刻，即可生成一份完整的年终总结 PPT，用户可以在左侧单击相应的幻灯片，查看 PPT 的内容，如图 3-35 所示。

图3-34　选择喜欢的PPT模板

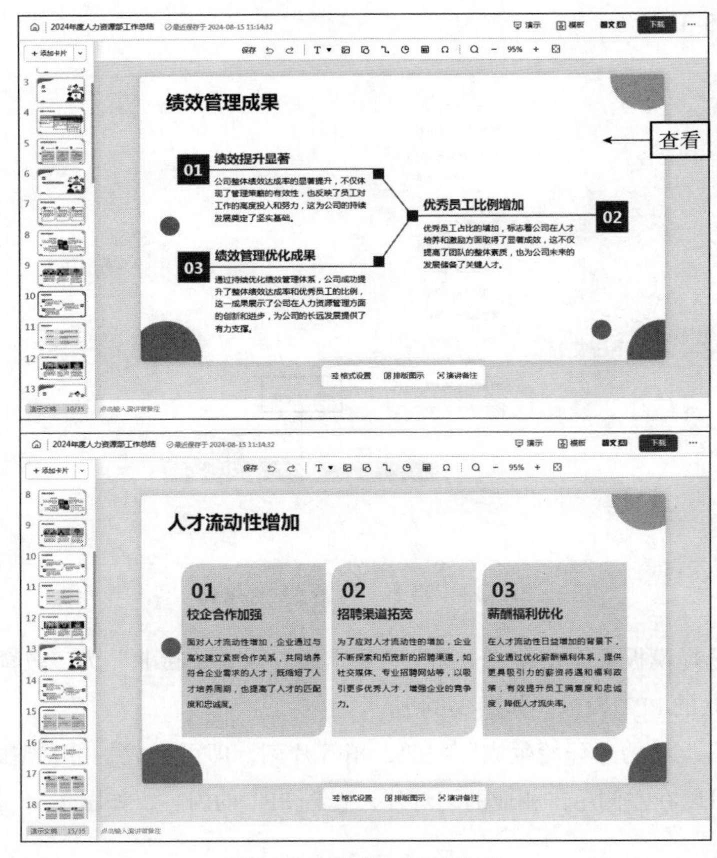

图3-35　查看PPT的内容

提示

在讯飞智文中上传文档时，支持多种文件格式，如pdf（不支持扫描件）、doc、docx、txt及md等，但文件大小不能超过10MB。

3.2.5 设计述职报告PPT，比口头叙述更直观

扫码看视频

述职报告PPT在职业发展汇报和工作汇报中扮演着至关重要的角色，它可以系统地整理和展示过去一段时间内的工作成果，包括完成的项目、达成的业绩指标和解决的难题等。使用PPT进行汇报比纯口头叙述更加直观、有条理，有助于听众快速了解你的工作贡献。

一般情况下，公司管理层每年都要写一次述职报告，他们要设计述职报告的PPT内容。通过讯飞智文可以一键生成述职报告PPT。

在讯飞智文中，通过“自定义创建”功能可以自定义PPT的相关内容，如主题、大纲、内容，或者上传相关文档等，从而指导AI生成特定的述职报告PPT。下面介绍具体的操作方法。

STEP 01 在讯飞智文页面中，单击“开始创作”按钮，弹出“快速开始”对话框，在AI PPT选项区中，单击“自定义创建”按钮，如图3-36所示，通过自定义内容生成述职报告PPT。

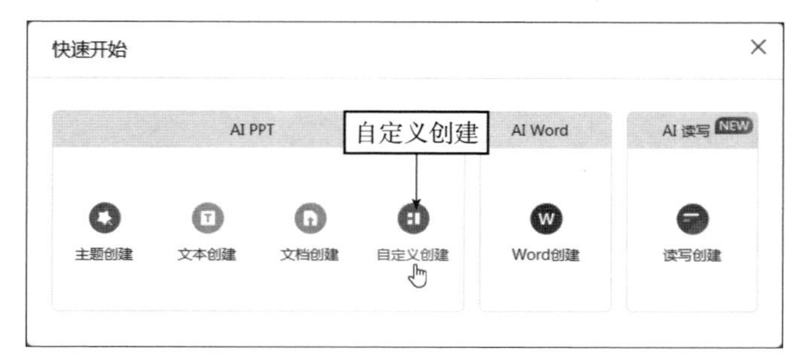

图3-36 单击“自定义创建”按钮

STEP 02 进入“自由创建”页面，在文本框中输入相应指令，例如“生成一份财务总监述职报告，要求数据清晰，重点突出”，指导AI生成特定的述职报告。单击“参考资料”按钮，在弹出的列表框中选择“上传文档”选项，如图3-37所示。

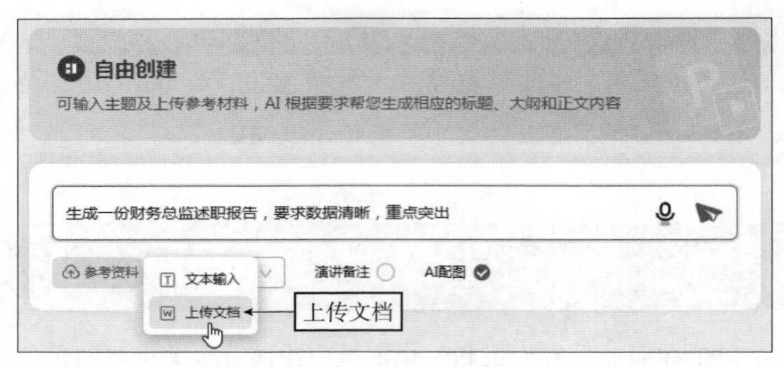

图3-37 选择“上传文档”选项

提示

在“自由创建”页面中，用户还可以通过语音输入相应指令，只需在文本框中单击右侧的麦克风按钮，开启麦克风输入功能，然后对准麦克风，说出自己对述职报告的要求和内容，输入的语音将自动转变为文本内容。该操作既方便又快捷。

STEP 03 弹出相应面板，单击“点击上传”文字链接，如图 3-38 所示。

STEP 04 弹出“打开”对话框，在文件夹中选择需要上传的参考资料，如图 3-39 所示。

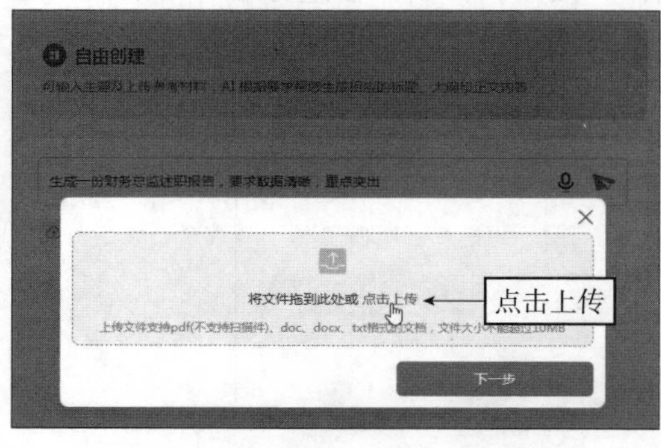

图3-38 单击“点击上传”文字链接

图3-39 选择需要上传的参考资料

STEP 05 单击“打开”按钮，即可将参考文件上传至面板中，单击“下一步”按钮，如图 3-40 所示。

STEP 06 返回“自由创建”页面，单击右侧的发送按钮，如图 3-41 所示。

STEP 07 稍等片刻，AI 开始解析用户提供的内容，并生成一份述职报告的 PPT 大纲，在页面下方单击“下一步”按钮，如图 3-42 所示。

图3-40　单击“下一步”按钮

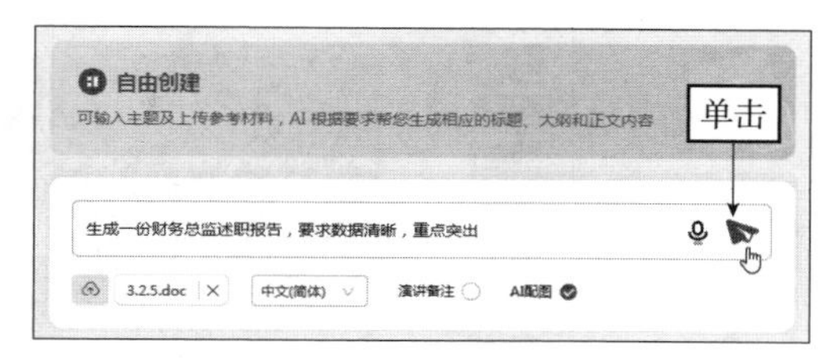

图3-41　单击右侧的发送按钮

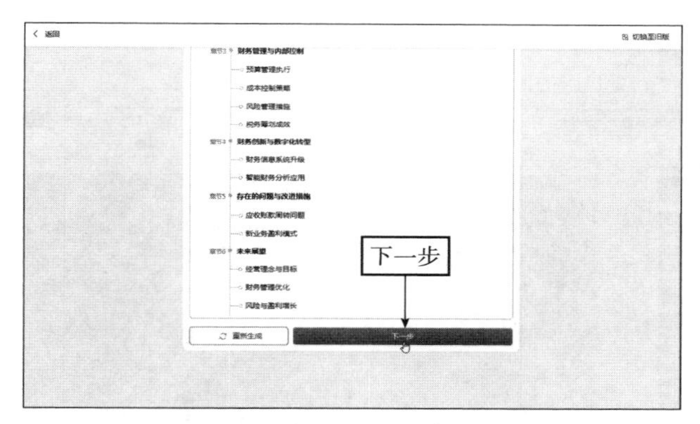

图3-42　单击“下一步”按钮

STEP 08 进入选择模板页面，在“全部”选项卡中，设置“行业”为“地产”，在下方选择喜欢的 PPT 模板，如图 3-43 所示。

图3-43　选择喜欢的PPT模板

STEP 09 单击右上角的“开始生成”按钮，稍等片刻，即可生成一份完整的述职报告 PPT，用户可以在左侧单击相应的幻灯片，查看 PPT 的内容，如图 3-44 所示。

图3-44　查看PPT的内容

提示

一个精心设计的述职报告 PPT 能够体现你的专业素养和审美水平，展示你对工作的认真态度和重视程度，为未来的职业发展奠定坚实的基础。

3.3　编辑PPT：智能辅助让PPT更专业

讯飞智文在编辑 PPT 方面功能全面且高效。它支持轻松更换 PPT 模板，快速适应不同演示需求。用户可直接修改 PPT 内容，包括文字、图片及图表等，确保信息准确无误。新建空白幻灯片为创意发挥提供了无限可能，而复制与删除幻灯片能够帮助用户高效地管理幻灯片内容，以实现最佳的视觉效果。本节主要介绍在讯飞智文中编辑 PPT 的操作方法。

3.3.1　更换PPT模板，适应不同场合

扫　码
看视频

为了满足不同场景和风格的需求，讯飞智文提供了丰富的 PPT 模板库。用户可以根据自己的喜好或演示内容的性质，选择并更换 PPT 模板。这一过程简单快捷，无须复杂的操作即可实现 PPT 外观的整体改变，使演示更加专业、吸引人。

下面介绍在讯飞智文中更换 PPT 模板的操作方法。

STEP 01 参考前面介绍的操作方法，在讯飞智文中生成一份以“餐厅开业活动方案”为主题的 PPT，在页面右上角单击“模板”按钮，如图 3-45 所示。

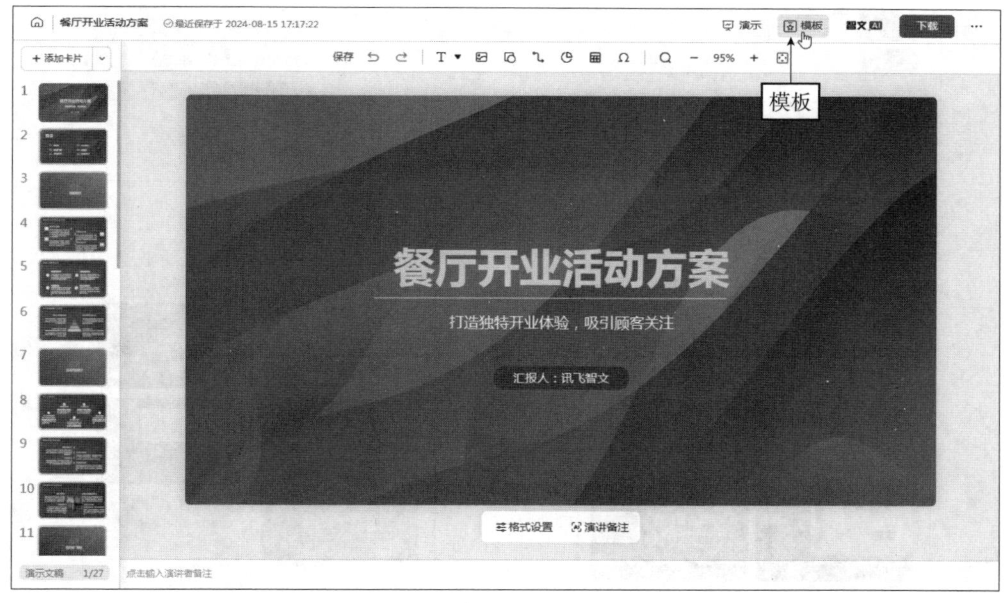

图3-45　单击“模板”按钮

STEP 02 在页面右侧弹出“模板”面板，其中提供了多种可用的 PPT 模板，如图 3-46 所示。

STEP 03 在“全部”选项卡中，单击“行业”右侧的下拉箭头，在弹出的列表框中选择“人力资源”选项，如图 3-47 所示，设置 PPT 模板的行业类型。

STEP 04 打开“人力资源”模板库，在下方选择相应的 PPT 模板，单击“应用模板”按钮，如图 3-48 所示。

STEP 05 执行操作后，即可更换 PPT 的模板，效果如图 3-49 所示。

图3-46　提供了多种可用的PPT模板

图3-47　选择“人力资源”选项

图3-48　单击“应用模板”按钮

提示

红色是一种高饱和度的颜色，具有强烈的视觉冲击力，能够迅速吸引观众的注意力。在餐厅开业活动方案中，应用这种色彩能够营造出一种欢乐、喜庆的氛围，与开业庆典的喜庆气氛相得益彰。红色在心理学中被认为能够激发人们的食欲，这与餐厅开业活动的目的不谋而合。此外，红色还能引发观众的情感共鸣，尤其是当它与餐厅的开业庆典、美食文化等元素相结合时，更能激发观众对餐厅的好奇心和向往之情。

图3-49　更换PPT的模板

3.3.2　修改PPT内容，打磨每一页文案

扫　码
看视频

除了自动生成 PPT 外，讯飞智文还支持对 PPT 内容进行细致入微的修改。用户可以直接在网页中对幻灯片中的文字、图片、图表等元素进行编辑，使 PPT 能够精准传达用户想要表达的信息。下面介绍在讯飞智文中修改 PPT 内容的操作方法。

STEP 01 在上一例的基础上，在 PPT 中通过鼠标拖曳的方式选择需要修改的文字内容"讯飞智文"，使其呈选中状态，如图 3-50 所示。

图3-50　选择需要修改的文字内容

STEP 02 将文字内容修改为"刘香（策划部）"，如图 3-51 所示，使幻灯片中的内容更加准确。

图3-51　修改文字内容

STEP 03 选择其他需要修改的幻灯片，选中幻灯片中的内容“01”，如图 3-52 所示。

STEP 04 在页面右侧将弹出“样式”面板，滚动鼠标滚轮，在页面的最下方设置字体“不透明度”为 1，如图 3-53 所示，调整字体的不透明度，使字体呈高亮显示。

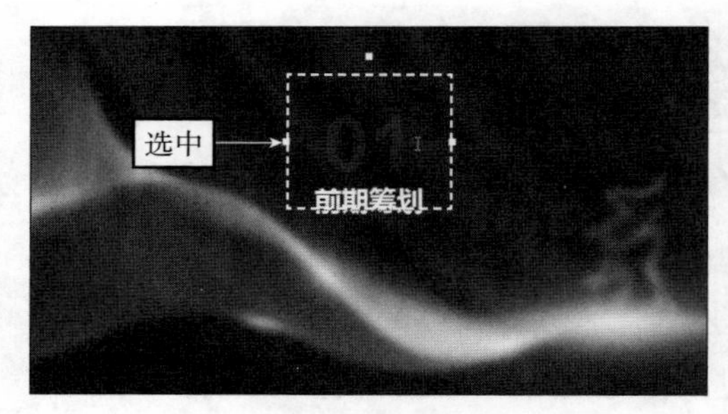

图3-52　选中幻灯片中的内容

图3-53　设置“不透明度”为1

STEP 05 执行操作后，即可使文本内容更加明显，效果如图 3-54 所示。

STEP 06 在幻灯片中选择“前期筹划”文本内容，拖曳文本框，即可调整文字的位置，效果如图 3-55 所示。

图3-54　使文本内容更加明显

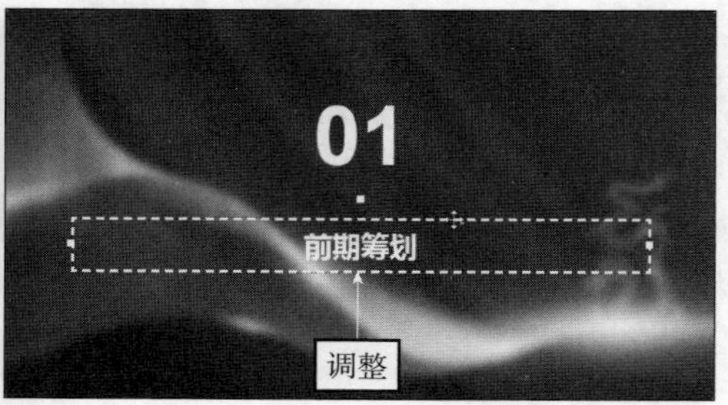

图3-55　调整文字的位置

STEP 07 在页面右侧的“样式”面板中，多次单击“增大字号”按钮T+，调整文本的字号大小，效果如图 3-56 所示，完成 PPT 字号的修改操作。

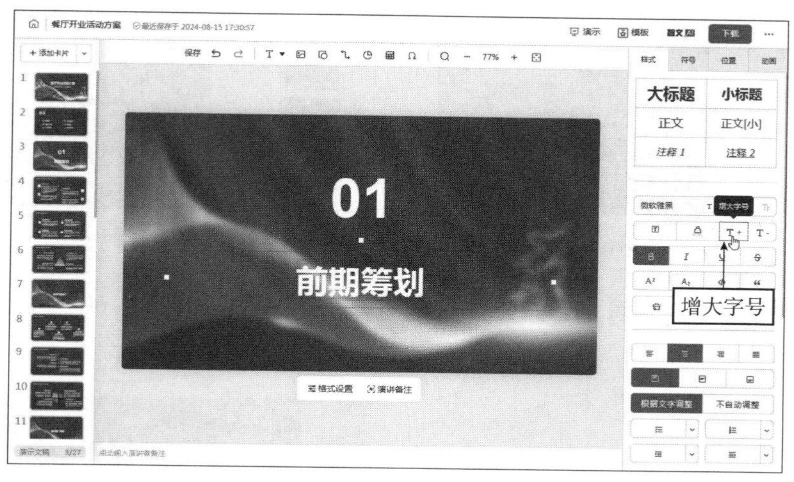

图3-56 调整文本的字号大小

提示

在“样式”面板中，用户还可以根据需要设置文本的标题样式、字体类型、字体大小、文字颜色、文字高亮、加粗、倾斜及下划线等效果。

3.3.3 新建空白幻灯片，自动化创建PPT

扫 码 看视频

当用户需要在 PPT 中添加额外的内容或进行更详细的说明时，讯飞智文允许用户随时新建空白幻灯片，这为用户提供了无限的创作空间。用户可以根据需要自由布局和设计，确保 PPT 内容的完整性和连贯性。下面介绍在讯飞智文中新建空白幻灯片的操作方法。

STEP 01 在上一例的基础上，在 PPT 中选择第 6 张幻灯片，如图 3-57 所示。

STEP 02 单击页面上方的“添加卡片”按钮，如图 3-58 所示，通过该按钮可以快速在 PPT 中添加一张空白幻灯片。

STEP 03 用户还可以在相应幻灯片上，单击鼠标右键，在弹出的快捷菜单中选择“新建页面”选项，如图 3-59 所示。

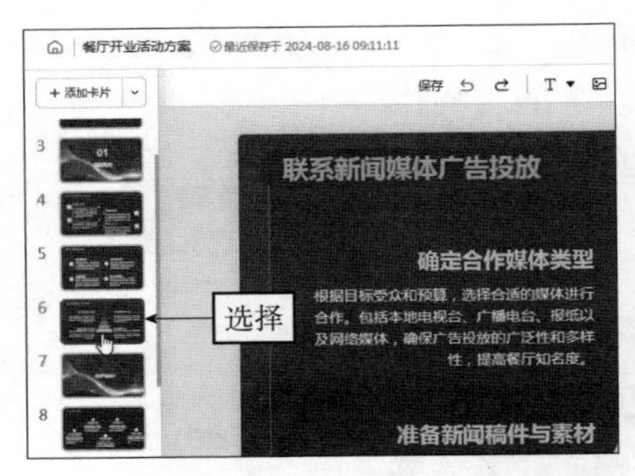

图3-57　选择第6张幻灯片

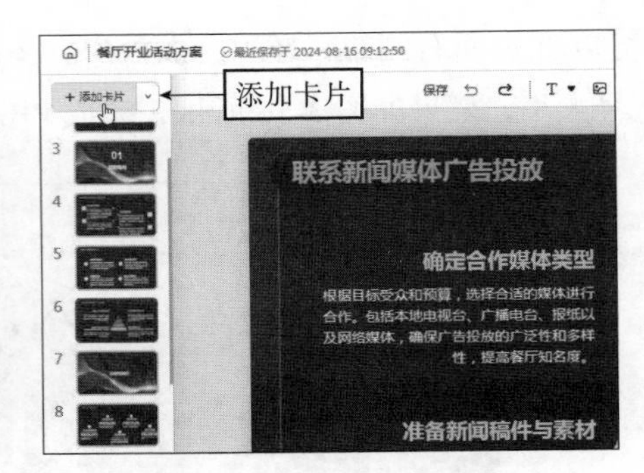

图3-58　单击“添加卡片”按钮

STEP 04 执行操作后，也可以在PPT中新建一张空白幻灯片，如图3-60所示。

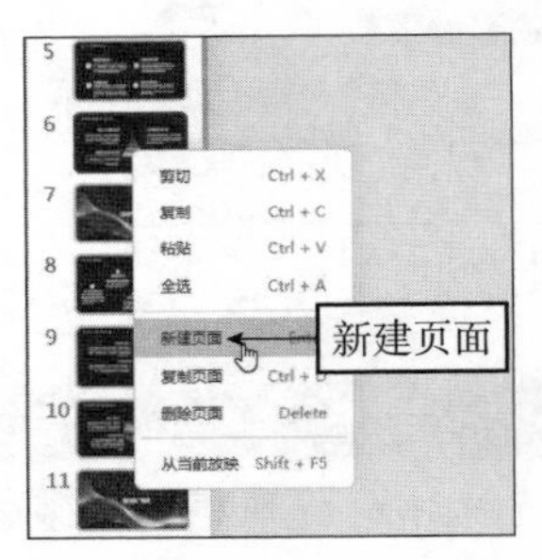

图3-59　选择“新建页面”选项

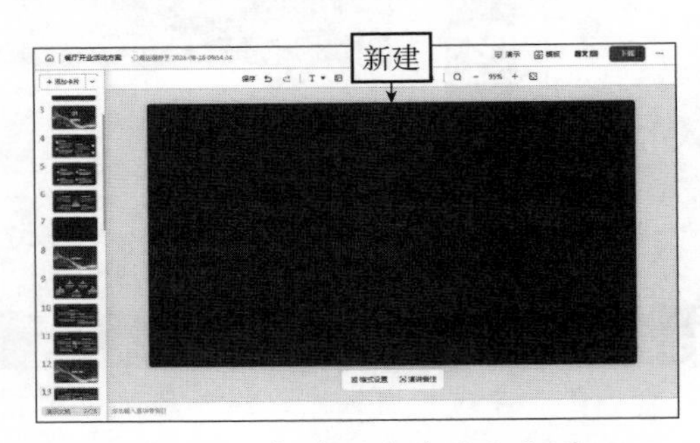

图3-60　新建一张空白幻灯片

提示

在讯飞智文创建的PPT中，用户选择相应的幻灯片后，按Enter键，也可以快速新建一张空白的幻灯片。

STEP 05 在页面上方单击“添加卡片”右侧的下拉箭头，弹出“页面模板”面板，在其中选择相应的页面模板，单击“插入模板”按钮，如图3-61所示。

STEP 06 执行操作后，即可在PPT中插入一张有空白模板的幻灯片，如图3-62所示，用户可以对幻灯片中的内容进行适当修改。

提示

在“页面模板”面板中，用户还可以插入标题页、目录页、空白页及结束页等幻灯片，自由布局幻灯片的内容，使制作的幻灯片更加符合用户的要求。

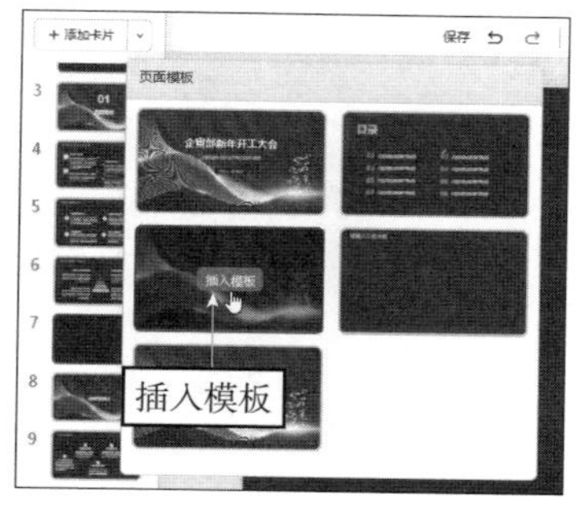

图3-61 单击“插入模板”按钮

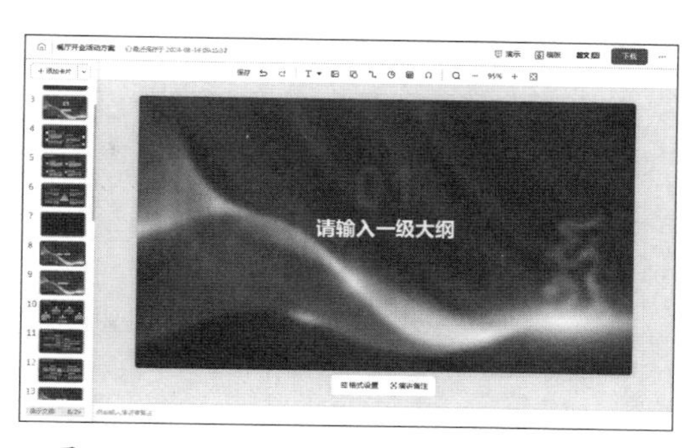

图3-62 插入一张有空白模板的幻灯片

3.3.4 复制与删除幻灯片，增强处理能力

扫码看视频

复制幻灯片是指将一张或多张已存在的幻灯片复制一份或多份，以便在PPT中的其他位置使用。而删除幻灯片是指将不再需要的幻灯片从PPT中移除，从而高效地管理和优化PPT的内容。下面介绍在讯飞智文中复制与删除幻灯片的操作方法。

STEP 01 参考前面介绍的操作方法，在讯飞智文中生成一份以“奶茶市场营销策划全攻略”为主题的PPT，如图3-63所示。

图3-63 生成一份PPT

STEP 02 在左侧面板中，选择需要复制的幻灯片，单击鼠标右键，在弹出的快捷菜单中选择“复制”选项，如图3-64所示，复制幻灯片。

STEP 03 在需要粘贴的位置，单击鼠标右键，在弹出的快捷菜单中选择“粘贴”选项，如图 3-65 所示，或者按“Ctrl+ V”组合键。

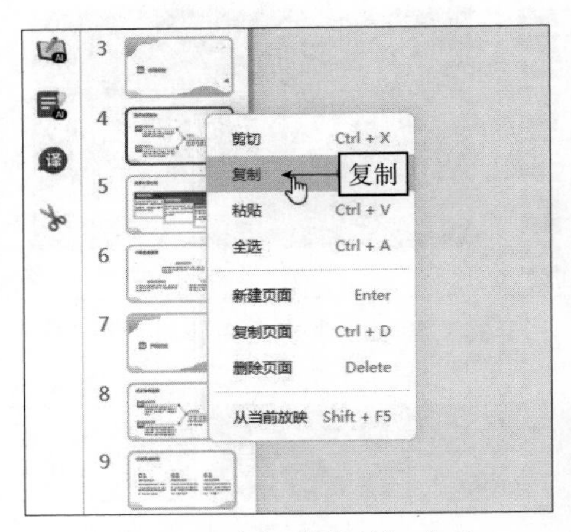

图3-64 选择“复制”选项

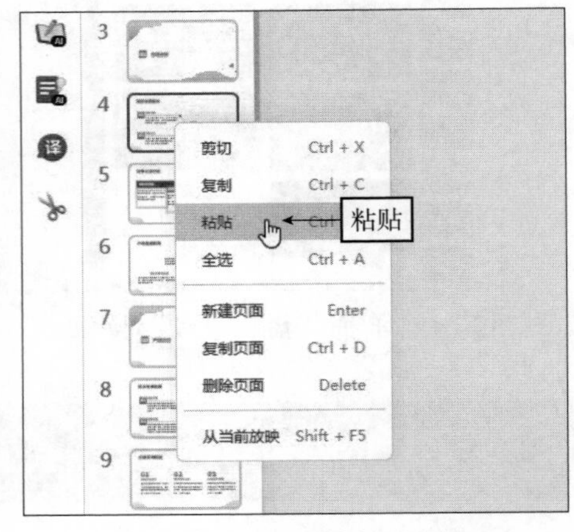

图3-65 选择“粘贴”选项

STEP 04 执行操作后，即可粘贴幻灯片，效果如图 3-66 所示。

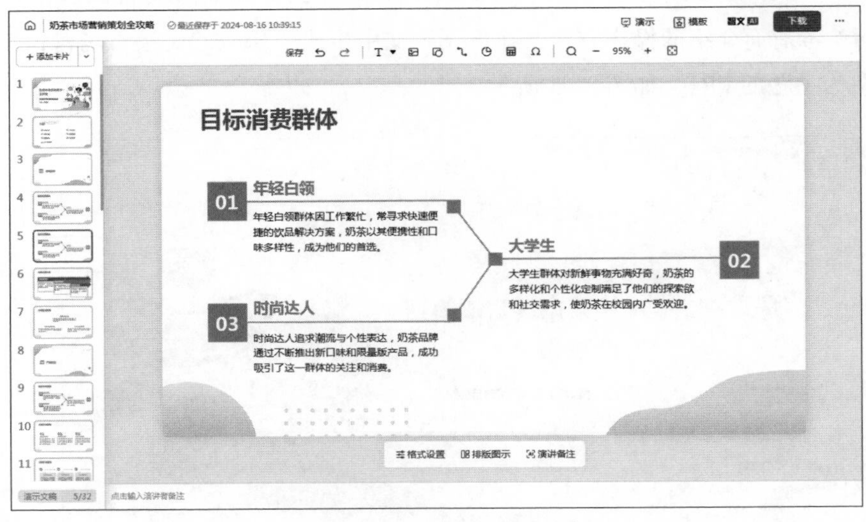

图3-66 粘贴幻灯片

STEP 05 在需要删除的幻灯片上，单击鼠标右键，在弹出的快捷菜单中选择“删除页面”选项，如图 3-67 所示。

STEP 06 执行操作后，即可删除不需要的幻灯片，效果如图 3-68 所示。

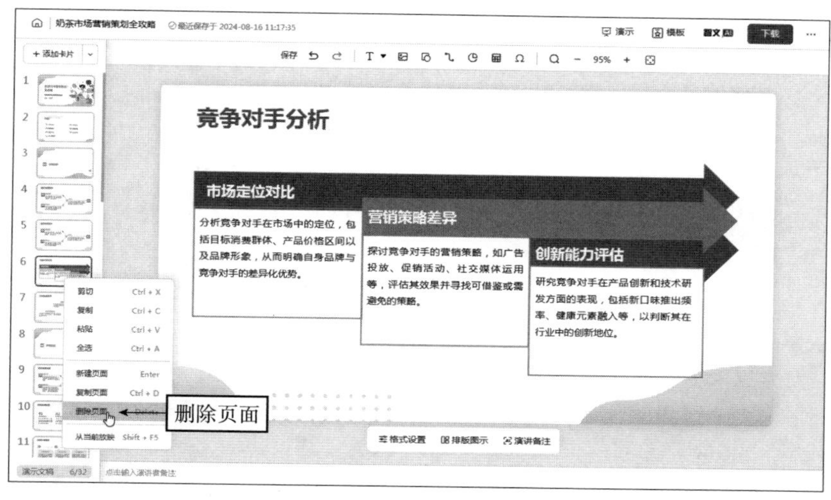

图3-67　选择“删除页面”选项

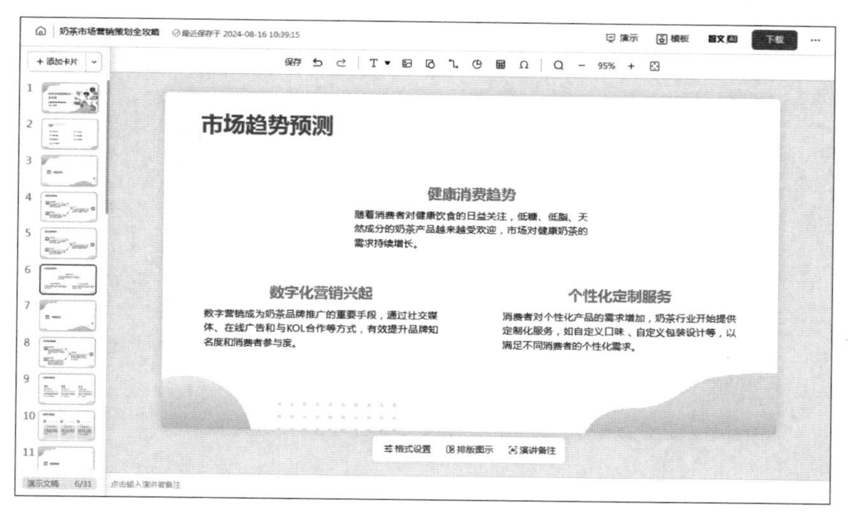

图3-68　删除不需要的幻灯片

3.4　本章小结

本章详细介绍了讯飞智文在PPT制作中的应用通过学习，读者能够掌握利用AI技术快速设计各类PPT的技巧，无论是教学、活动、员工培训、年终总结还是述职，都能轻松应对。本章内容不仅提升了用户制作PPT的效率，还增强了PPT的专业性和吸引力，对职场人士具有极高的实用价值。

文案生成
AI 文案撰写与创意写作

随着科技的飞速发展，AI不仅在科技前沿探索未知，更悄然渗透至日常工作的每一个角落，特别是在提升职场文案创作效率与质量方面展现出了前所未有的潜力。本章将通过3款AI工具，解析这一新兴技术如何以其独特的智能算法和学习能力，助力职场人士突破传统文案写作瓶颈，成为提升工作效率、优化内容质量的得力助手。

4.1　Kimi：职场文案AI助手

Kimi是由北京月之暗面科技有限公司开发的人工智能助手，旨在通过提供多语言对话、文件处理、搜索及长文本处理等高级功能，帮助用户解决问题和完成任务。它集成了多种AI功能，可为用户提供高效、便捷的信息处理和服务体验。

通过Kimi的智能化辅助，用户不仅可以大幅度缩短文案构思与撰写的时间，更能在保持或提升内容质量的同时，满足多元化的市场需求，让职场工作者在快节奏的现代职场中，更加游刃有余地应对各类文案挑战，进而推动整体工作效率的飞跃式提升。

本节主要介绍使用Kimi撰写职场文案以迅速提升工作效率的方法。

4.1.1　AI写小红书文案，产出高质量的内容

扫码看视频

传统的小红书文案创作需要耗费大量时间和精力进行构思和撰写，而Kimi的一键生成功能能在短时间内快速产出高质量的文案内容，极大地节省了用户的时间成本。Kimi利用先进的自然语言处理技术和深度学习算法，能够智能地分析用户输入的关键词、主题或需求，并据此生成符合小红书平台风格和平台用户喜好的爆款文案。

Kimi生成的文案不仅符合小红书的推荐算法，还具备较高的阅读性和传播性，通过智能分析和优化，确保文案内容新颖、有吸引力，能够引发平台用户的兴趣和共鸣。用户在编写指令的时候，要明确文案的主题，这样可使Kimi生成的文案更加符合要求。

下面介绍使用Kimi生成小红书爆款文案的方法。

STEP 01 打开浏览器，输入Kimi的官方网址，打开官方网站，在中间的输入框中输入指令“请为我生成一篇小红书爆款文案，主题为：凤凰三日游”，如图4-1所示。

提示

Kimi能够理解和回应用户的自然语言问题，无论是日常对话还是专业知识，都能提供相应的回答；它支持中文和英文对话，满足多语言用户的需求；具备智能写作功能，可以帮助用户梳理大纲、续写文章及创作文案等；支持多种文件格式的解析，能够阅读并理解用户上传的文件内容，然后对关键信息进行提取和解读。

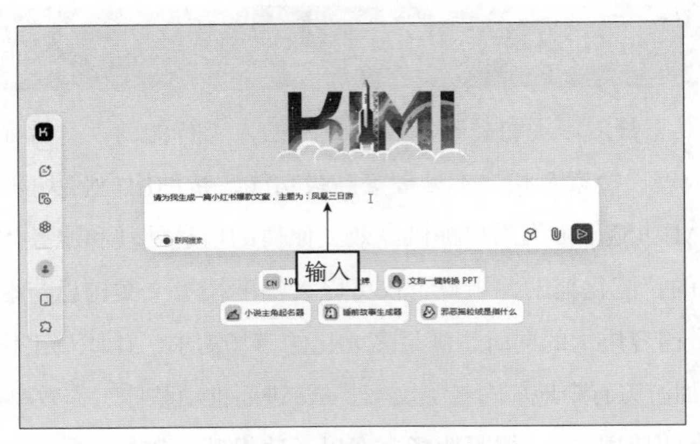

图4-1　输入相关指令

STEP 02 单击右侧的发送按钮，便可以得到 Kimi 生成的一篇以“凤凰三日游”为主题的小红书爆款文案，如图 4-2 所示。

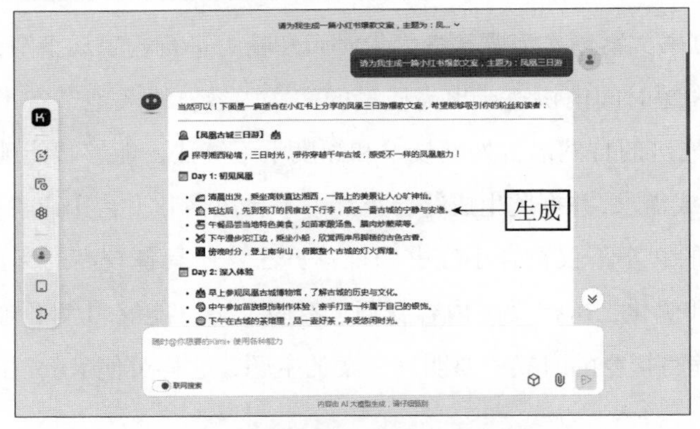

图4-2　Kimi生成的一篇小红书爆款文案

4.1.2　AI做选题策划，生成一本书的目录大纲

扫　码
看视频

Kimi 能够利用自然语言处理和大数据分析技术，对大量书籍信息、市场趋势、读者兴趣等进行深度挖掘和分析，从而精准定位图书选题方向。Kimi 具备跨领域的知识整合能力，可以将不同领域的知识和观点融合在一起，为图书选题策划提供新颖独特的视角和思路。

用户在 Kimi 中输入指令时，可以使用肯定的语言，最大限度地激发 AI 的正面回应，提高指令的有效性，从而让 AI 生成更符合要求的目录大纲。相关案例如下。

提问

你非常擅长图书的选题策划，请为我生成一篇关于《无人机航拍摄影技术》的目录大纲。

Kimi

《无人机航拍摄影技术》目录大纲

前言

无人机航拍摄影的兴起与发展背景

本书的编写目的与读者对象

无人机航拍在影视制作、地理测绘、环境监测等领域的应用概览

第一章：无人机航拍基础认知

1.1　无人机概述：定义、分类与结构解析

1.2　航拍摄影原理：视角选择、光线运用与构图技巧

1.3　无人机航拍的优势与挑战

1.4　法律法规与安全飞行规范

第二章：无人机选择与配置

2.1　无人机类型选择：消费级与专业级对比

2.2　航拍相机与镜头选择：分辨率、焦距、光圈等参数解析

2.3　无人机配件与附件：云台、遥控器、电池、存储卡

2.4　组装与调试：硬件安装、软件设置与初步试飞

第三章：无人机飞行技术

3.1　飞行原理与基本操作：起飞、降落、悬停、转向

3.2　飞行模式详解：GPS 模式、姿态模式、手动模式

3.3　航线规划与任务执行：使用地图软件、设置航点、自动飞行

3.4　应急处理与故障排查：信号丢失、电量不足、机械故障应对

第四章：航拍摄影技巧与实战

4.1　光线与色彩运用：日出日落、逆光、阴影处理

4.2　视角与构图艺术：鸟瞰、追踪、低空穿越等拍摄手法

4.3　动态拍摄与延时摄影：捕捉运动瞬间、创造时间流逝效果

4.4　实战案例分析：城市风光、自然风光、人文纪实

……

4.1.3 AI撰写方案，生成一份解除劳动关系方案

扫 码
看视频

Kimi 能够基于企业的具体情况和劳动法律法规，进行智能化分析，识别出解除员工劳动关系的合法性和合理性。它能够自动收集、整理和分析相关案例、法律条文和判例，为方案的生成提供准确的法律依据。Kimi 还可以针对不同员工的具体情况（如工作表现、合同条款及离职原因等），生成个性化的解除劳动关系方案。

用户在 Kimi 中编写指令时，要抓住问题的核心和关键点，确保指令清晰、具体，并包含所有必要的信息。这类指令有很好的目标指向性，可让 Kimi 生成一个准确和合法的解除劳动关系方案。相关案例如下。

提问

我在一家制造企业上班，公司规模在 1000 人左右，现在需要和一名行政经理解除劳动关系，请撰写一份解除劳动关系的方案。

Kimi

解除劳动关系方案

一、背景概述

鉴于公司内部运营调整及业务发展需要，经公司高层慎重考虑并与相关部门充分沟通后，决定与现任行政经理 [姓名]（以下简称“员工”）解除劳动关系。为确保此次解除过程合法、公正、有序进行，维护公司及员工的合法权益，特制定本方案。

二、法律依据

本次解除劳动关系将严格遵守《中华人民共和国劳动法》《中华人民共和国劳动合同法》及相关法律法规的规定，确保操作合法合规。

三、解除原因

（请根据实际情况填写具体原因，以下仅为示例）

经公司评估，由于 [具体原因，如：公司业务结构调整、岗位需求变化、员工工作表现与岗位要求不符等]，导致该员工与当前公司人才需求不匹配，经过多次沟通，并尝试调整岗位或提供培训机会后，双方未能就劳动关系存

续达成一致意见。因此，公司决定依法与员工解除劳动关系。

四、解除程序

书面通知：公司人力资源部将向员工发出正式的《解除劳动合同通知书》，明确解除原因、生效日期、经济补偿（如有）及后续事宜处理等相关信息。

面谈沟通：在发出书面通知前或后，安排一次面对面的沟通会议，由人力资源部负责人及直接上级共同参与，向员工详细说明解除决定的原因、过程及公司的立场，同时听取员工的意见和诉求。

经济补偿：根据《劳动合同法》及相关规定，公司将按照员工在本单位的工作年限和月工资标准计算经济补偿金，并在解除劳动关系生效后的法定时间内支付完毕。

工作交接：员工需在规定时间内完成所有工作交接，包括但不限于文件资料、项目进展、客户关系等，确保公司业务的连续性不受影响。

离职手续办理：人力资源部将协助员工办理离职手续，包括但不限于社保停缴、公积金转移、离职证明开具等。

……

本次解除劳动关系是公司基于业务发展需要而做出的决策，我们将以负责任的态度，确保整个过程的合法、公正、有序进行。同时，我们也希望员工能够理解公司的决定，并积极配合完成后续工作，共同维护双方的合法权益。

4.1.4 AI提炼要点，整理摄影长文档的关键信息

扫码看视频

Kimi能够轻松处理超长文本，包括但不限于文档、网页等长文本内容，通过智能分析技术，可以快速提炼出文本中的关键信息和要点。这一功能特别适用于处理长篇报告、复杂合同及学术文献等需要深入阅读和理解的场景。

Kimi支持超长文本的无损处理，能够处理高达数百万字的文本内容，这在国内AI应用中是一项突破性的技术。Kimi还支持多种文件格式，如PDF、Word、Excel、PPT和TXT等，用户无须额外转换格式，即可直接上传并处理这些文件。

相比人工阅读并提炼要点，Kimi能够显著提高阅读效率，同时保持较高的准确

性。它能够在短时间内完成大量文本的阅读和分析，减少用户的工作负担。下面介绍具体操作方法。

STEP 01 打开浏览器，输入 Kimi 的官方网址，打开官方网站，在输入框的右侧单击 按钮，如图 4-3 所示。

提示

Kimi 提炼长文档的内容要点，主要应用于以下三大领域。

❶ 学术科研：对于科研人员来说，Kimi 能够快速提炼出大量文献中的关键信息和研究成果，为科研工作提供有力支持。

❷ 企业办公：在企业的办公场景中，Kimi 可以帮助员工快速处理长篇报告、合同等文件，提炼出关键条款和要点，提高工作效率。

❸ 法律咨询：在法律咨询领域，Kimi 能够辅助律师快速阅读并提炼出案件相关的关键信息和证据材料，为案件处理提供有力支持。

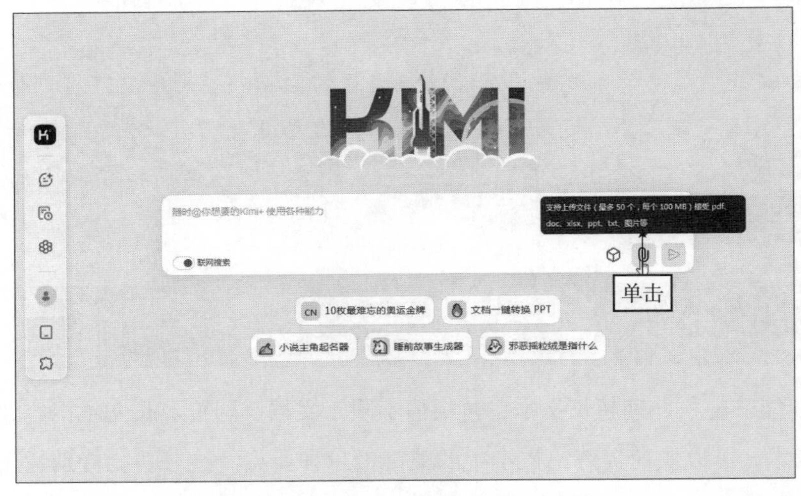

图4-3　单击输入框右侧的相应按钮

STEP 02 弹出“打开”对话框，在文件夹中选择需要上传的摄影长文档，如图 4-4 所示。

STEP 03 单击“打开”按钮，即可上传摄影长文档，在输入框中输入指令“请提炼文档中的要点”，指导 AI 提炼文档中的要点，单击右侧的发送按钮，如图 4-5 所示。

STEP 04 执行操作后，Kimi 开始解析用户上传的文档，并快速整理了文档中的要点，进行了清晰的展示，效果如图 4-6 所示。

图4-4　选择需要上传的摄影长文档

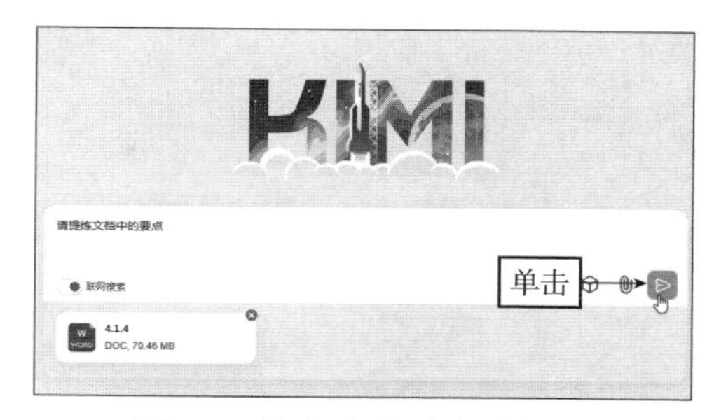

图4-5　单击右侧的发送按钮

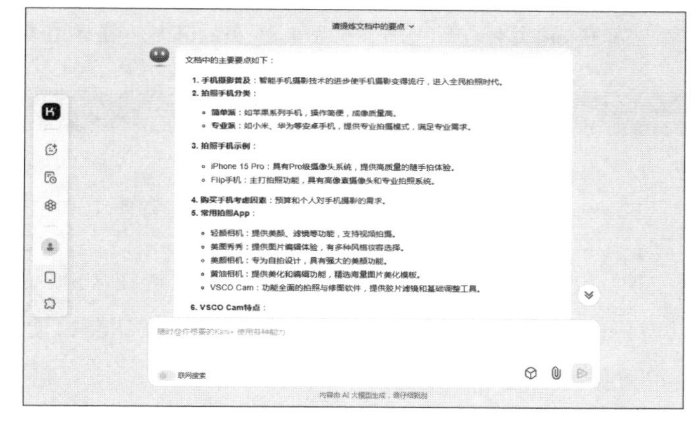

图4-6　Kimi整理的文档要点

4.1.5　AI提取数据，自动化处理员工工资单数据

扫　码
看视频

使用 Kimi 提取工资单数据可以显著减少人力资源部门的工作量，降低企业在工资数据处理方面的人工成本。Kimi 支持对特定部分员工的工资单数据进行提取，用户可以根据需要选择需要处理的数据范围，实现灵活的数据处理。整个过程无须人工干预，Kimi 能够自动完成从识别到提取的全过程，实现工资单数据处理的自动化。

用户首先需要上传一份员工工资单，然后向 Kimi 提出具体的要求，使 Kimi 根据用户的要求来提取工资单数据，具体操作步骤如下。

STEP 01 打开 Kimi 网页，在输入框的右侧单击按钮，弹出“打开”对话框，在文件夹中选择需要上传的 Excel 文件，如图 4-7 所示。

STEP 02 单击“打开”按钮，即可上传 Excel 文件，它会显示在输入框的下方，如图 4-8 所示。

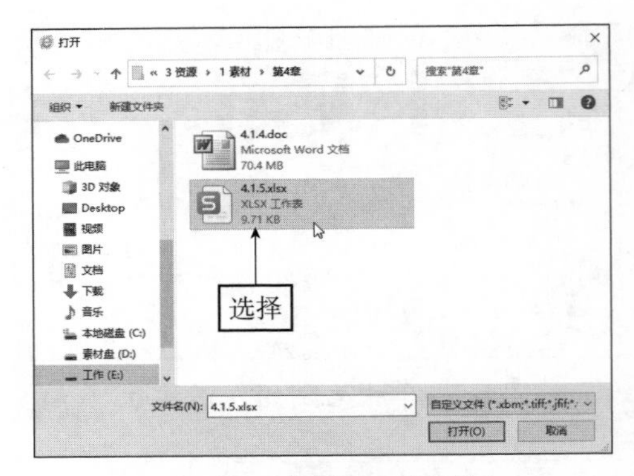

图4-7　选择Excel文件

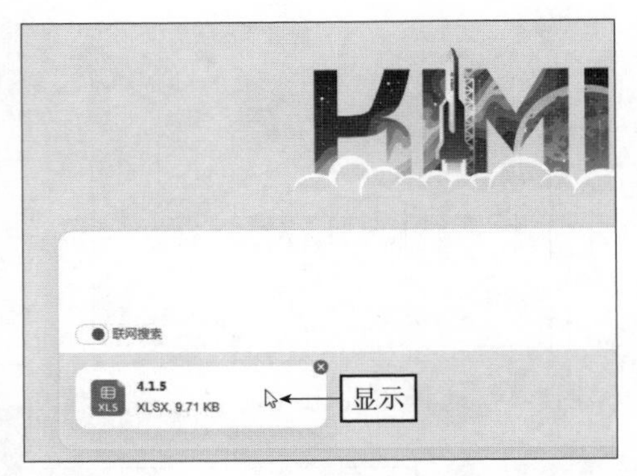

图4-8　Excel文件显示在输入框的下方

提示

在 Kimi 中上传员工工资单数据时，不只可以上传一个 Excel 文件，还可以一次性上传多个 Excel 文件（最多支持 50 个文件，每个文件 100MB 以内）。

STEP 03 在输入框中输入指令“请提取这份工资单中应发工资在 8000 元以上的员工的具体信息，并以表格的形式回复”，然后单击右侧的发送按钮，便可以得到 Kimi 提取的员工工资单数据，如图 4-9 所示。

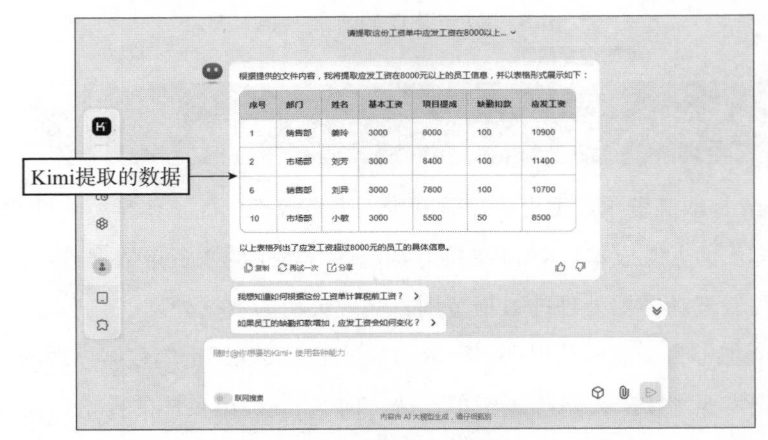

序号	部门	姓名	基本工资	项目提成	缺勤扣款	应发工资
1	销售部	姜玲	3000	8000	100	10900
2	市场部	刘芳	3000	8400	100	11400
6	销售部	刘昇	3000	7800	100	10700
10	市场部	小敏	3000	5500	50	8500

图4-9　Kimi提取的员工工资单数据

4.1.6　AI筛选简历，快速挑选出匹配人才

扫　码
看视频

Kimi 能够快速处理大量数据，通过自然语言处理技术，可以在短时间内从十几

份甚至更多份的简历中筛选出符合特定条件的候选人，这种高效性极大地节省了企业中 HR 或其他招聘人员的时间和精力。Kimi 基于先进的机器学习算法，能够准确理解招聘需求，并根据这些需求精确匹配简历中的信息，减少人为筛选过程中可能出现的误判和遗漏，提高筛选的准确性。

下面讲解使用 Kimi 快速筛选出匹配人才的方法，具体操作步骤如下。

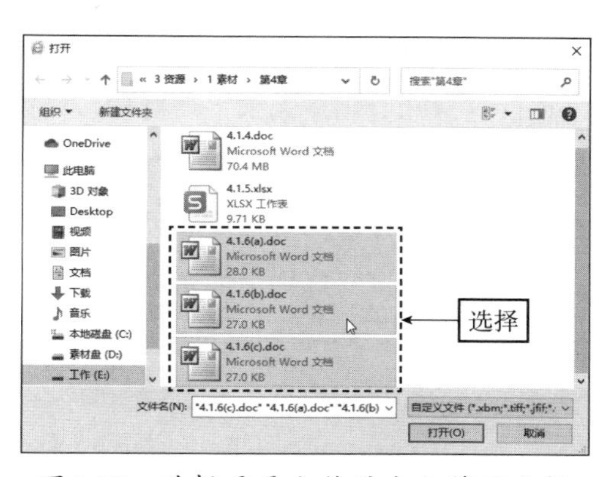

图4-10 选择需要上传的个人简历文档

STEP 01 打开 Kimi 网页，在输入框的右侧单击📎按钮，弹出“打开”对话框，在文件夹中选择需要上传的个人简历文档，如图 4-10 所示。

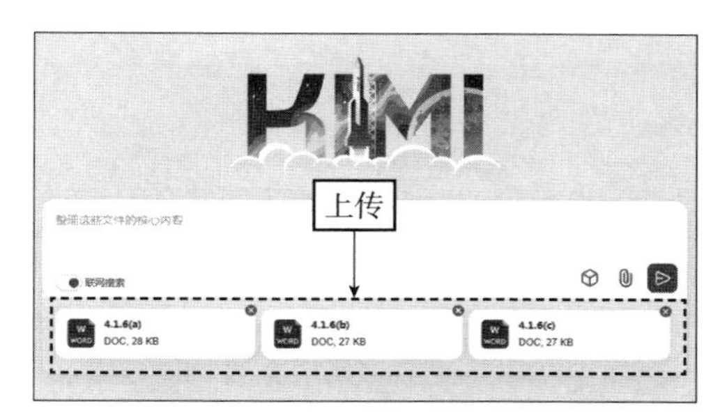

图4-11 上传个人简历文档

STEP 02 单击“打开”按钮，即可上传个人简历文档，并显示在输入框的下方，如图 4-11 所示。

STEP 03 在输入框中输入相应的指令，单击右侧的发送按钮▷，便可以得到 Kimi 回复的简历筛选结果，如图 4-12 所示。

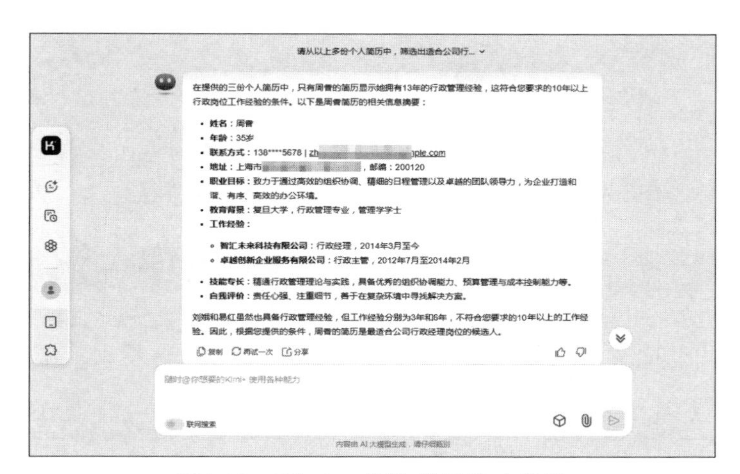

图4-12 Kimi回复的简历筛选结果

4.1.7 AI写用餐好评，提升餐厅的吸引力

Kimi能够根据用户提供的指令、网页链接或具体信息，智能生成个性化的用餐好评。这意味着用户无须手动撰写，只提供少量线索Kimi即可完成高质量的文案创作。Kimi在生成好评时，能够融入丰富的情感表达，使评价显得真诚且富有感染力，这有助于提升评价的可信度和吸引力，让其他潜在顾客更容易产生共鸣。

相比手动撰写好评，使用Kimi生成评价可以大大节省时间和精力，用户只简单输入相关信息，Kimi即可迅速生成一篇完整的好评，提高了用户的工作效率。在编写指令的时候，用户可以给AI提供一些示例和引导，从而帮助AI更好地理解需求。例如，用户可以在指令中提供一些关键词或短语，或者描述一个场景、讲述一个故事，让Kimi生成更具个性化的用餐好评，相关案例如下。

提问

Kimi，请帮我生成一篇关于现切牛肉火锅的用餐好评，字数要求为150字左右。强调其味道鲜美、食材丰富，表达我对这个餐厅的喜爱，关键词：食材丰富、新鲜、鲜美、味道独特。

Kimi

来现切牛肉火锅吃饭真是一次令人难忘的美食体验！这里的食材丰富，每一片牛肉都新鲜、嫩滑，入口即化。火锅的汤底鲜美无比，搭配上各种蔬菜和豆制品，味道独特，让人回味无穷。餐厅的环境温馨舒适，服务周到，让我对这家餐厅的喜爱之情溢于言表。无论是家庭聚餐还是朋友小聚，这里都是绝佳的选择。下次一定还会再来享受这美妙的用餐时光。

提示

Kimi作为一款功能强大的AI智能助手，还能自动生成多种编程语言（如Python、Java、C++等）的代码，以及复杂的SQL查询语句。此外，还能自动将用户的想法转化为格式优美的Markdown文档，是程序员的得力助手。

4.2 通义：AI文案写作专家

通义千问是阿里巴巴集团研发的一款先进的人工智能语言模型工具，于 2023 年 4 月开始邀请测试，并在同年 9 月正式向公众开放。随着产品的不断发展，通义千问在 2024 年 5 月更名为通义，寓意“通情，达义”，旨在成为用户在工作、学习和生活中的得力助手，包括网页版、App 版。

通义基于超大规模的预训练语言模型，旨在为用户提供高效、智能的解决方案，它能够进行多轮对话，进行逻辑推理，理解多模态信息，并支持多种语言。本节主要介绍使用通义进行 AI 办公写作的方法。

4.2.1 AI生成爆款标题，迅速吸引受众眼球

扫码看视频

标题作为一篇文章或一个视频的“门面”，起到给受众留下第一印象的作用，因此创作者们在撰写文章和创作视频时会格外重视标题文案的撰写，致力于打造出爆款标题文案。打造爆款标题文案需要掌握一定的技巧，运用通义可以更容易实现。

用户在编写指令的时候，可以提供一些案例模板，让 AI 参考这些案例生成类似风格的标题。下面介绍使用通义 App 一键生成爆款标题的操作方法。

STEP 01 打开通义 App，进入“助手”界面，点击下方的输入框，如图 4-13 所示。

STEP 02 在输入框中输入相应指令，指导 AI 生成特定的爆款标题，如图 4-14 所示，点击右侧的发送按钮。

STEP 03 执行操作后，即可得到通义生成的爆款标题，如图 4-15 所示。

STEP 04 若认为得到的标题都不够好，又不知道怎么操作，可滑动屏幕至界面的最下方，这里提供了一些参考指令，比如点击第 2 个标题“有没有关于甜品的吸引人的标题？”，如图 4-16 所示。

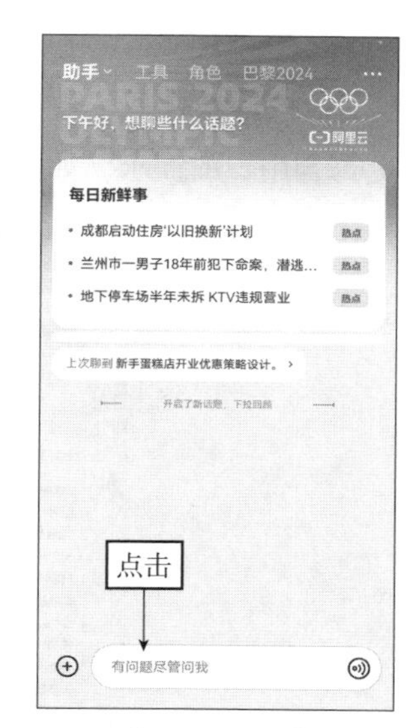

图4-13　点击下方的输入框

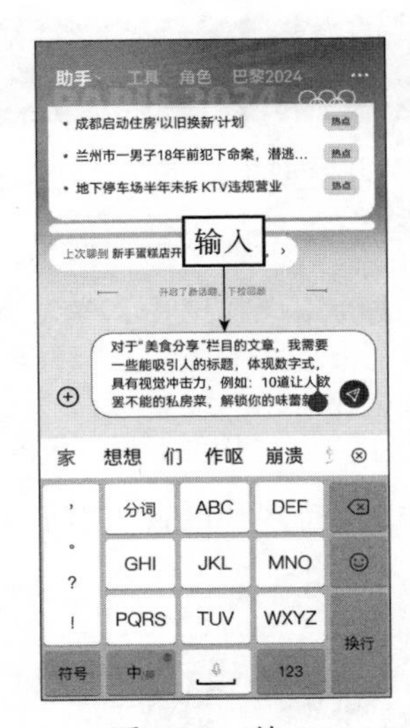

图4-14 输入相应指令

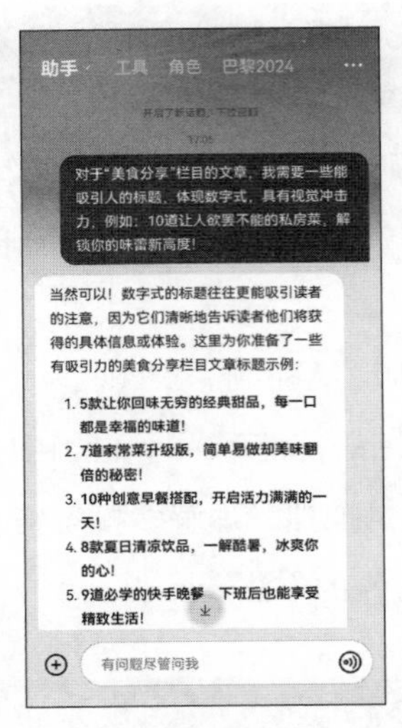

图4-15 通义生成的爆款标题

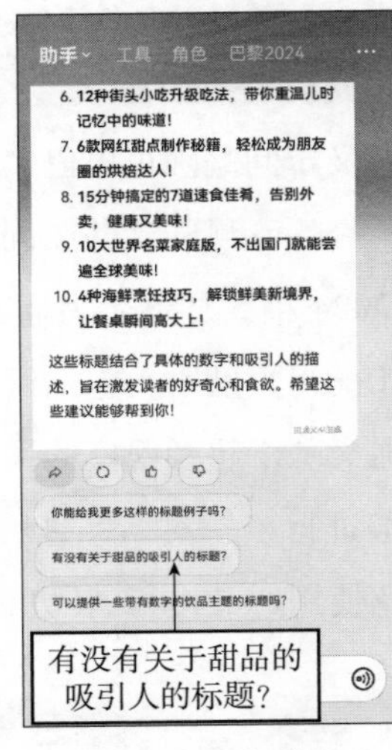

图4-16 点击第2个标题

提示

如果用户对通义生成的爆款标题不满意，还可以在下方输入框中继续输入相应内容，对AI提出进一步的要求，使AI生成更符合要求的爆款标题。

STEP 05 执行操作后，通义根据用户提出的问题，将再次生成对应的爆款标题，使其更符合用户的需求，如图4-17所示。

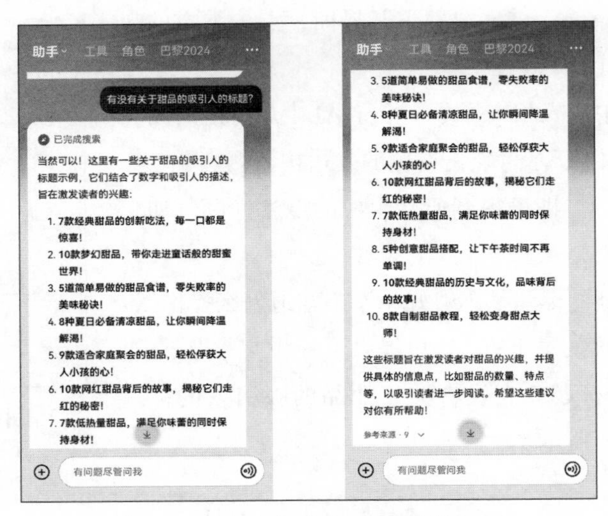

图4-17 再次生成对应的爆款标题

4.2.2 AI生成新媒体文章，提升文案的传播效果

扫码看视频

用户只需在通义中输入相关指令或简短描述，通义就能自动分析并生成相关的新媒体文案，大大提高了创作效率。如果用户需要写美食类的新媒体文章，通义能够整合食谱、烹饪视频、美食博客等内容，为文案创作提供丰富的素材和灵感，帮助用户快速掌握美食烹饪技巧的核心，并生成具有深度和广度的新媒体文案内容，提升文案的吸引力和传播效果。相关案例如下。

提问

生成一篇关于湘菜的创意新媒体文案，引导大家来餐厅体验。

通义

【标题】辣而不燥，香飘四海——解锁湘菜的味蕾奇遇记

正文：

美食探险家们，是时候放下手中的鼠标，系上围裙，和我一起踏上一场说走就走的“舌尖上的湘西之旅”啦！

【辣，是湘菜的灵魂】

一提到湘菜，你的第一反应是不是那个让人又爱又怕的“辣”字？但湘菜的辣，绝非简单粗暴，它是层次分明、回味无穷的艺术。从剁椒鱼头的鲜辣到干锅牛蛙的香辣，每一口都是对味蕾的极致“挑逗”，辣而不燥，香中带麻，让人欲罢不能！

【色香味俱全，视觉与味觉的双重盛宴】

走进湘菜的世界，就像打开了一幅绚丽多彩的画卷。红亮的剁椒覆盖着嫩滑的鱼肉，翠绿的蒜苗点缀在金黄的腊肉旁，还有那热气腾腾的毛氏红烧肉，色泽诱人，香气扑鼻。每一道菜都是对“色香味俱全”的完美诠释，让人一眼难忘，一口入魂。

【小吃也疯狂，地道风味不容错过】

别以为湘菜只有大菜才够味，小吃同样能让你大呼过瘾！长沙臭豆腐，外焦里嫩，配上特制酱料，一口下去，是挑战也是享受；糖油粑粑，软糯香甜，是甜蜜生活的最佳代言；还有那香辣可口的口味虾，剥壳的瞬间，鲜美

四溢，简直是夏夜里的最佳拍档！

【家的味道，传承与创新并存】

湘菜，不仅仅是一种菜系，更是一种文化的传承。每一道菜肴背后，都藏着湖南人对生活的热爱与执着。从老一辈的匠心独运到新一代的创新融合，湘菜在不断变化中坚守着那份最纯粹的味道，让每一个远行的游子，都能在这一口熟悉的味道中找到归属感。

【结语：邀你共赴这场味觉盛宴】

现在，就让我们一起，放下所有的烦恼，用舌尖去旅行，去感受那份来自湘江的热烈与深情。不论你是无辣不欢的勇士，还是偶尔尝鲜的探险者，总有一款湘菜能直击你的心灵，让你爱上这份独特的味道。快来，我在湘菜的世界里等你，一起开启这场味蕾的奇遇记吧！

#湘菜美食##味蕾探险##辣出新高度#

4.2.3 AI生成旅游方案，畅享5天张家界自助游

扫码看视频

通义 App 支持语音输入和输出，用户可以通过语音与通义进行交互，进行旅游方案设计，这对不擅长打字的中老年用户来说尤为友好，用户可以根据自己的喜好和需求，设置通义的回答方式（如语音、文字等）和声音类型，获得更加个性化的交互体验。

下面介绍使用通义 App 生成一个张家界 5 天自助游方案的方法。

STEP 01 打开通义 App，进入“助手”界面，点击下方的语音输入按钮◎，如图 4-18 所示。

STEP 02 执行操作后，切换至“按住说话”功能，如图 4-19 所示。

STEP 03 用手指按住“按住说话”按钮，然后语音输入相关指令，此时下方显示了语音的音波动态，如图 4-20 所示。

STEP 04 语音输入完成后，释放手指，便可以得到通义生成的自助游方案，相关指令和回复内容如下。

提问

请为我生成一个详细的张家界 5 天自助游方案，行程安排要合理，并推荐一些地方特色美食。

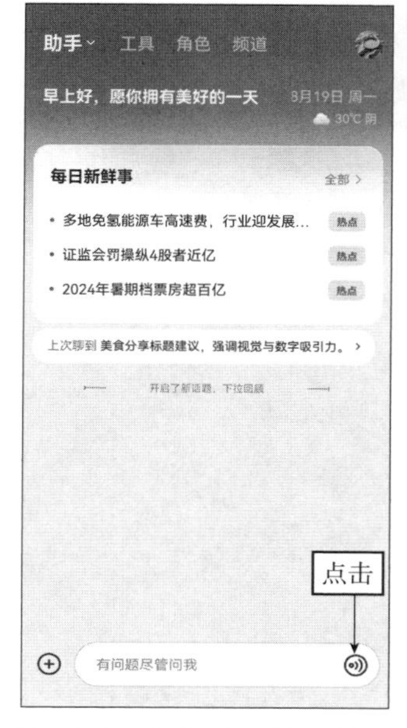

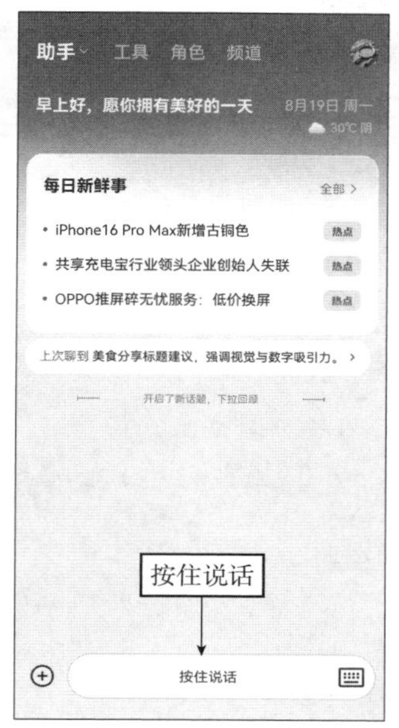

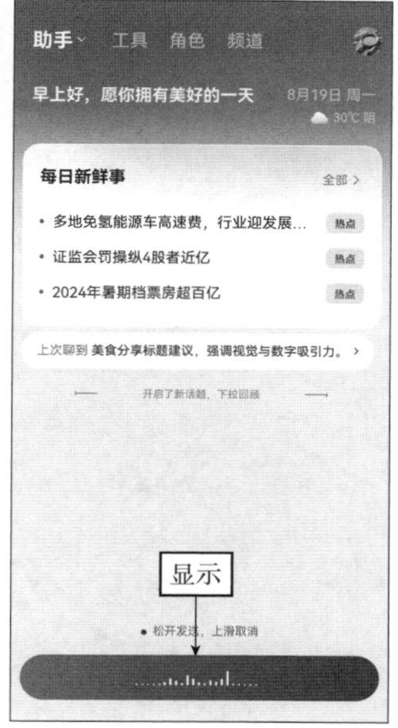

图4-18　点击语音输入按钮　图4-19　切换至相应功能　图4-20　语音输入相关指令

通义

张家界5天自助游详细方案

第一天：抵达张家界，初探市区

上午：抵达张家界后，首先前往酒店办理入住手续，建议选择位于市中心或景区附近的酒店，便于后续出行。

中午：在酒店附近享用午餐，可以尝试当地的土家腊肉或三下锅，感受湘菜的香辣魅力。

下午：稍作休息后，可以前往张家界市区游览，如土家风情园，了解土家族的历史文化。

晚上：在市区品尝张家界凉面，作为晚餐的轻食选择，同时逛逛夜市，体验当地夜生活。

第二天：张家界国家森林公园（袁家界、杨家界、黄石寨）

上午：早餐后，前往张家界国家森林公园，首先游览袁家界，观赏《阿凡达》中的悬浮山原型——哈利路亚山，以及神龟问天、五指峰等自然景观。

中午：在景区内简单用餐，推荐携带一些干粮或购买当地小吃。

下午：继续游览杨家界和黄石寨，欣赏张家界独特的峰林景观，体验大自然的鬼斧神工。

晚上：返回市区，入住酒店，晚餐可选择尝试石耳炖鸡鸭，享受地道的张家界风味。

第三天：张家界国家森林公园（金鞭溪、十里画廊）

上午：早餐后，进入金鞭溪景区，沿着清澈的溪流漫步，呼吸新鲜空气，观赏沿途的野生猕猴和参天古树。

中午：在景区内或附近用餐，尝试土家粉蒸肉，感受其香嫩可口的滋味。

下午：前往十里画廊，乘坐小火车或徒步游览，欣赏沿途的奇峰异石，如采药老人、三姐妹峰等。

晚上：返回酒店休息，为第二天的行程养精蓄锐。

第四天：天门山国家森林公园（天门山、玻璃栈道、天门洞）

上午：早起前往天门山国家森林公园，乘坐世界最长的索道，体验惊险刺激的上升过程。

中午：在山顶简单用餐，可自备干粮或购买景区内食物。

下午：游览天门洞，感受大自然的神奇与壮观；随后挑战玻璃栈道，俯瞰脚下深谷，体验心跳加速的感觉。

晚上：乘车前往凤凰古城，入住古城内客栈，晚上漫步沱江边，欣赏古城夜景，品尝当地小吃。

……

希望这个详细的张家界5天自助游方案能帮助你规划一次难忘的旅行！

4.2.4 AI写开业活动方案，为优惠活动出谋划策

扫码看视频

在设计开业优惠活动策划方案时，通义不仅适用于线上活动，也适用于线下活动，它可以结合线上和线下的优势，提出综合性的活动方案，帮助商家实现全渠道营销。通义在设计开业优惠活动策划方案方面，展现出了强大的自然语言处理能力、高效的方案设计能力，具有个性化定制服务及多场景应用等优势，这些优势使得通义成了商家设计开业优惠活动策划方案的得力助手。相关案例如下。

提问

请为一家文具店设计一套开业优惠活动方案，旨在吸引顾客首次光顾并促进口碑传播。

通义

文具店开业优惠活动方案：《启智新篇，笔绘未来》

一、活动背景与目标

随着教育领域的日益重视，文具市场展现出蓬勃生机。为了庆祝本店盛大开业，我们精心策划了“启智新篇，笔绘未来”主题活动，旨在通过一系列创意与实惠并重的优惠措施，吸引顾客首次光顾，同时激发顾客的购买热情，促进口碑传播，为后续经营奠定坚实基础。

二、活动时间

开业庆典周：选定一个周末及前后各3天，共计8天，确保活动有足够的时间跨度，覆盖更广泛的顾客群体。

三、活动主题

主题口号：“启智新篇，笔绘未来——与您共绘精彩每一刻！”

主题元素：以色彩斑斓的文具为视觉中心，结合学生、办公人士、创意工作者等不同人群的学习、工作场景，营造积极向上、富有创意的店铺氛围。

四、优惠活动方案

1. 开门大吉，首单有礼

活动期间，前100名进店顾客无论消费金额多少，均可获得精美文具礼包一份（内含特色笔、便签本、书签等），寓意“开门红”，吸引顾客尽早到店。

2. 满额即赠，好礼不停

单笔消费满50元，赠送定制环保袋一个，鼓励顾客多次光顾并减少塑料袋使用，传递绿色消费理念。

单笔消费满100元，额外赠送创意文具套装（如多功能笔筒、彩色铅笔等），丰富顾客的购物体验。

3. 会员招募，专享福利

开业期间注册成为会员，即可享受全场9折优惠，并获赠积分，积分可用于后续购物抵扣或兑换指定商品。会员邀请好友成功注册并消费，双方均可获得额外积分奖励。

4. 社交媒体互动，赢取好礼

顾客在社交媒体（如微博、抖音、小红书）上分享店铺照片、购物体验或创意文具使用视频，并@本店官方账号，参与话题#启智新篇笔绘未来#，即有机会获得高级文具礼盒一份。

……

4.2.5 AI写书籍前言，描述写作驱动和本书特色

扫码看视频

对于书籍前言这样的文本，需要具备一定的文采和深度，通义的文本生成能力能够满足这一需求。通义可以对书籍的主题进行深入分析和理解，从而在前言中准确传达书籍的主旨和精髓，帮助用户更好地完成书籍前言的撰写工作。

在生成前言时，通义能够为用户提供清晰的内容框架，有助于用户更好地组织文本结构，相关案例如下。

提问

请为《AI智能办公从入门到精通》这本书生成一篇前言，包括本书的写作驱动和本书特色等内容。

通义

前言

在这个日新月异的数字时代，人工智能（AI）已不再是遥不可及的科幻概念，而是深刻改变着我们的工作与生活方式的强大力量。从智能助手到自动化办公流程，AI技术的每一次飞跃，都在悄然重塑着职场的面貌。为了帮助广大职场人士及科技爱好者抓住这一时代机遇，深入理解并有效应用AI智能办公技术，我们精心编写了这本《AI智能办公从入门到精通》。

写作驱动：

首先，我们深感于AI技术在办公领域的巨大潜力和广泛应用前景。从简单的文档编辑优化、会议智能记录，到复杂的数据分析、项目管理自动化，AI正以前所未有的方式提升着办公效率与决策质量。然而，面对这一新兴领

域，许多人仍感到迷茫与无措，不知道从何学起，以及如何将其融入日常工作之中。正是基于这样的背景，我们决定撰写此书，旨在为广大读者搭建一座从AI智能办公入门到精通的桥梁，提升大家的工作效率。

其次，我们希望本书，不仅能传授AI技术的具体应用方法，更能激发读者对技术创新的热情与探索精神。我们相信，掌握AI智能办公技能，不仅能够显著提升个人职业竞争力，更是适应未来职场变化、引领行业发展的重要一步。

本书特色：

1. 系统全面，由浅入深：本书从AI基础知识讲起，逐步深入到智能办公的具体应用。内容涵盖了AI技术原理、常用工具介绍、实际案例分析等多个方面，确保读者能够循序渐进，逐步构建起完整的知识体系。

2. 实战导向，注重操作：我们深知，理论知识固然重要，但实战操作才是检验学习成果的关键。因此，书中不仅详细讲解了AI智能办公的各项功能，还提供了大量的实战案例和操作步骤，帮助读者快速上手，将所学知识应用于实际工作中。

3. 图文并茂，易于理解：为了降低学习门槛，本书采用了大量图表、流程图等辅助说明方式，使得复杂的技术概念变得直观易懂。同时，我们还特别注重语言的通俗易懂，力求让每一位读者都能轻松阅读、愉快学习。

4. 紧跟潮流，持续更新：AI技术日新月异，我们承诺将不断关注行业动态和技术发展，适时对本书内容进行更新和完善。确保读者能够获取到最新、最前沿的AI智能办公知识和技术资讯。

总之，《AI智能办公从入门到精通》是一本集知识性、实用性和前瞻性于一体的权威指南。我们衷心希望，通过这本书的陪伴与引导，每一位读者都能够在AI智能办公的浪潮中乘风破浪、勇立潮头！

4.3　橙篇：AI智能写作高手

橙篇是百度文库发布的一款AI原生应用，它不仅是一个写作工具，更是一个集专业知识检索、问答、超长图文理解与生成、深度编辑与整理、跨模态自由创作等功能于一体的综合性 AI 产品，尤其适用于作家、记者、学生、研究人员，以及任何需要进行大量写作和内容创作的专业人士。本节将通过相关案例，详细介绍使用橙篇进行 AI 智能写作的方法。

4.3.1 AI写影评，个性化定制语言内容

橙篇具备强大的 AI 算法和知识库，为用户撰写影评提供了丰富的素材和背景知识，能够根据用户输入的电影名称或相关关键词，自动生成影评的框架和初步内容。用户可以根据个人喜好和观影感受，对生成的影评进行个性化定制，如修改观点、添加细节及调整语言风格等，以满足不同读者的需求。

橙篇的一键撰写功能极大地提高了影评的撰写效率，用户只需简单输入相关信息，即可快速获得一篇高质量的影评内容。这对需要快速产出影评的媒体工作者、影评人及电影爱好者来说，无疑是一个巨大的福音。相关案例如下。

提问

请针对电影《热辣滚烫》撰写一篇生动详细的影评，包括剧情概述、角色分析、视觉风格评价及整体观影感受，确保语言流畅，观点鲜明，能够吸引读者兴趣。

橙篇

电影《热辣滚烫》：一场关于蜕变与自我发现的热烈旅程

在光影交错的银幕上，电影《热辣滚烫》犹如一股不可阻挡的热浪，席卷了观众的心田。这不仅是一部关于拳击与梦想的电影，更是一次对人性深度挖掘与自我发现的热烈探索。影片以其独特的剧情设计、鲜明的人物塑造、震撼的视觉风格及深刻的主题表达，成功打造了一场触动心灵的观影盛宴。

一、剧情概述：从迷失到重生

《热辣滚烫》讲述了一位名叫乐莹的女孩，在经历了一系列生活的挫败与迷茫后，意外踏入了拳击世界的故事。起初，拳击对她而言只是逃避现实的避风港，但随着时间的推移，她逐渐在拳击中找到了自我价值和生命意义。

从一名懒散、自卑的“宅女”，到赛场上勇往直前的拳击手，乐莹的成长之路充满了挑战与泪水，但正是这些经历，让她完成了从内到外的华丽蜕变。

二、角色分析：多维度的灵魂展现

影片中的角色各具特色，但最为引人注目的莫过于乐莹。她不是一个传统的英雄形象，没有天生的光环和超能力，她的每一步成长都伴随着挣扎与痛苦。乐莹的形象，是对当代人心理状态的一种真实写照，她的迷茫、困惑、勇敢与坚持，让每一个观众都能从中找到自己的影子。

三、视觉风格评价：力与美的完美融合

《热辣滚烫》在视觉风格上同样令人印象深刻。导演巧妙地运用镜头语言，形成了一种独特的叙事节奏。拳击比赛的场面紧张刺激，每一次挥拳、每一次倒地都充满了力量感与真实感，让观众仿佛置身于现场，感受到了拳击运动的独特魅力与主人公寻找到自我的内心成长。

……

总之，《热辣滚烫》是一部值得一看再看的佳作。它不仅是一部关于拳击的电影，更是一次关于人生、关于成长的深刻探讨。在这个充满挑战与机遇的时代里，让我们像乐莹一样勇敢地迈出步伐去追寻自己的梦想吧！

4.3.2　AI进行内容翻译，将景点中文翻译为英文

扫　码
看视频

随着全球化的推进，国际旅游市场日益繁荣。将景点介绍翻译成英文，可以使得来自不同国家和地区的游客更好地了解景点的历史、文化、特色及游览信息，从而吸引更多国际游客前来参观，促进当地旅游业的发展。下面介绍将景点介绍的中文翻译为英文的操作方法。

STEP 01 打开橙篇官方网站，在首页中单击“翻译”按钮，如图 4-21 所示。

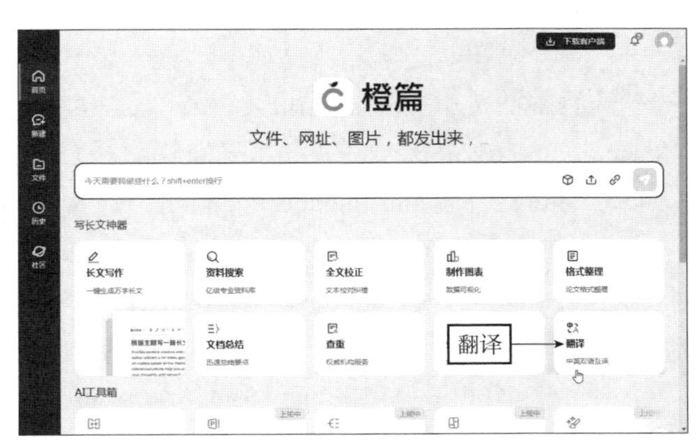

图4-21　单击“翻译”按钮

STEP 02 进入“未命名会话”页面，其中显示了翻译功能的相关内容，选中“中译英”单选按钮，如图 4-22 所示，此时橙篇要求用户输入一段文本内容。

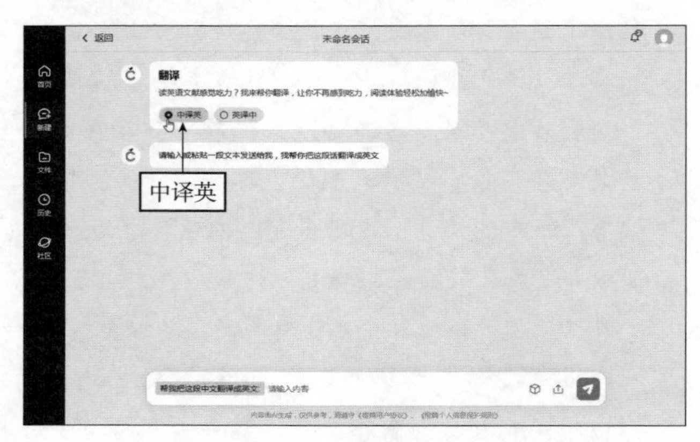

图4-22　选中“中译英”单选按钮

STEP 03 在下方的输入框中，输入或粘贴一段文本内容，单击发送按钮，即可得到橙篇翻译的英文内容，相关指令和回复内容如下。

提问

张家界十里画廊景区，位于索溪峪景区内，是这里的旅游精华。此画廊全长约五公里，沿途风景如画，奇峰异石千姿百态，仿佛一幅巨大的山水画卷悬挂在绝壁之上。漫步其间，三步一景，令人心旷神怡。著名景点包括转阁楼、寿星迎宾、采药老人等，每一景都栩栩如生，引人入胜。其中，寿星迎宾石峰恰似一老寿星迎面而立，笑容可掬；采药老人则活像一位腰身佝偻的老人，背着药篓，凝视远方。十里画廊不仅自然风光绝美，还蕴含着丰富的历史文化底蕴，是游客领略张家界山水之美、感受自然与人文和谐共生的绝佳去处。

橙篇

The Zhangjiajie Ten-Mile Gallery scenic area, located within the Suoxiyu scenic area, is the essence of tourism here. This gallery is approximately five kilometers long, and the scenery along the way is picturesque, with peculiar peaks and stones in various poses, just like a huge landscape painting hanging on the towering cliffs. Walking through it, every three steps present a new scenery, making one feel refreshed and happy. Famous attractions include the Zhuange Tower, the Old Man of Longevity Greeting Guests, and the Old Man Collecting Medicine, each of which is vivid and fascinating. Among them, the Old Man of Longevity Greeting Guests stone peak resembles an old man of longevity standing face to face, with a smiling face; the Old Man Collecting Medicine is like an old man with a hunched back, carrying a basket of medicine and gazing into the distance. The Ten-Mile Gallery not only boasts exquisite natural scenery but also contains rich historical and cultural heritage. It is an excellent destination for tourists to appreciate the beauty of Zhangjiajie's landscapes and feel the harmonious coexistence of nature and humanity.

4.3.3　AI进行文档校对，对新媒体文章进行审校

橙篇能够智能检查文章中的语法错误、拼写错误和标点符号错误等常见问题，确保文章的准确性。除了基本的语言错误外，橙篇还能进行语义分析，识别出文章中的逻辑错误、表述不清等问题，并给出改进建议，这种深度校正功能对于提升新媒体文章的质量至关重要。

另外，橙篇兼容多种文件格式（如PDF、Word和图片等），方便用户导入不同来源的文档进行审校。下面介绍使用橙篇对新媒体文章进行文档审校的方法。

STEP 01 在首页中单击“全文校正”按钮，进入“未命名会话”页面，其中显示了全文校正的相关内容，单击“上传文档”按钮，如图4-23所示。

STEP 02 弹出“打开”对话框，在文件夹中选择一篇新媒体文章，如图4-24所示。

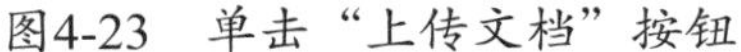
图4-23　单击“上传文档”按钮

图4-24　选择一篇新媒体文章

STEP 03 单击“打开”按钮，即可上传新媒体文章，并显示在输入框的下方，单击右侧的发送按钮，即可得到橙篇回复的文档校对报告及建议，单击页面下方的“全文校正结果”文档，如图4-25所示。

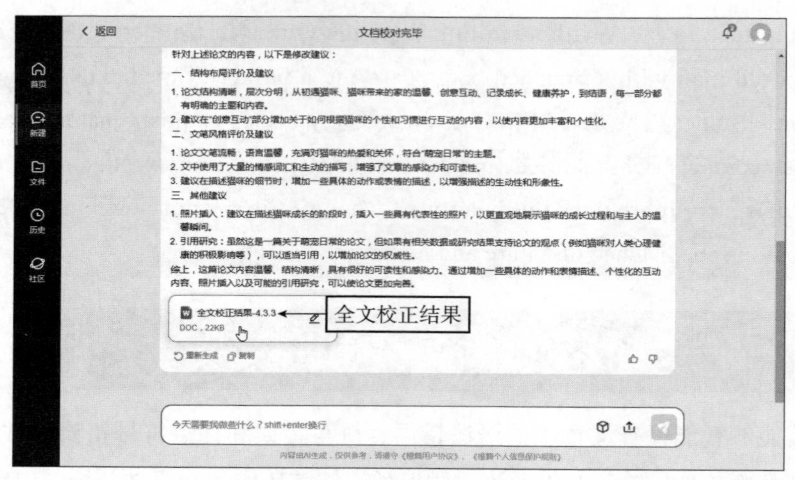

图4-25 单击“全文校正结果”文档

STEP 04 执行操作后，打开“全文校正结果”页面，在其中可以查看全文校正的相关内容及建议，如图 4-26 所示，帮助用户更好地撰写新媒体文章。

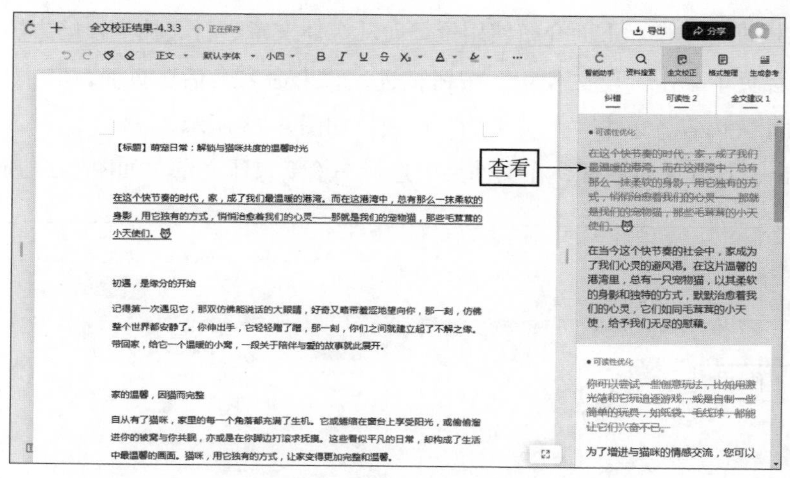

图4-26 查看全文校正的相关内容及建议

4.3.4 AI写课程框架，为教师提供新颖的教学思路

扫码看视频

橙篇基于强大的自然语言处理能力和广泛的知识储备，能够为教师提供新颖的教学思路和方法，促进教学创新；能够根据教师的需求精准检索相关信息，节省教

师在海量信息中筛选和查找所需内容的时间。在获取到相关信息后，橙篇还能帮助教师智能整合这些信息，形成条理清晰、逻辑连贯的课程框架和内容，从而更好地服务于备课和教学领域。相关案例如下。

提问

请为书法课程设计一份全面的课程框架，包括基础笔画教学、字体风格介绍、章法布局讲解、名作欣赏与临摹、创作实践环节及评估反馈机制，确保课程适合初学者和进阶学员，注重理论与实践结合。

橙篇

书法课程框架

第一阶段：基础入门（适合初学者）

1. 书法概论：介绍书法历史、文化意义及基本工具使用。

2. 基础笔画教学：从横、竖、撇、捺等基本笔画开始，逐步过渡到复合笔画，注重笔法、力度与节奏的掌握。

3. 楷书基础：以楷书为例，讲解字形结构、笔画顺序及基本笔法，进行大量基础练习。

第二阶段：字体风格拓展（适合进阶学员）

1. 行书学习：在楷书基础上，引入行书教学，强调连笔、气韵生动。

2. 草书、隶书、篆书简介：分别介绍这三种字体的特点、历史背景及基本写法，供学生根据个人兴趣选择深入学习。

3. 字体风格对比：组织专题讨论或工作坊，让学生对比不同字体风格，加深理解。

第三阶段：章法布局与名作欣赏

1. 章法布局讲解：介绍书法作品的整体布局原则，如字距、行距、落款、钤印等。

2. 名作欣赏：精选历代书法名家作品进行展示与分析，引导学生从技法、情感、意境等多角度欣赏。

3. 名作临摹：选取经典作品片段，指导学生进行临摹练习，注重细节处理与情感融入。

第四阶段：创作实践与评估反馈

1. 创作引导：鼓励学生结合所学知识与个人感悟，进行书法的实际创作，教师可提供主题建议或自由创作选项。

2. 创作实践：学生独立或小组合作完成书法作品，期间教师可提供个别指导。

3. 评估与反馈：建立多元化评估体系，包括自评、互评、师评等环节。通过展览、讨论会等形式展示学生作品，并给予具体、有建设性的反馈。

4.4 本章小结

本章介绍了3款AI智能写作工具——Kimi、通义与橙篇，它们分别在职场、文案及写作等领域具有强大的能力。从小红书文案创作到工资单数据处理，从新媒体文章生成到内容翻译，AI助手极大地提升了文案写作的效率与质量。学习本章内容后，读者可以掌握如何利用AI工具优化工作流程，提升个人与团队的生产力，同时让读者基于AI赋能在内容创作方面展开无限想象。

图像生成
AI 图像创作与思维导图设计

AI图像创作融合了机器学习与深度神经网络的力量，能够自动分析并学习成千上万张图像的特征，进而生成全新的、风格独特的艺术作品。它不仅能模仿名画风格，还能创造前所未有的视觉景象，从超现实主义到逼真写实，无所不能。而思维导图作为思维的导航图，它们以直观、灵活的方式帮助我们梳理思绪，构建清晰的思维蓝图。本章主要介绍通过3款AI工具进行AI图像创作与思维导图设计的操作方法。

5.1 文心一格：开启视觉艺术的新纪元

文心一格通过人工智能技术的应用，为用户提供了一系列高效、具有创造力的AI创作工具和服务，让用户在艺术和创意创作方面能够更自由、更高效地实现自己的想法。本节主要介绍使用文心一格网页版进行AI绘画的方法，帮助大家实现“一语成画”的目标。

5.1.1 以文生图，一键生成小动物萌宠图片

扫码看视频

对新手来说，可以直接使用文心一格的“推荐”AI绘画模式，只需输入提示词（该平台也将其称为创意），即可让AI自动生成画作，效果如图5-1所示。

图5-1 效果欣赏

下面介绍在文心一格中使用提示词生成AI图片的操作方法。

STEP 01 打开浏览器，输入文心一格的官方网址，打开官方网站，单击“AI创作”标签，切换至“AI创作”页面，输入相应的提示词，指导AI生成特定的图像，如图5-2所示。

STEP 02 在下方设置“数量”为2，表示生成两张图片，单击“立即生成”按钮，如图5-3所示。

STEP 03 执行操作后，即可生成两幅AI绘画作品，效果如图5-4所示。

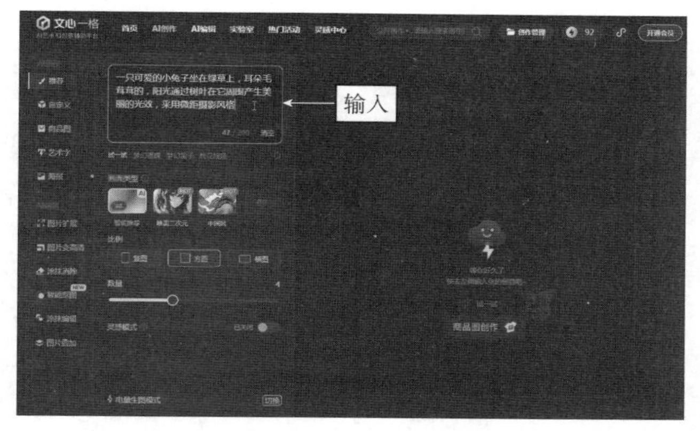

图5-2　输入相应的提示词

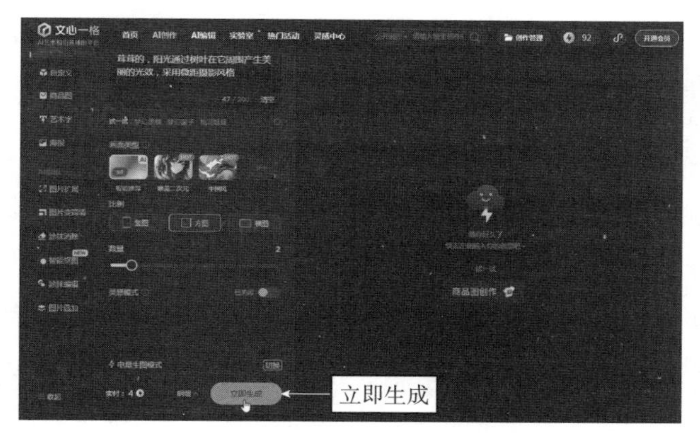

图5-3　单击“立即生成”按钮

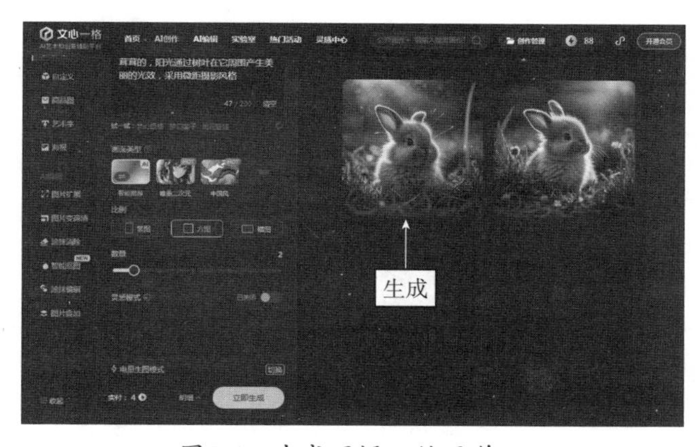

图5-4　生成两幅AI绘画作品

STEP 04 单击生成的图片，即可放大预览图片效果，如图 5-5 所示。

图5-5 放大预览图片效果

5.1.2 设置画面类型，生成二次元漫画图片

扫 码
看视频

二次元漫画图片色彩鲜艳、造型独特，融合了绘画、设计及色彩等多种元素，展现出独特的审美价值。对于艺术家和设计师来说，这些图片可以提供灵感和创意，促进艺术的创新和发展。

在商业领域，二次元漫画图片被广泛应用于广告、游戏、动漫及玩具等产品的推广中，它们能够吸引目标消费群体的注意，增加产品的吸引力和销售量。同时，这些图片也成为品牌塑造和营销的重要手段之一。二次元漫画图片效果如图 5-6 所示。

图5-6 效果欣赏

下面介绍使用文心一格生成二次元漫画图片的操作方法。

STEP 01 打开文心一格官方网站，切换至“AI 创作”页面，在“推荐”选项卡中，输入相应的提示词，指导 AI 生成特定的图像，如图 5-7 所示。

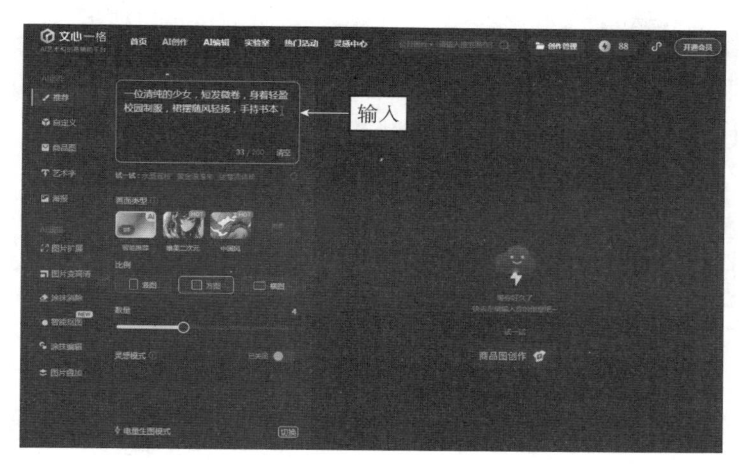

图5-7　输入相应的提示词

STEP 02 在下方设置“画面类型”为“唯美二次元”，“比例”为“竖图”，“数量”为 2，指导 AI 生成两幅二次元的竖幅图像，单击“立即生成”按钮，如图 5-8 所示。

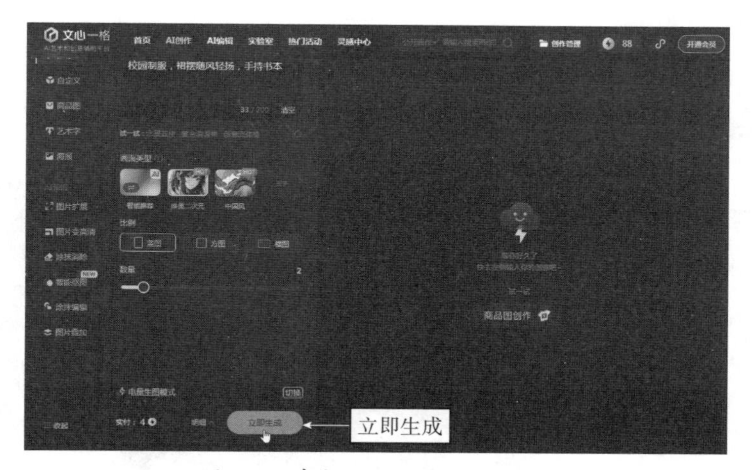

图5-8　单击“立即生成”按钮

STEP 03 执行操作后，即可生成两张唯美二次元风格的漫画图片，单击生成的图片，即可放大预览图片效果，如图 5-9 所示。

图5-9　放大预览图片效果

5.1.3　设计绘本插画，打造吸引眼球的视觉图像

扫　码
看视频

绘本插画能够以直观、生动的图像语言补充或强化文字内容，帮助读者更好地理解故事情节、角色性格和场景氛围。有时，插画甚至能传达出文字难以直接表达的情感和细节。

对于儿童尤其是低龄儿童来说，视觉吸引力是引导他们阅读的重要因素。色彩鲜艳、形象可爱的插画能够迅速抓住儿童的眼球，激发他们的阅读兴趣。绘本插画为读者提供了广阔的想象空间，尤其是那些留有一定空白或隐喻的插画，能够激发读者的想象力，让他们根据自己的理解和感受去填充、完善故事。

使用文心一格可以轻松创作出极具吸引力的绘本插画，效果如图 5-10 所示。

下面介绍使用文心一格设计儿童绘本插画的操作方法。

图5-10　效果欣赏

STEP 01 在“AI 创作”页面中，切换至“自定义”选项卡，输入相应的提示词，指导 AI 生成特定的图像，如图 5-11 所示。

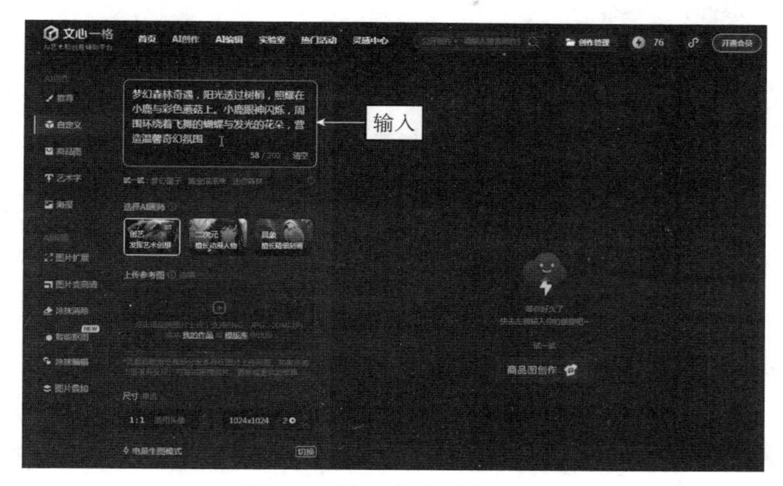

图5-11　输入相应的提示词

STEP 02 在下方设置“尺寸”为 4∶3，“数量”为 2，表示生成两张 4∶3 尺寸的绘本插画，如图 5-12 所示。

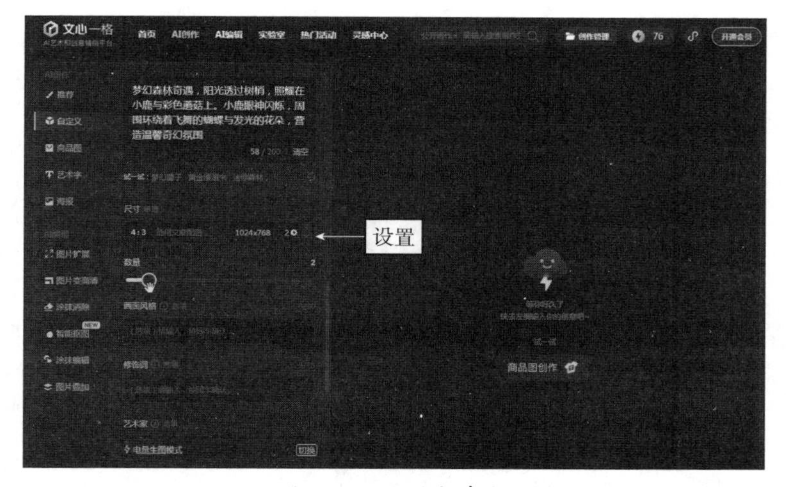

图5-12　设置各参数

STEP 03 单击页面下方的“立即生成”按钮，即可生成两张儿童绘本插画，单击生成的插画，即可放大预览插画效果，如图 5-13 所示。

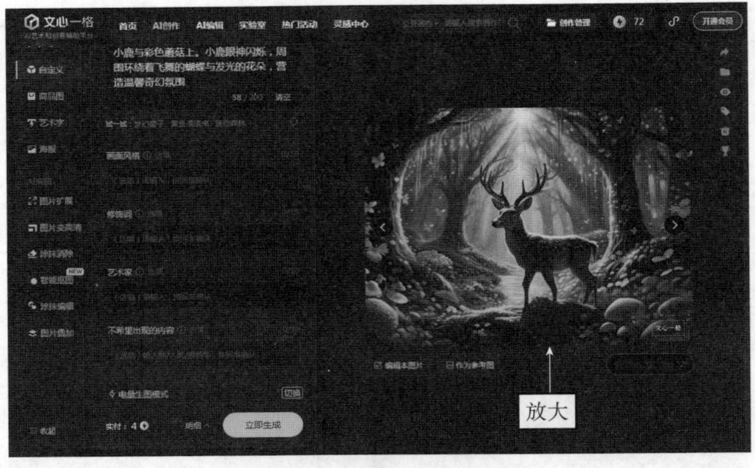

图5-13　放大预览插画效果

5.1.4　生成高清图像，让风光画面更具视觉冲击力

扫　码
看视频

在文心一格中，可以使用“自定义”功能生成2048×2048像素的高清图像，这样的高分辨率图像能够提供更丰富的细节和更清晰的视觉效果，尤其适合用于打印、广告、电影特效或高质量的数字艺术展示，效果如图5-14所示。

图5-14　效果欣赏

提示

使用文心一格生成的高清图片文件通常较大，因此需要足够的存储空间来保存它们。此外，在分享或发布这些图像时，还需要考虑网络带宽和加载时间等因素，以确保用户能够顺畅地查看和下载。

下面介绍使用文心一格生成高清风光图像的操作方法。

STEP 01 在“AI 创作”页面中，切换至“自定义”选项卡，输入相应的提示词，指导 AI 生成特定的图像，如图 5-15 所示。

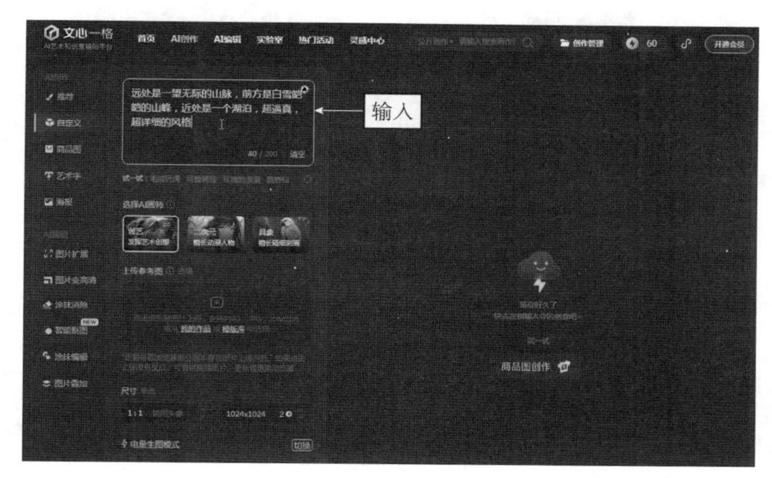

图5-15　输入相应的提示词

STEP 02 在“尺寸”选项区中，单击分辨率右侧的微调箭头，在弹出的列表框中选择 2048 × 2048 选项，如图 5-16 所示，指导 AI 生成高清图像。

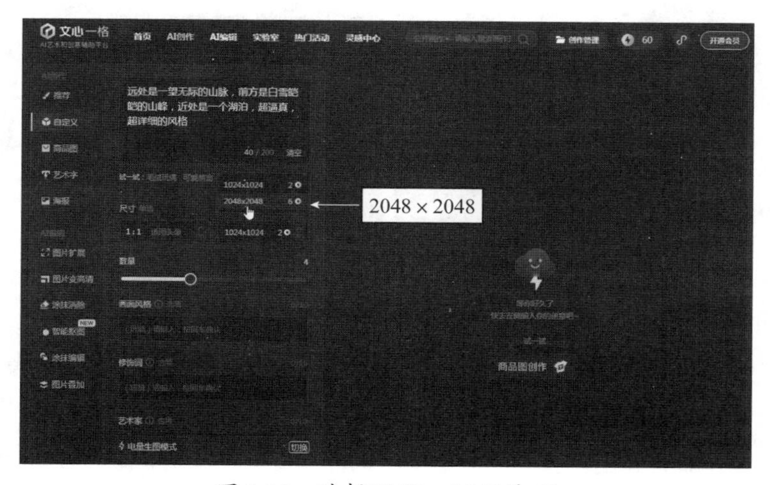

图5-16　选择2048 × 2048选项

STEP 03 在下方设置“数量”为 2，单击“立即生成”按钮，即可生成两幅高清的风光图像，显示在右侧窗格中，如图 5-17 所示，图像分辨率为 2048 × 2048。

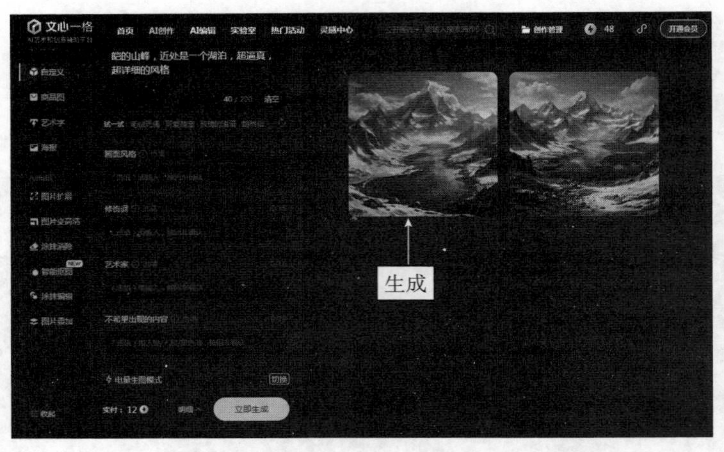

图5-17　生成两幅高清的风光图像

5.1.5　上传参考图片，以图生图获取更多灵感

使用文心一格的“上传参考图”功能，用户可以上传任意一张图片，通过文字描述想修改的地方，实现以图生图的效果，如图 5-18 所示。

图5-18　效果欣赏

下面介绍使用文心一格上传参考图片以图生图的操作方法。

STEP 01 在“AI 创作”页面中，切换至“自定义”选项卡，单击“上传参考图”下方的⊞按钮，如图 5-19 所示。

STEP 02 执行操作后，弹出“打开”对话框，选择相应的参考图，如图 5-20 所示。

STEP 03 单击“打开”按钮，即可上传参考图。然后输入相应的提示词，指导 AI 生成特定的图像，在下方设置“影响比重”为 8，该数值越大参考图的影响就越大，如图 5-21 所示。

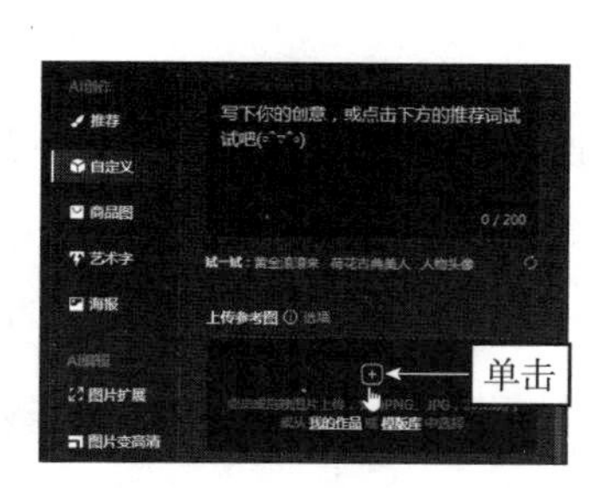

图5-19 单击相应按钮

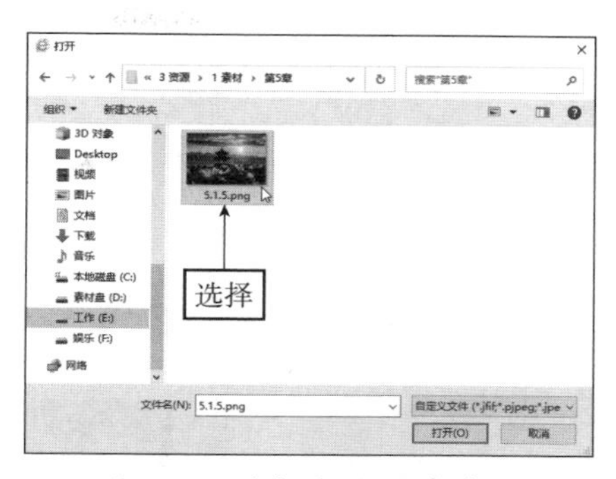

图5-20 选择相应的参考图

STEP 04 在下方设置"尺寸"为 4 : 3，更改图片的生成比例，设置"数量"为 2，是指生成两张 AI 图片，如图 5-22 所示。

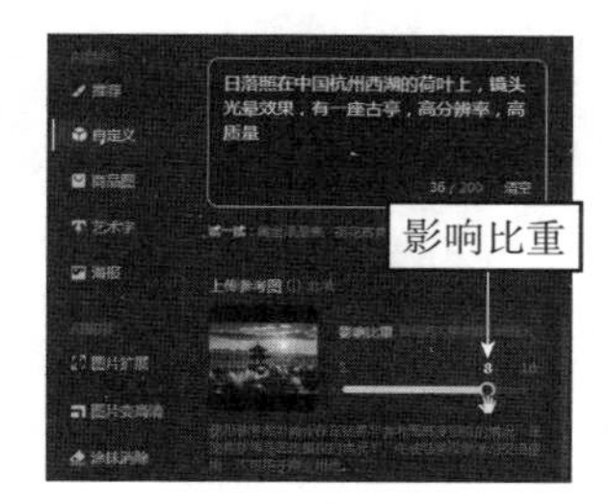

图5-21 设置"影响比重"为8

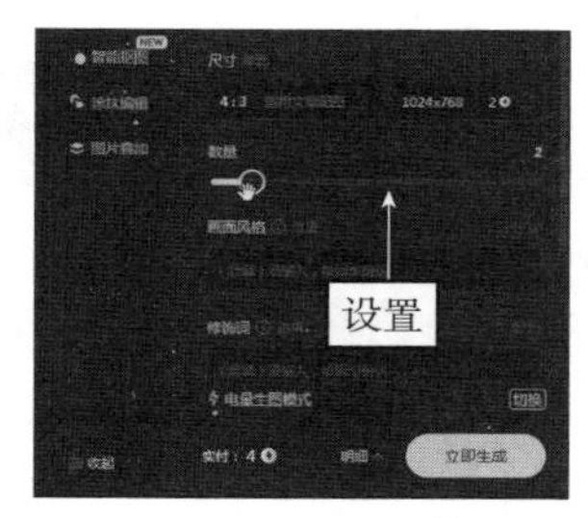

图5-22 设置"数量"为2

STEP 05 单击"立即生成"按钮，即可生成唯美的日落风光图片，单击生成的图片，即可放大预览图片效果，如图 5-23 所示。

图5-23 放大预览图片效果

5.1.6 AI设计艺术字，赋予文字独特的造型

扫 码
看视频

艺术字通过独特的造型、色彩和布局，能够迅速吸引人们的注意力。在品牌宣传或节日活动中，将艺术字作为海报、横幅、邀请函或现场装饰的一部分，能够瞬间提升整体的视觉效果，让活动更加引人注目。图 5-24 所示为使用文心一格设计的 AI 艺术字。

图5-24 效果欣赏

下面介绍使用文心一格设计 AI 艺术字的操作方法。

STEP 01 在“AI 创作”页面中，切换至“艺术字”选项卡，在“中文”选项卡中输入文本“香”，在“字体创意”文本框中输入相应提示词，指导 AI 生成特定的艺术字，如图 5-25 所示。

STEP 02 在下方设置“影响比重”为 3，该数值越大字体变形的程度越大，设置“数量”为 2，表示生成两张 AI 艺术字图片，单击“立即生成”按钮，如图 5-26 所示。

STEP 03 执行操作后，即可生成相应的艺术字效果，单击生成的艺术字，即可放大预览艺术字效果，如图 5-27 所示。

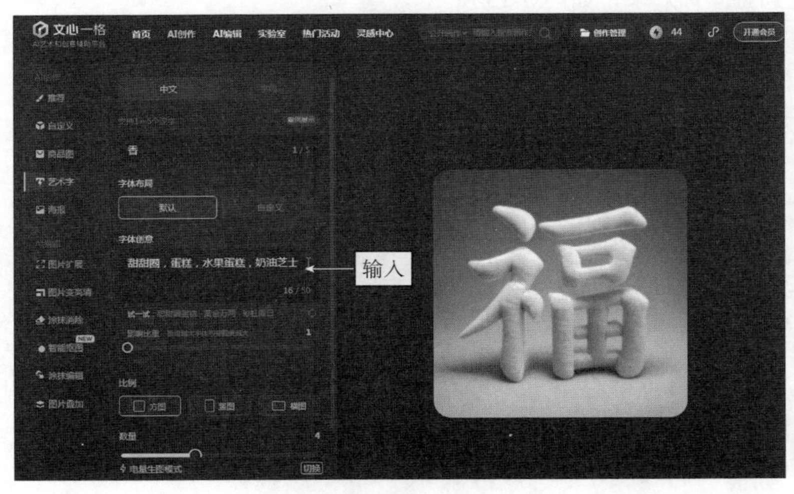

图5-25 输入相应提示词

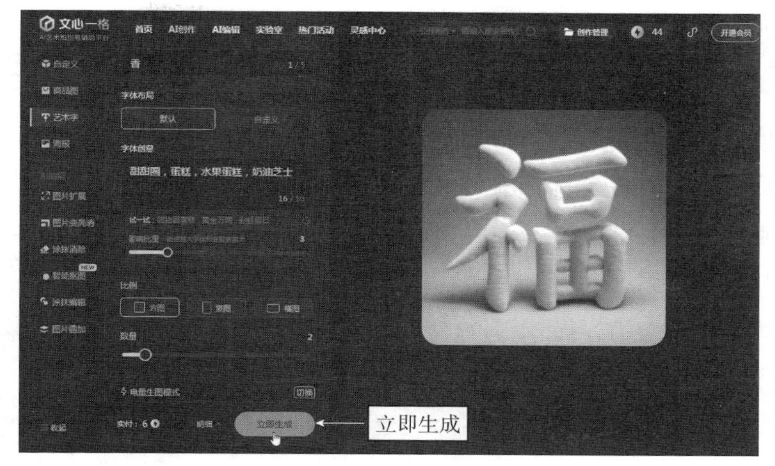

图5-26　单击“立即生成”按钮

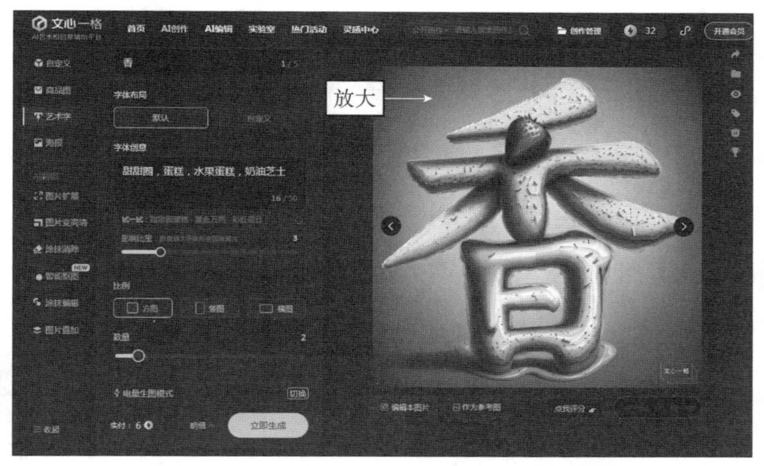

图5-27　放大预览艺术字效果

5.2　豆包：图像生成的智能工坊

豆包是字节跳动公司基于云雀模型开发的一款AI工具，它以丰富的功能和智能的交互方式为用户提供了便捷、高效的信息获取功能和创作体验。在豆包中，用户输入描述或特定的要求，系统就能够利用人工智能技术生成相应的图像，无论是想象中的奇幻场景，还是抽象的概念图像，都有机会实现。本节主要介绍使用豆包App生成AI创意图像的操作方法。

5.2.1 设计鲜花植物图片，吸引受众注意力

扫码看视频

鲜花植物图片因色彩鲜艳、形态各异，常被用于装饰各种环境，如家居、办公室、餐厅和酒店等，它们能够增添空间的生机与活力，提升整体的美感，营造氛围。在广告和商业宣传中，鲜花植物图片因视觉效果强，常被用来吸引顾客的注意力，提升品牌形象和产品吸引力。使用豆包 App 生成的鲜花植物图片效果如图 5-28 所示。

图5-28 效果欣赏

下面介绍使用豆包 App 设计鲜花植物图片的操作方法。

STEP 01 打开豆包 App，进入“对话”界面，选择“AI 图片生成”选项，如图 5-29 所示。

STEP 02 进入“创作”界面，点击下方的文本框，输入相应的提示词，指导 AI 生成特定的图像，点击右侧的发送按钮，如图 5-30 所示。

STEP 03 执行操作后，即可生成相应的鲜花植物图片，如图 5-31 所示。

STEP 04 点击第 2 张图片，即可放大显示图片效果，然后点击下载按钮，如图 5-32 所示，即可下载图片。

图5-29 选择“AI 图片生成”选项

图5-30 点击发送按钮

图5-31 生成鲜花植物图片

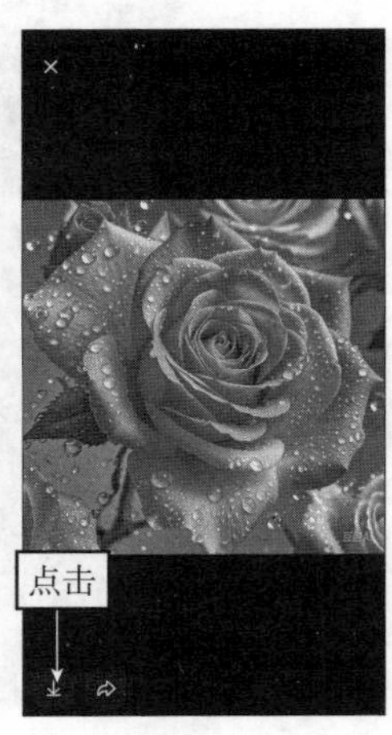

图5-32 点击下载按钮

5.2.2　设计电商模特图片，促进流量的转化

扫码
看视频

电商模特图片在电商销售中扮演着至关重要的角色，它们不仅提升了商品的视觉效果和品质印象，还激发了买家的购买欲望和信任感，促进了流量的转化和销量的提升。模特图片作为商品描述的辅助手段，可以帮助买家更全面地了解商品的特点和优势，结合文字描述和模特图片，卖家可以更准确地传达商品信息，提高买家的购买满意度。模特图片效果如图 5-33 所示。

图5-33　效果欣赏

下面介绍使用豆包 App 设计电商模特图片的操作方法。

STEP 01 打开豆包 App，进入“对话”界面，选择“豆包”选项，如图 5-34 所示。

STEP 02 进入“豆包”界面，其中显示了之前生成的历史信息，在文本框中输入相应的提示词，指导 AI 生成特定的图像，如图 5-35 所示。

STEP 03 点击右侧的发送按钮，即可生成相应的电商模特图片，如图 5-36 所示。

STEP 04 点击第 2 张图片，即可放大显示图片效果，然后点击下载按钮，如图 5-37 所示，即可下载图片。

图5-34　选择“豆包”选项

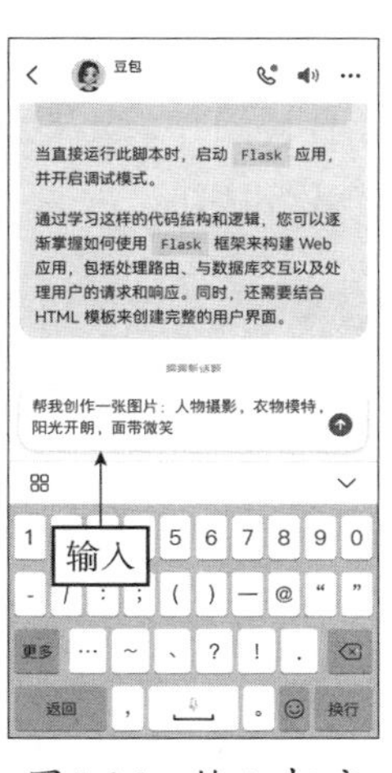

图5-35　输入相应的提示词

图5-36　生成电商模特图片

图5-37　点击下载按钮

提示

豆包支持多种平台，包括网页 Web 平台，iOS 和 Android 操作系统，iOS 用户需要使用 TestFlight 进行安装。

5.2.3 设计产品宣传图片，激发顾客购买欲望

扫码看视频

在信息爆炸的时代，人们的注意力非常有限，一张精美、创意独特的商品主视图能够迅速吸引目标消费者的注意力，让他们在众多选项中首先注意到你的产品，并激发他们的购买欲望，促进销售转化。在豆包 App 中，使用“做同款”功能可以一键生成让用户满意的产品宣传图片，用户只需找到风格相似的产品图，一键做同款即可，效果如图 5-38 所示。

下面介绍使用豆包 App 中的“做同款”功能设计产品宣传图片的方法。

STEP 01 打开豆包 App，进入“对话”界面，选择“AI 图片生成”选项，进入“创作”界面，如图 5-39 所示。

STEP 02 点击“模板”标签，进入“模板”界面，如图 5-40 所示，其中显示了多种模板类型。

图5-38 效果欣赏

STEP 03 滑动屏幕至页面下方，点击相应的产品宣传图片，如图 5-41 所示。

STEP 04 进入图片预览界面，点击下方的“做同款”按钮，如图 5-42 所示。

提示

在豆包 App 中，“做同款”功能简化了图片创作的流程，特别是对于那些希望模仿特定风格但不会写提示词的用户，该功能可以作为创意启发的工具，帮助用户探索不同类型的图片创作可能性，包括卡通类、风光类、人像类、动物类及产品类等。

STEP 05 返回“创作”界面，在输入框中显示了这张产品图片所用的提示词，点击右侧的发送按钮⬆，如图 5-43 所示。

图5-39　进入“创作”界面

图5-40　进入“模板”界面

图5-41　点击相应的产品宣传图片

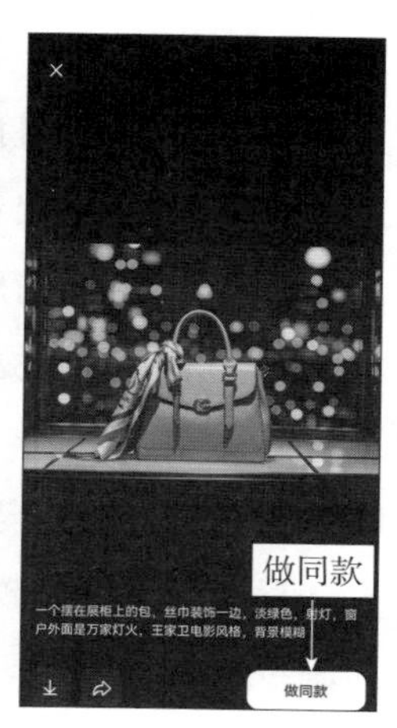

图5-42　点击“做同款”按钮

STEP 06 执行操作后，即可生成相应的产品宣传图片，如图 5-44 所示。

STEP 07 点击第 3 张图片，即可放大显示图片效果，如图 5-45 所示。

STEP 08 返回点击第 4 张图片，然后点击下载按钮，如图 5-46 所示，即可下载图片。

图5-43　点击右侧的发送按钮

图5-44　生成相应的产品宣传图片

图5-45　放大显示图片效果

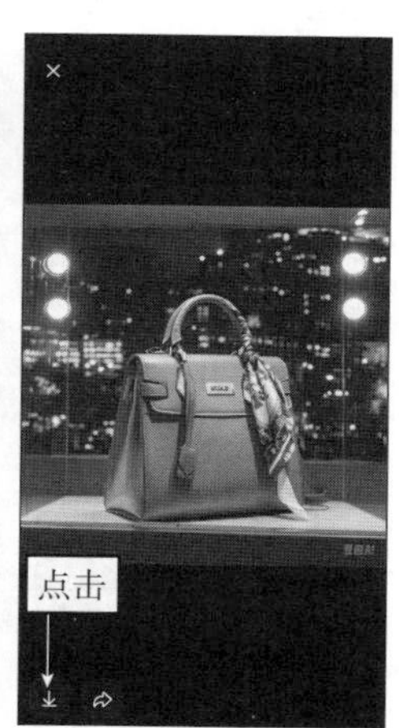

图5-46　点击下载按钮

5.2.4　设计动画片场景，营造不同的情感氛围

动画片场景在动画制作中扮演着至关重要的角色，它不仅是故事发生的环境背

景，更是情感传达、氛围营造、角色塑造及主题深化的关键元素。

场景设计能够直接影响观众的情感体验，通过色彩、光影、布局等视觉元素的运用，场景能够营造出欢快、悲伤、紧张、宁静等不同氛围，从而加深观众对故事情节和角色理解，引发情感共鸣。图 5-47 所示为使用豆包设计的动画片场景图片。

下面介绍使用豆包 App 设计动画片场景图片的操作方法。

图5-47 效果欣赏

STEP 01 进入“创作”界面，点击“模板”标签，进入“模板”界面，滑动屏幕至页面下方，点击相应的动画片场景图片，如图 5-48 所示。

STEP 02 进入图片预览界面，点击下方的“做同款”按钮，如图 5-49 所示。

STEP 03 返回“创作”界面，在输入框中显示了这张动画片场景图片所用的提示词，点击右侧的发送按钮，如图 5-50 所示。

STEP 04 执行操作后，即可生成相应的动画片场景图片，如图 5-51 所示。

图5-48 点击动画片场景图片

图5-49 点击“做同款”按钮

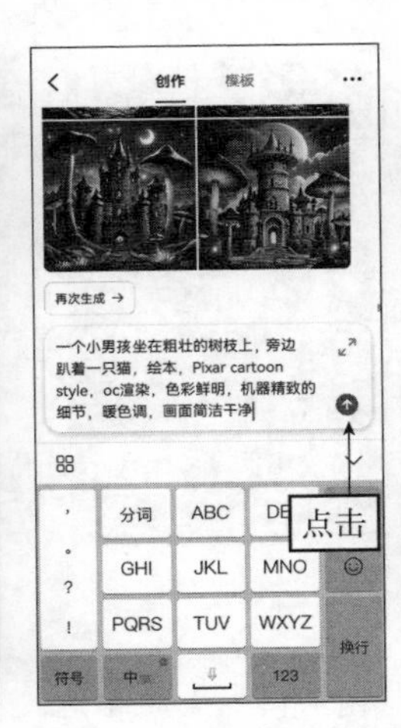

图5-50 点击右侧的发送按钮

图5-51 生成动画片场景图片

5.3 ProcessOn：一站式思维导图设计

ProcessOn 是一款功能强大的在线作图工具和知识分享社区，它提供了丰富的图形绘制和团队协作功能，广泛应用于工作、学习和生活等各个领域。ProcessOn 是一个基于云的在线工具，用户可以直接在浏览器中对内容进行编辑，无须安装任何软件。它支持流程图、思维导图、组织结构图、UML 图及网络拓扑图等多种图形的绘制。

本节将通过相关案例详细介绍使用 ProcessOn 工具设计思维导图的方法。

5.3.1　知识总结类思维导图，高效总结学习要点

扫码看视频

在知识管理与学习的过程中，使用思维导图来总结要点是一种高效且直观的方法。通过绘制思维导图，我们可以将复杂的学习要点条理化、清晰化，从而更好地理解和记忆所学内容，提高学习效率和质量。思维导图部分效果如图 5-52 所示。

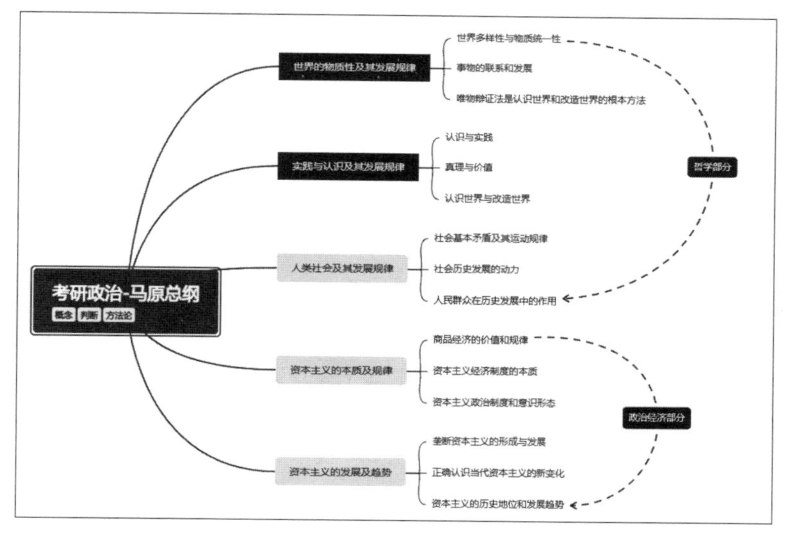

图5-52　部分效果欣赏

下面介绍使用 ProcessOn 绘制知识总结类思维导图的操作方法。

STEP 01 打开浏览器，输入 ProcessOn 的官方网址，打开官方网站，登录账号后，单击页面左上角的“新建”按钮，弹出相应面板，单击“思维导图”按钮，如图 5-53 所示。

STEP 02 进入“未命名文件”页面，这是一个空白的页面，用户在这里可以新建需要的思维导图，单击右下角的“更多模板”按钮，如图 5-54 所示，通过模板新建思维导图。

STEP 03 弹出“去往模板首页”窗口，在其中选择一个学习类的思维导图模板，单击“使用”按钮，如图 5-55 所示。

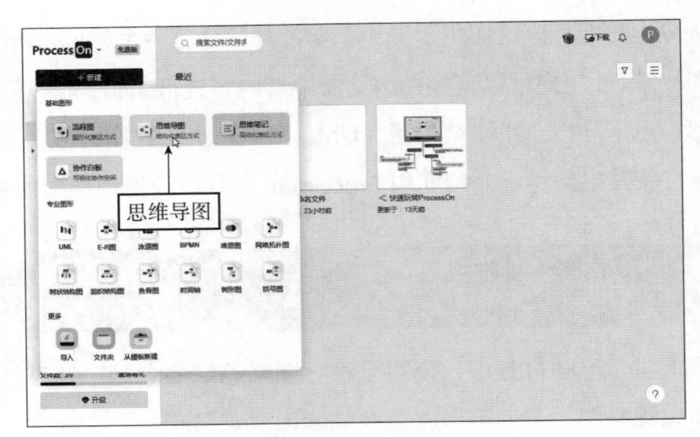

图5-53　单击“思维导图”按钮

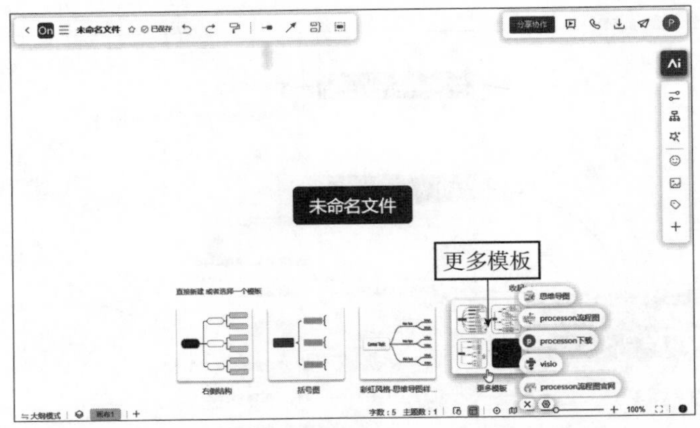

图5-54　单击右下角的“更多模板”按钮

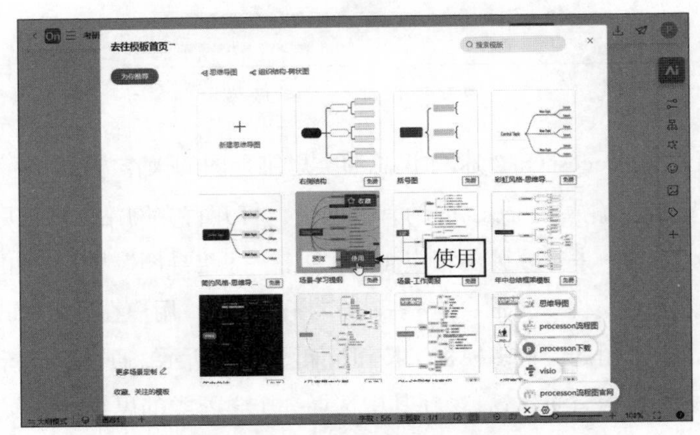

图5-55　单击“使用”按钮

提示

ProcessOn 提供了基本的免费版本，其中包含许多基本功能和模板，故用户可以在不花费额外费用的情况下使用大部分功能。如果用户需要下载思维导图，那么需要开通 ProcessOn 会员才可以，比如将思维导图导出为 Word、Excel 或 PPT 格式等。

STEP 04 执行操作后，即可快速创建一个学习类的思维导图，显示在页面中，如图 5-56 所示，在其中双击相应的文本，可以修改文本的内容。单击页面右侧的 AI 按钮，将弹出“AI 助手”面板，在其中输入相应的提示词，可以指导 AI 在思维导图中生成相应的内容。

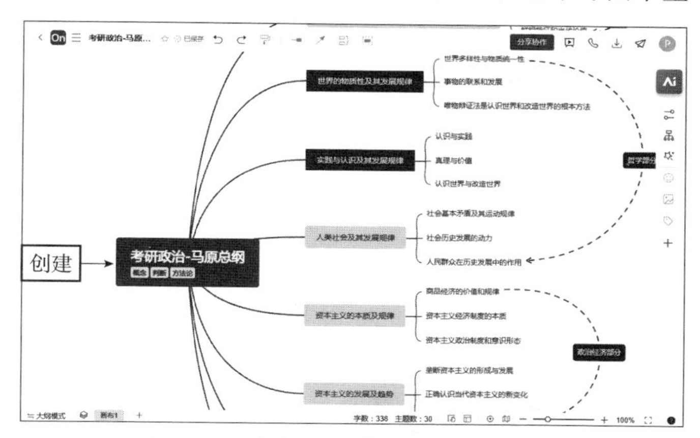

图5-56　创建一个学习类的思维导图

STEP 05 思维导图制作完成后，接下来进行下载操作。单击页面上方的下载按钮，在弹出的列表框中选择 JPG 选项，如图 5-57 所示，设置导出的格式为 JPG 图片。

STEP 06 弹出“下载预览”对话框，在“导出格式”右侧选择 JPG 选项，单击下方的“开始导出”按钮，如图 5-58 所示，即可将思维导图导出为 JPG 图片。

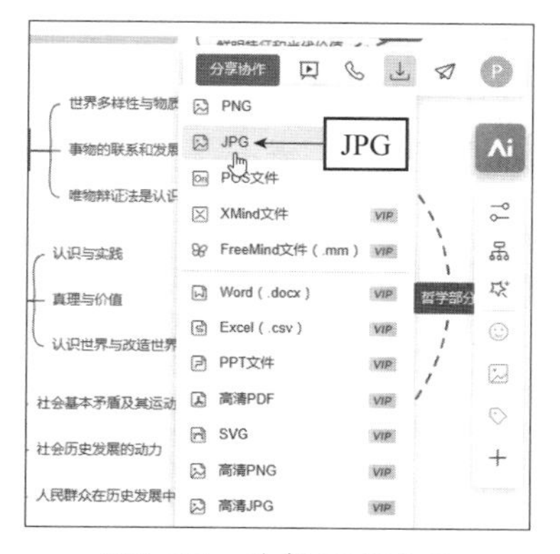

图5-57　选择JPG选项

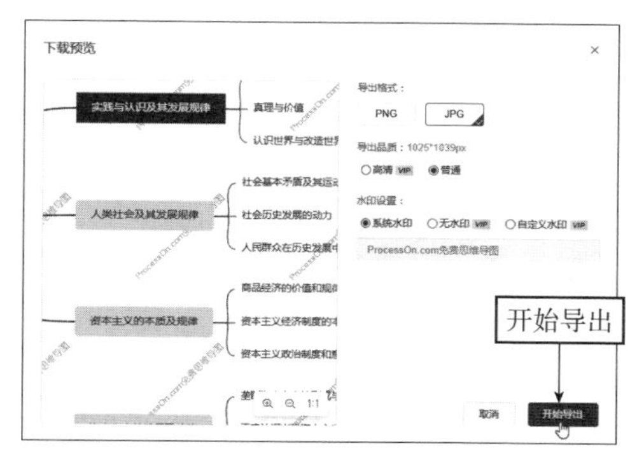

图5-58　单击“开始导出”按钮

提示

ProcessOn 的网页界面简洁、直观，对用户友好，新用户可以迅速上手，而有经验的用户则可以更高效地使用网页中的各种功能，轻松制作出满意的思维导图效果。

5.3.2 企业经营类思维导图，规划企业运营策略

企业经营类思维导图可以系统地梳理出企业的战略目标、市场环境、竞争对手及内部资源，并将企业的战略目标分解为可执行的子任务或项目，从而确保所有企业成员对企业的发展方向有共同的理解，促进跨部门沟通，实现企业的总目标。这类思维导图部分效果如图 5-59 所示。

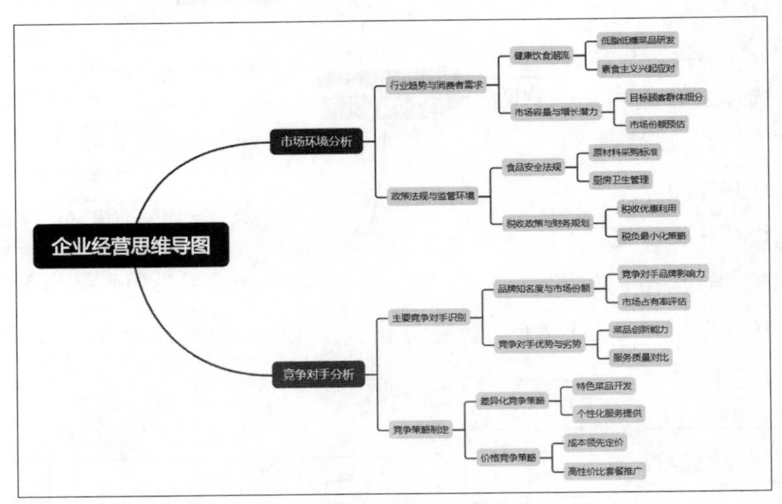

图5-59 部分效果欣赏

提示

另外，企业经营类思维导图可以直观地展示企业的组织结构、各部门职责及它们之间的关联，这有助于优化管理层次，明确职责划分，提高团队协作效率。

下面介绍使用 ProcessOn 绘制企业经营类思维导图的操作方法。

STEP 01 打开 ProcessOn 官方网站，单击页面左上角的“新建”按钮，弹出相应面板，

单击“思维导图”按钮，进入“未命名文件”页面，单击页面右侧的AI按钮，弹出“AI助手”面板，如图5-60所示，在其中可以通过AI功能创建思维导图。

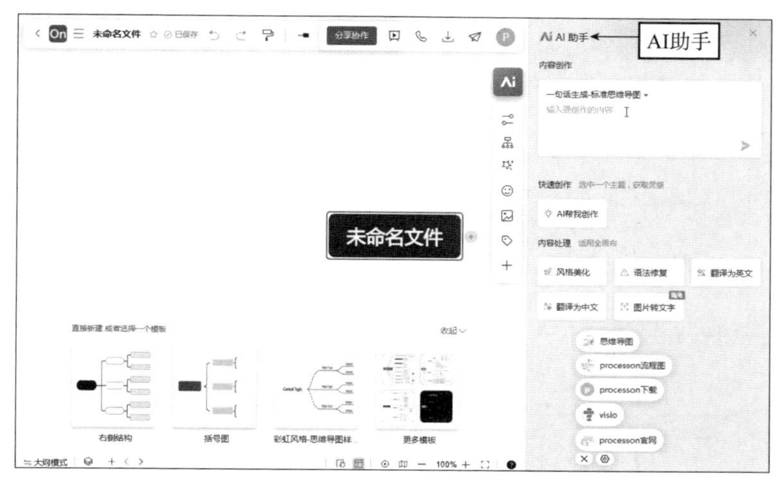

图5-60　弹出“AI助手”面板

提示

在“AI助手”面板的“内容处理”选项区中，各按钮的主要功能如下。

❶ 风格美化：AI助手可以对页面中的内容进行智能风格美化，帮助用户快速调整思维导图的美观度和专业度。

❷ 语法修复：对于文本内容，AI助手可以提供语法修复功能，确保文本表达的准确性和流畅性。

❸ 中英翻译：支持中英文之间的翻译，方便国际用户或需要多语言支持的用户。单击“翻译为英文”按钮，可以将文本翻译为英文内容；单击“翻译为中文”按钮，可以将文本翻译为中文内容。

STEP 02 在“内容创作”文本框中，输入相应的提示词，指导AI生成相应的企业经营思维导图，单击发送按钮，如图5-61所示。

STEP 03 执行操作后，即可生成一张企业经营思维导图，内容包括战略目标设定、市场环境分析、竞争对手分析、内部资源评估等，思维导图目标明确，思维清晰，如图5-62所示。

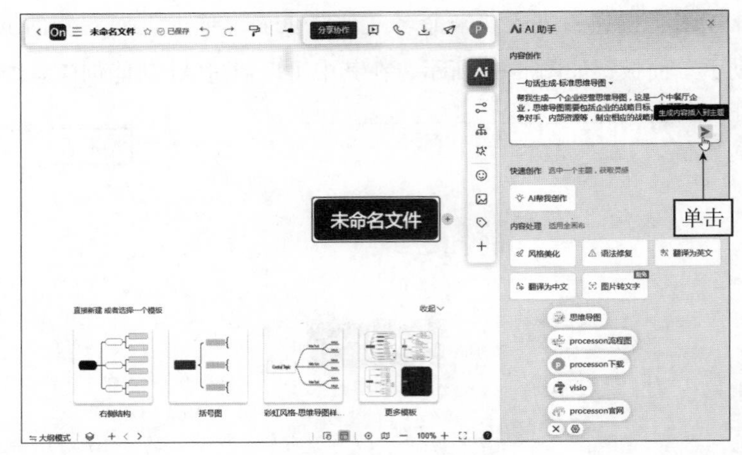

图5-61　单击发送按钮

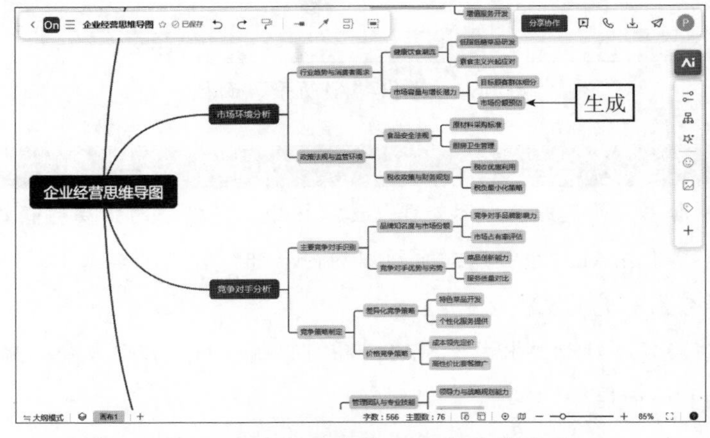

图5-62　生成一张企业经营思维导图

STEP 04 在思维导图中双击相应的文本，可以修改文本的内容。如果用户需要在思维导图中添加新的内容，可以通过“AI 助手”面板，输入相应的提示词，指导 AI 添加相应的内容。思维导图制作完成后，单击下载按钮，可以将思维导图导出为特定格式。

提示

ProcessOn 支持多人实时在线协作，通过页面上方的“分享协作”按钮，可以与其他用户分享思维导图，AI 助手的存在可以进一步促进团队成员之间的沟通，提升协作效率。

5.3.3　产品规划类思维导图，清晰呈现设计方案

扫　码
看视频

产品规划类思维导图在产品开发和管理过程中具有多方面的用途，它可以明确产品的目标和方向，通过中心主题和分支结构，可以清晰地呈现产品开发和管理的思路，帮助团队成员对产品不断进行调整和优化。这类思维导图部分效果如图 5-63 所示。

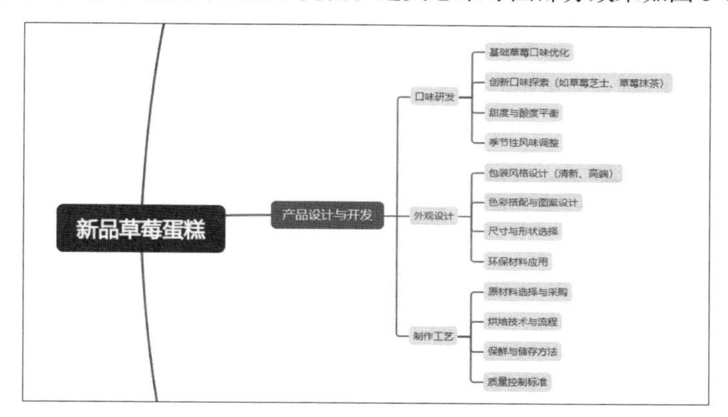

图5-63　部分效果欣赏

下面介绍使用 ProcessOn 绘制产品规划类思维导图的操作方法。

STEP 01 打开 ProcessOn 官方网站，单击页面左上角的“新建”按钮，弹出相应面板，单击“思维导图”按钮，进入“未命名文件”页面，单击页面右侧的 AI 按钮 ，弹出“AI 助手”面板，在“内容创作”文本框中输入相应的提示词，指导 AI 生成相应的产品规划思维导图，单击发送按钮 ，如图 5-64 所示。

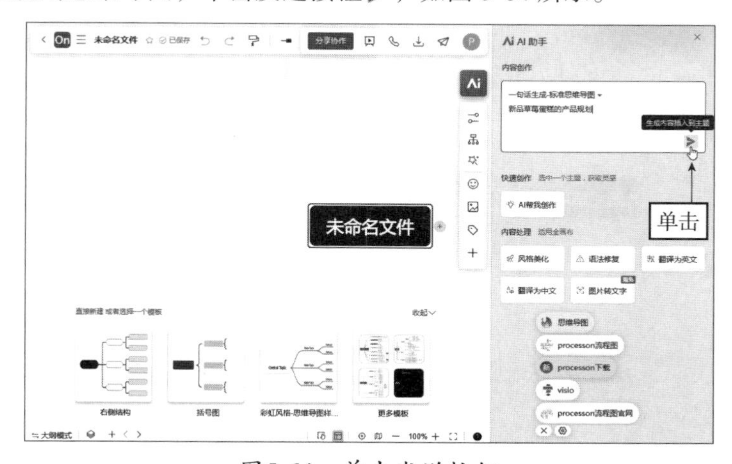

图5-64　单击发送按钮

提示

在图 5-64 中，当用户在“内容创作”文本框中输入相应的提示词后，单击“快速创作”下方的“AI 帮我创作”按钮，也可以快速创建需要的思维导图。

STEP 02 执行操作后，即可快速生成一张产品规划思维导图，显示在页面中，单击“AI 助手”面板右上角的关闭按钮，如图 5-65 所示。

STEP 03 执行操作后，即可隐藏“AI 助手”面板，使页面中有更多的空间显示生成的思维导图，方便用户查看思维导图，如图 5-66 所示。

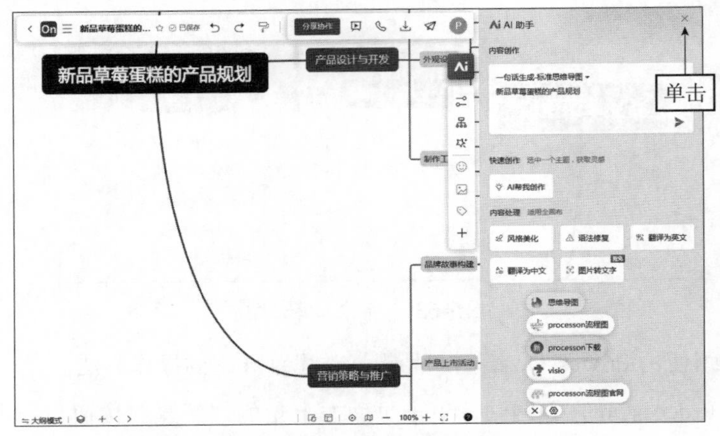

图5-65　单击关闭按钮

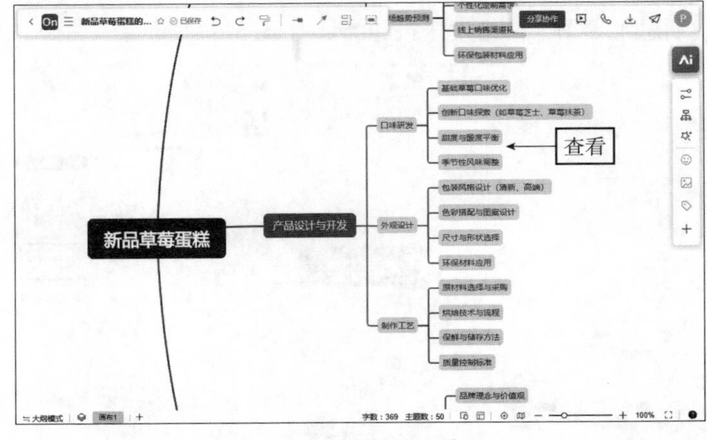

图5-66　查看思维导图

5.4 本章小结

本章主要介绍了文心一格与豆包两大 AI 图像生成工具，以及 ProcessOn 思维导图设计平台，展示了 AI 在视觉艺术与思维整理方面的广泛应用。通过对本章内容的学习，读者能够掌握利用 AI 快速生成多样化图像的技巧，提升设计效率与创意表达能力；同时，借助 ProcessOn 构建清晰的知识框架与战略规划，可快速提升学习与工作效能。本章为设计、营销及项目管理等领域的职场人士提供了高效工具与实战指南。

第 6 章

视频生成
AI 视频创作与智能化剪辑

AI视频创作是指利用人工智能技术自动生成视频内容的过程。目前，市场上有多种AI视频创作工具，如即梦AI、可灵AI及剪映等，提供了从文本到视频的全方位AI制作服务。AI视频创作不仅提升了创作效率，还带来了更多创意和个性化的选择，广泛应用于社交媒体、企业宣传、教育及娱乐等多个领域。本章主要介绍使用即梦AI、可灵AI及剪映这3款AI工具进行AI视频创作与剪辑的方法。

6.1　即梦AI：让静态图像讲述动态故事

即梦 AI 是由字节跳动公司旗下的剪映推出的一款 AI 图片与视频创作工具，用户只需要提供简短的提示词，即梦 AI 就能根据这些内容快速将创意和想法转化为图像或视频画面，这种方式极大地简化了创意内容的制作过程，让创作者能够将更多的精力投入到创意和故事的构思中。本节主要介绍使用即梦 AI 一键智能生成视频内容的方法。

6.1.1　文本生视频，制作傍晚小木屋视频

扫　码
看视频

在即梦 AI 中，文本生视频技术允许用户输入提示词来生成 AI 视频，用户可以提供场景、动作、人物及情感等文本信息，AI 将根据这些内容自动生成相应的视频内容，效果如图 6-1 所示。

图6-1　效果欣赏

下面介绍在即梦 AI 中输入提示词生成视频的操作方法。

STEP 01 打开浏览器，输入即梦 AI 的官方网址，打开官方网站，在“AI 视频”选项区中单击“视频生成”按钮，如图 6-2 所示，使用“视频生成”功能进行 AI 创作。

STEP 02 执行操作后，进入“视频生成”页面，单击“文本生视频”标签，切换至“文本生视频”选项卡，如图 6-3 所示。

STEP 03 在上方文本框中输入相应的提示词，指导 AI 生成特定的视频，在下方设置“视频比例”为 4∶3，生成横幅视频，如图 6-4 所示。

图6-2　单击“视频生成”按钮

图6-3　切换至“文本生视频”选项卡

图6-4　输入提示词并设置视频比例

STEP 04 单击“生成视频”按钮，执行操作后，AI 开始解析提示词并将其转化为视觉元素，页面右侧显示了视频生成进度，如图 6-5 所示。

STEP 05 稍等片刻，待视频生成完成后，显示了视频的画面效果，如图 6-6 所示，将鼠标移至视频画面上，即可自动播放 AI 视频。

图6-5　视频生成进度

图6-6　视频的画面效果

6.1.2　图片生视频，制作雪山风光延时视频

扫　码
看视频

在 AI 图片生视频的世界里，将静态图片转化为动态视频的艺术正日益变得丰富和容易。随着 AI 技术的飞速发展，我们现在有多种方法来实现这一创造性的转换。

基于单图快速生成视频是一种高效的 AI 视频生成技术，它允许用户仅通过一张静态图片迅速生成视频内容。这种方法非常适合需要快速制作动态视觉效果的场合，无论是社交媒体的短视频，还是在线广告的快速展示，都能轻松实现，效果如图 6-7 所示。

图6-7　效果欣赏

下面介绍在即梦 AI 中上传参考图片生成视频的操作方法。

STEP 01 进入“视频生成”页面，在“图片生视频”选项卡中单击“上传图片”按钮，如图 6-8 所示。

STEP 02 执行操作后，弹出“打开”对话框，在文件夹中用户可根据需要选择相应的图片素材，如图 6-9 所示。

STEP 03 单击“打开”按钮，即可将图片素材上传至“视频生成”页面中，如图 6-10 所示。

STEP 04 在下方的文本框中输入相应的提示词，指导AI生成特定的视频，如图 6-11 所示。

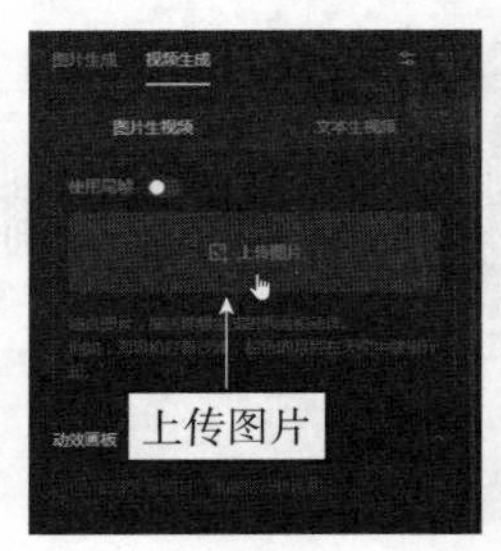

图6-8 单击“上传图片”按钮

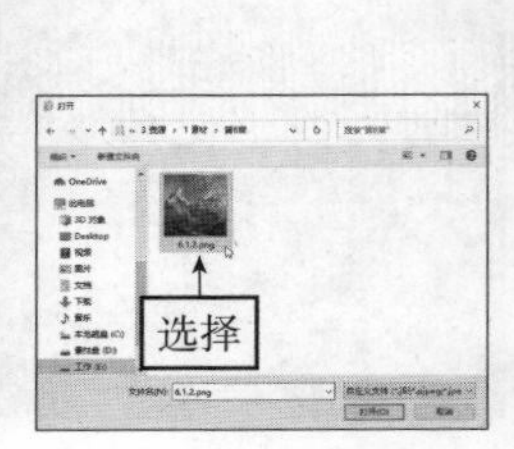

图6-9 选择相应的图片素材

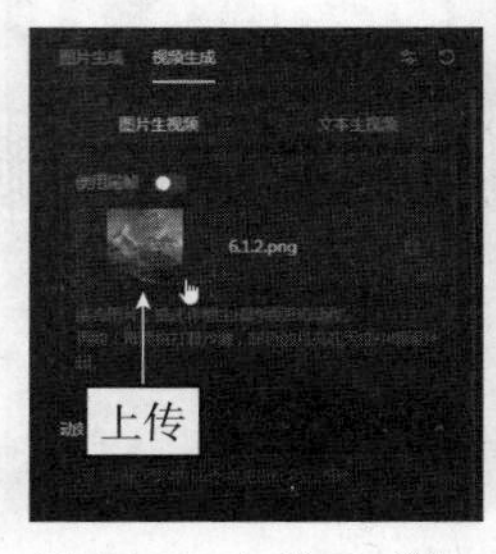

图6-10 上传至“视频生成”页面中

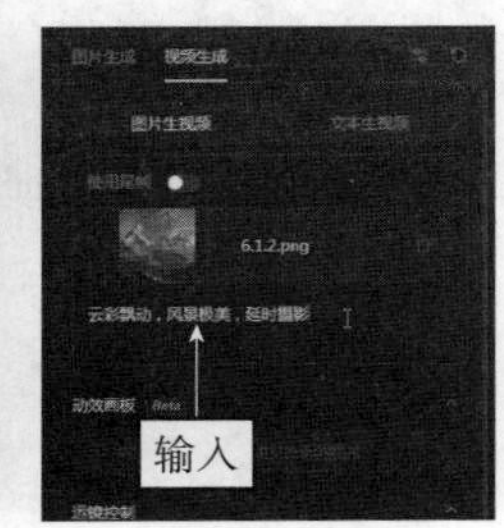

图6-11 输入相应提示词

STEP 05 单击“生成视频”按钮，AI 开始解析图片内容，并根据图片内容生成动态效果，页面右侧显示了视频生成进度，待视频生成完成后，显示了视频的画面效果，将鼠标移至视频画面上，即可自动播放 AI 视频，如图 6-12 所示。

图6-12 自动播放AI视频

提示

在“图片生视频”选项卡中，用户无法单独设置视频的画面比例，AI将根据用户上传的图片比例来决定视频的比例。如果用户想更改视频比例，可以在图片编辑工具中先对图片素材进行裁剪，使图片的比例符合要求，这样生成的视频比例也就达标了。

6.1.3　首尾帧视频，制作森林四季变换视频

扫　码
看视频

在即梦AI中，使用首帧与尾帧生成视频是一种基于关键帧的动画技术，通常用于动画制作和视频生成，这种方法允许用户定义视频的起始状态（首帧）和结束状态（尾帧），然后AI会在这两个关键帧之间自动生成中间帧，从而创造出流畅的动画效果。

首尾帧视频的制作为用户提供了精细控制视频动态过程的能力，尤其适合制作复杂的四季变换视频，效果如图6-13所示。

下面介绍在即梦AI中使用首帧与尾帧生成视频的操作方法。

图6-13　效果欣赏

STEP 01 进入“视频生成”页面，在“图片生视频”选项卡中开启“使用尾帧”功能，如图6-14所示。

STEP 02 单击“上传首帧图片”按钮，弹出“打开”对话框，在文件夹中选择首帧图片素材，如图6-15所示。

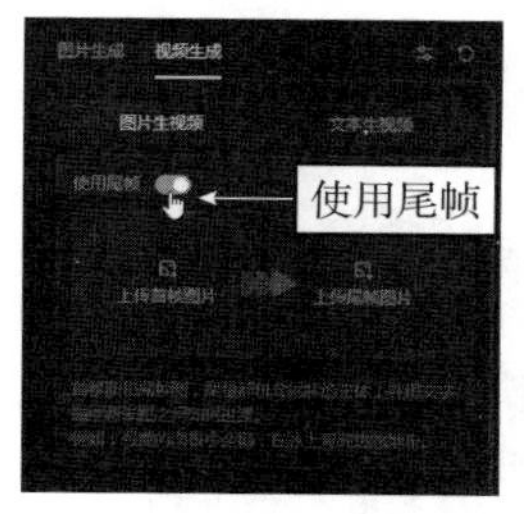

图6-14　开启“使用尾帧”功能

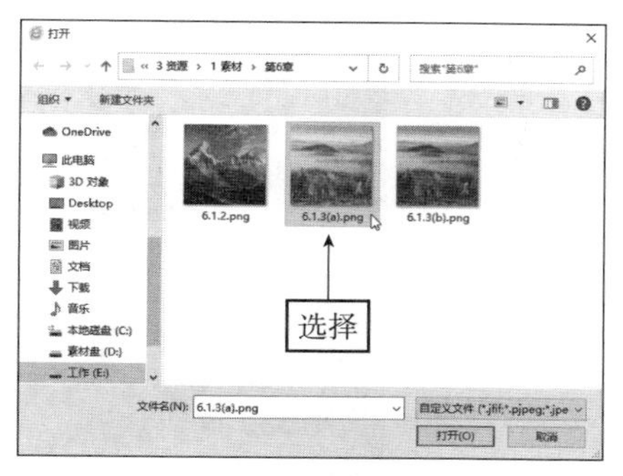

图6-15　选择首帧图片素材

提示

在视频制作和电影领域中，运镜指的是摄像机在拍摄过程中的移动方式，它对视频的视觉叙事和情感表达有着重要的影响。在即梦AI中，设置运镜类型可以为生成的视频添加动态效果，丰富观众的观看体验。在即梦AI中设置视频运镜的操作方法很简单，只需在“图片生视频”选项卡中展开“运动控制”选项区，在其中选择相应的运动类型即可，包括移动、旋转、摇镜及变焦等运镜方式。用户还可以根据需要调整视频画面的大小。设置完成后，单击“应用”按钮，即可应用运镜方式。

STEP 03 单击“打开”按钮，即可上传首帧图片素材，如图6-16所示。

STEP 04 单击“上传尾帧图片”按钮，弹出“打开”对话框，在文件夹中选择尾帧图片素材，如图6-17所示。

图6-16　上传首帧图片素材

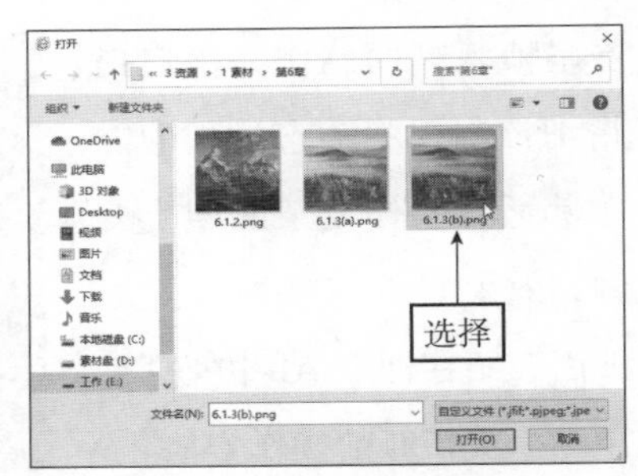

图6-17　选择尾帧图片素材

STEP 05 单击“打开”按钮，即可上传尾帧图片素材，单击页面下方的“生成视频”按钮，如图6-18所示。

图6-18　单击“生成视频”按钮

STEP 06 执行操作后，即可通过首帧与尾帧生成相应的视频，如图 6-19 所示。

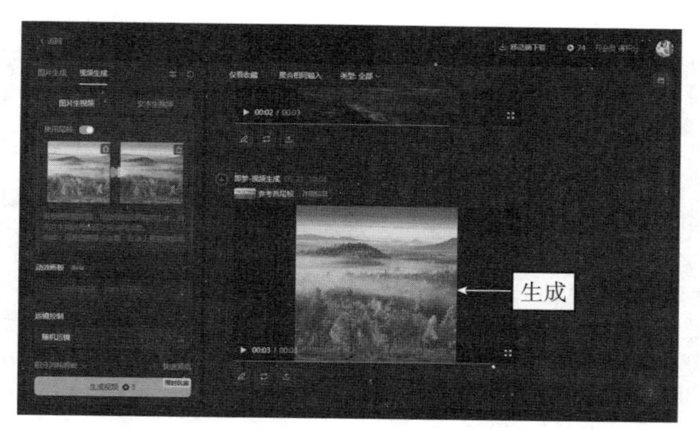

图6-19 通过首帧与尾帧生成相应的视频

6.1.4 做同款视频，生成电影片段画面特效

扫 码
看视频

“做同款”功能用于鼓励社区互动，用户可以基于社区中流行的视频作品进行创作和分享。“做同款”功能降低了视频创作的技术门槛，使得更多用户能够轻松参与视频创作。

电影片段可以作为电影、电视剧或其他媒体内容的预告片或宣传材料，吸引观众的兴趣和期待。在即梦 AI 中，使用“做同款”功能可以快速生成电影片段视频效果，如图 6-20 所示。

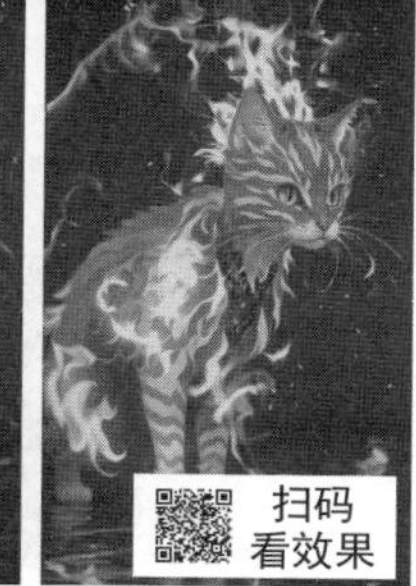

图6-20 效果欣赏

下面介绍在即梦 AI 中使用“做同款”功能轻松生成电影特效的操作方法。

STEP 01 在即梦 AI 首页的左侧，选择“探索”选项，切换至“探索”页面，如图 6-21 所示。

STEP 02 在“灵感”选项卡中，单击“视频”标签，切换至“视频”素材库，在其中选择相应的电影特效视频，如图 6-22 所示。

STEP 03 打开相应页面，在其中可以预览视频的效果，在右侧面板中可以查看视频生成的提示词和运镜方式，单击右下角的“做同款”按钮，如图 6-23 所示。

图6-21　切换至“探索”页面

图6-22　选择相应的电影特效视频

图6-23　单击右下角的“做同款”按钮

STEP 04 弹出“视频生成”面板，其中各选项为默认设置，直接单击“生成视频”按钮，如图 6-24 所示。

图6-24　单击“生成视频”按钮

提示

火焰、火球类特效是电影片段中常见的元素之一，尤其是动作片、灾难片及奇幻片等。火焰、火球类特效可以提供强烈的视觉刺激，为电影增添戏剧性和紧迫感，用来营造特定的环境氛围。

STEP 05 执行操作后，即可生成一段相应的电影片段视频特效，如图 6-25 所示。

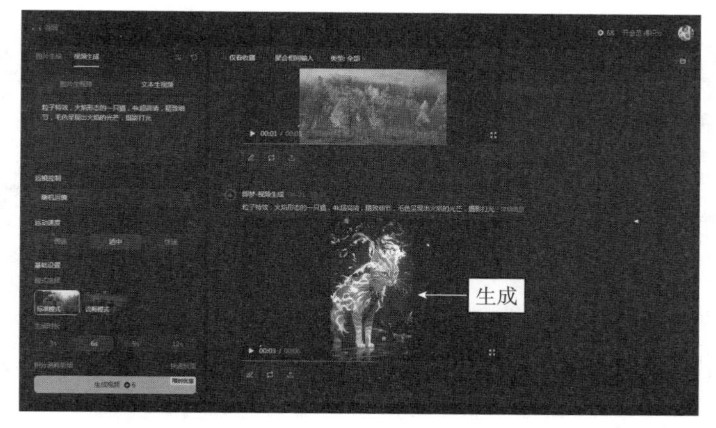

图6-25　生成一段相应的电影片段视频特效

提示

在即梦AI中，生成的视频下方有一个“对口型”按钮，它允许用户将预先录制的音频与视频中的角色或人物的口型进行同步，这种功能常用于制作音乐视频、模仿秀和搞笑视频等，用户可以上传一个音频文件，然后软件会尝试让视频中的人物或角色的口型与音频同步，看起来就像是他们在唱或说话一样。需要注意的是，“对口型”功能需要开通即梦AI会员才可以使用。

6.2 可灵AI：将想法转化为视觉内容

快手在2024年6月6日，即其13周年“生日”之际，发布了一款AI视频生成大模型——可灵AI，这是一款具有创新性和实用性的视频生成大模型。其核心功能强大且多样，由快手大模型团队自研打造，采用了与Sora相似的技术路线，并结合了快手自研的创新技术。可灵AI的发布标志着国产文生视频大模型技术达到了新高度。

可灵AI生成的视频不仅在视觉上逼真，而且在物理上合理，确保了视频内容的自然流畅和高度真实，这得益于其先进的3D时空联合注意力机制和深度学习算法。本节主要介绍使用可灵AI一键智能生成视频内容的操作方法。

6.2.1 文本生视频，制作美食宣传视频

扫码看视频

美食宣传片通过展现不同民族、不同地域、不同国家的美食特色，将丰富的美食文化传递给观众，这种传播有助于增进人们对世界各地饮食文化的了解，促进文化交流与融合。很多美食宣传视频聚焦于某一地区或民族的传统美食，通过深入挖掘其历史背景、制作工艺、食材来源等，展现地方特色，提升地域文化的知名度和认同感。这类视频的效果如图6-26所示。

下面介绍在可灵AI中输入提示词生成视频的操作方法。

图6-26　效果欣赏

STEP 01 打开快影 App，进入“剪同款”界面，点击“AI 创作”按钮，如图 6-27 所示。

图6-27　点击“AI创作”按钮

图6-28　点击“生成视频”按钮

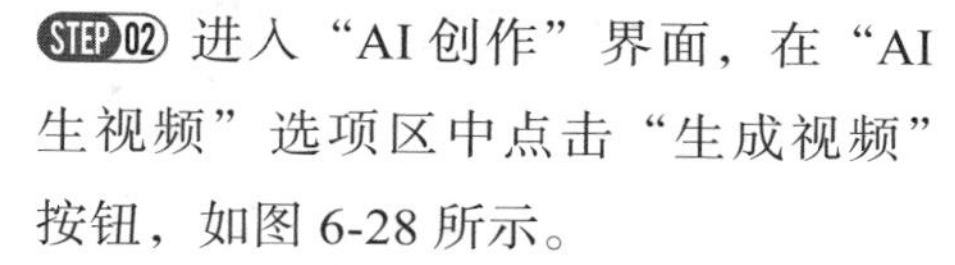

STEP 02 进入“AI 创作”界面，在“AI 生视频”选项区中点击“生成视频”按钮，如图 6-28 所示。

STEP 03 进入“AI 生视频”界面，其中提供了两种视频生成方式，一种是文生视频，另一种是图生视频，如图 6-29 所示。

STEP 04 在“文生视频”选项卡的“文字描述”文本框中，输入相应的提示词，用于指导 AI 生成特定的视频，如图 6-30 所示。

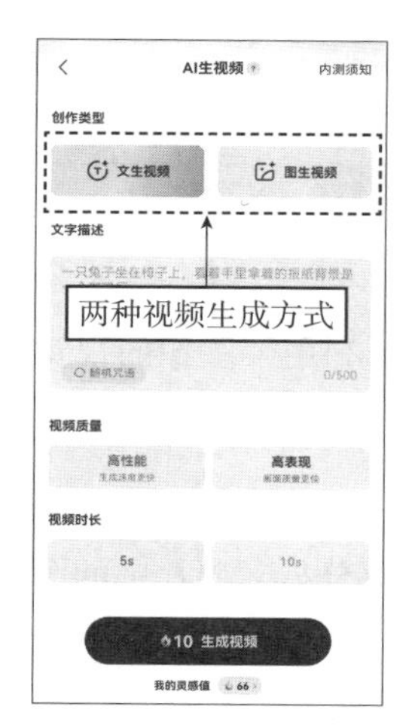

图6-29　提供了两种视频生成方式

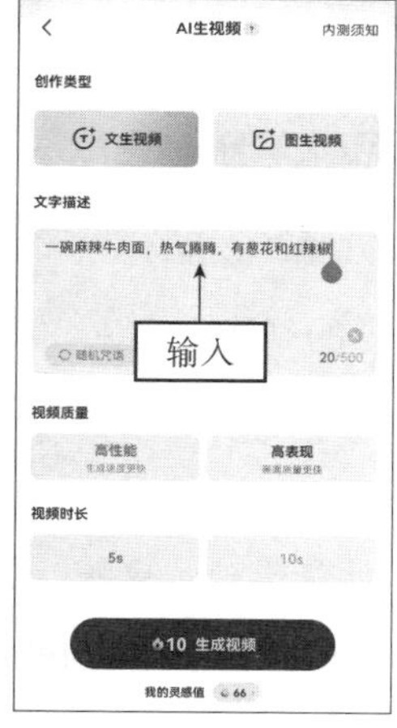

图6-30　输入相应的提示词

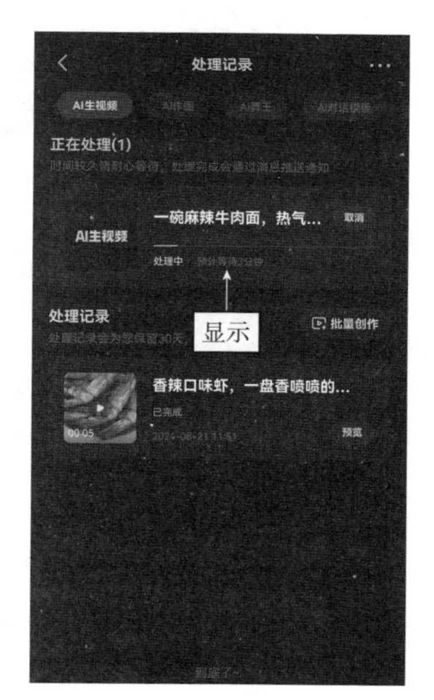

图6-31　显示生成进度

STEP 05 点击“生成视频”按钮，AI 开始解析提示词并转化为视觉元素，界面中显示了视频生成进度，如图 6-31 所示。

STEP 06 稍等片刻，待视频生成完成后，界面中显示视频已完成，如图 6-32 所示。

STEP 07 点击视频缩略图右下角的“预览”按钮，即可预览生成的视频，如图 6-33 所示，点击下载按钮，即可下载视频。

图6-32 显示视频已完成

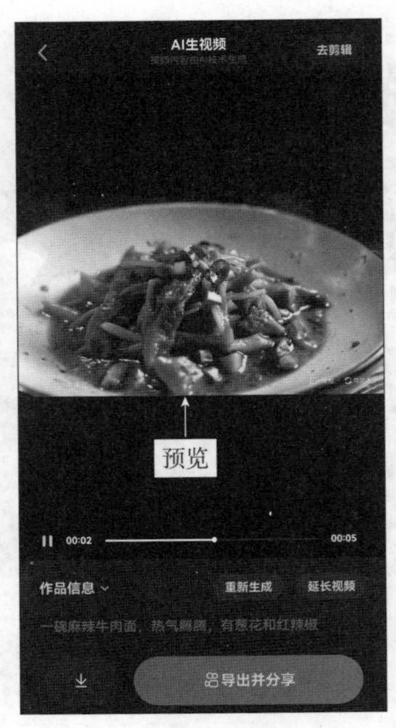

图6-33 预览视频

6.2.2 图片生视频，制作老照片的动态效果

扫 码
看视频

图文结合实现图生视频是一种更为综合的创作方式，它不仅利用了图像的视觉元素，还结合了提示词来增强视频的叙事性和表现力，这种方法为用户提供了更大的创作自由度。

可灵 AI 采用了先进的深度学习技术和计算机视觉算法，能够分析老照片中的图像信息，包括人物、景物及色彩等，并根据这些信息生成相应的动态效果。通过模拟真实世界的物理特性和运动规律，可灵 AI 能够创造出流畅、自然的视频画面，使老照片中的人物和场景重新焕发生机，效果如图 6-34 所示。

下面介绍使用可灵 AI 工具将老照片制作成动态视频的操作方法。

STEP 01 打开快影 App，进入“剪同款”界面，点击“AI 创作”按钮，进入“AI 创作”界面，在“AI 生视频”选项区中点击“生成视频”按钮，如图 6-35 所示。

STEP 02 进入“AI 生视频”界面，点击“图生视频”按钮，如图 6-36 所示。

STEP 03 进入“图生视频”选项卡，点击“添加图片”按钮，如图 6-37 所示。

图6-34　效果欣赏

STEP 04 弹出相应面板，选择“相册图片”选项，如图 6-38 所示。

图6-35　点击“生成视频”按钮

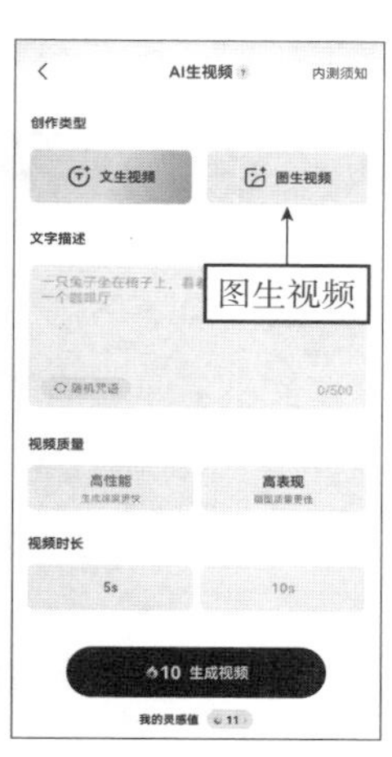

图6-36　点击“图生视频”按钮

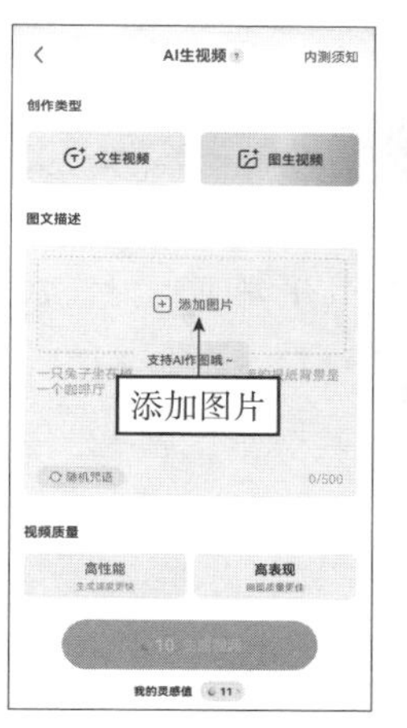

图6-37　点击“添加图片”按钮

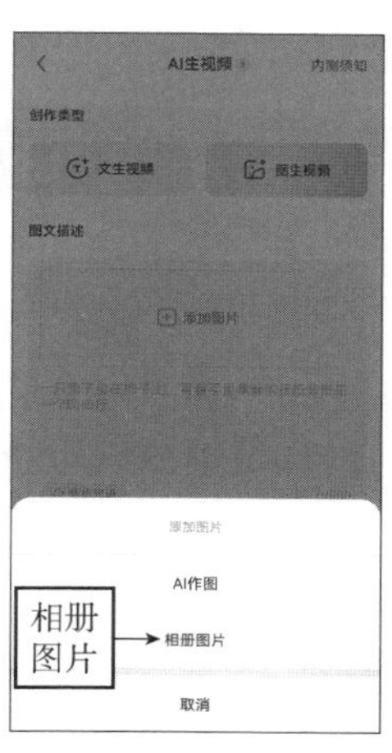

图6-38　选择“相册图片”选项

STEP 05 执行操作后，进入手机“相册”界面，在其中选择一张老照片，如图 6-39 所示。

STEP 06 执行操作后，即可导入素材，并自动返回“AI 生视频”界面，导入的素材将显示在界面中，如图 6-40 所示。

STEP 07 在“图文描述”下方，输入相应提示词“微笑”，指导 AI 生成特定的视频，在下方设置“视频质量”为“高表现”，使视频画面更佳，点击“生成视频”按钮，如图 6-41 所示。

STEP 08 执行操作后，即可开始生成视频，进入“处理记录”界面，其中显示了视频生成进度，如图 6-42 所示。稍等片刻，即可实现图生视频，让老照片动起来。

图6-39　选择一张老照片

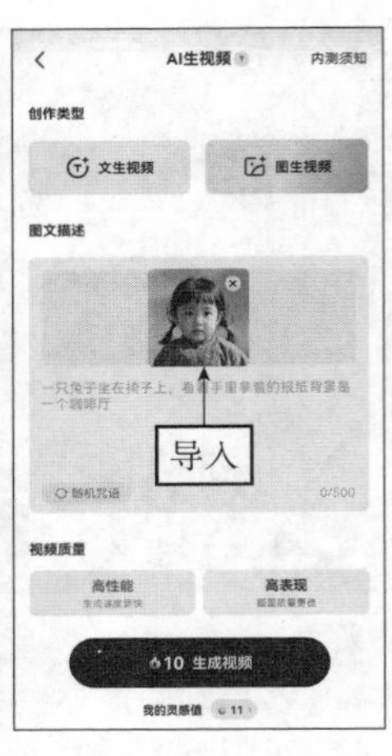

图6-40　导入老照片素材

图6-41　点击“生成视频”按钮

图6-42　显示了视频生成进度

提示

用户可以延长已生成的视频，增添视频内容，这一功能为创作者提供了更多的创作空间和可能性。用户可以对生成的视频进行4～5秒的延长，且支持多次延长（最长可达3分钟）。延长视频的操作方法很简单，只需在“处理记录”界面中点击视频右侧的“预览”按钮，进入相应界面，再点击“延长视频”按钮，会弹出“延长视频”面板，在其中点击“确认延长”按钮，即可延长视频时间。

6.2.3　编辑视频，使生成的视频更加精彩

扫码看视频

通过剪辑、调色及添加特效等编辑操作，可以使视频内容更加清晰、流畅和美观，这样不仅能够提升视频内容的质量，还能丰富观众的观看体验，促进信息的有效传播。在可灵AI中对视频进行调色与编辑后的效果如图6-43所示。

下面介绍在可灵AI中调色与编辑视频画面的操作方法。

图6-43　效果欣赏

STEP 01 在可灵 AI 中生成视频后，在“处理记录”界面中点击需要编辑的视频右侧的“预览”按钮，如图 6-44 所示。

STEP 02 进入视频预览界面，点击右上角的“去剪辑”按钮，进入视频编辑界面，在下方工具栏中点击“调节”按钮，如图 6-45 所示。

STEP 03 弹出“调节”面板，在其中设置“曝光”为 16，提亮视频画面，如图 6-46 所示。

图6-44　点击“预览”按钮

图6-45　点击“调节”按钮

图6-46　设置“曝光”参数

STEP 04 设置“对比度”为 13，使视频画面更有质感，如图 6-47 所示。

STEP 05 设置“锐化”为 24，使视频画面更加清晰，如图 6-48 所示。

STEP 06 设置“色温”为 13，使视频画面偏暖色调，如图 6-49 所示。

STEP 07 设置完成后，点击确认按钮，返回视频编辑界面，调整调节轨道的时长，与视频时长对齐，然后在视频轨道中选择片尾素材，点击“删除”按钮，如图 6-50 所示。

STEP 08 执行操作后，即可删除轨道中不需要的视频片段，点击右上角的“做好了”按钮，如图 6-51 所示。

STEP 09 弹出“导出选项”面板，点击下载按钮，如图 6-52 所示。

STEP 10 执行操作后，即可下载编辑完成的视频文件，点击“完

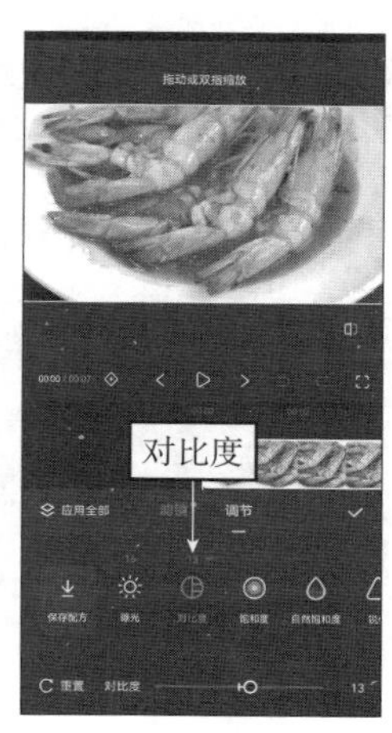

图6-47　设置“对比度”参数

成”按钮，如图 6-53 所示，即可完成操作。

图6-48 设置“锐化”参数

图6-49 设置“色温”参数

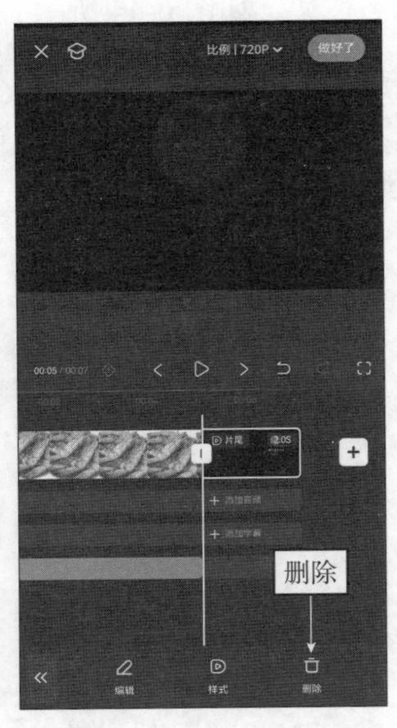

图6-50 点击“删除”按钮

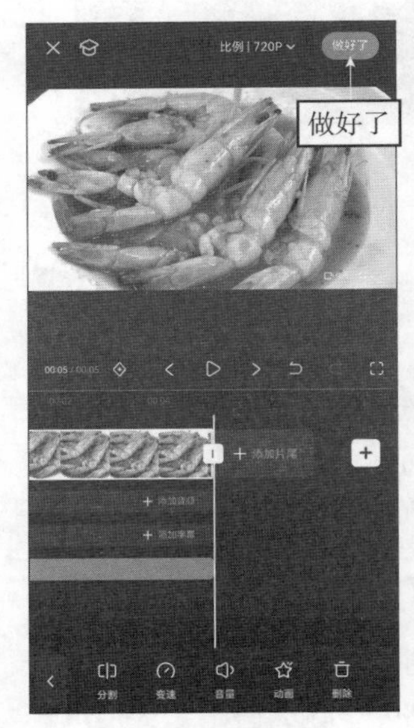

图6-51 点击“做好了”按钮

图6-52 点击下载按钮

图6-53 点击“完成”按钮

6.3 剪映：提升效率的视频剪辑神器

剪映是抖音推出的一款视频编辑工具，具有功能强大、操作简便且适用场景广泛等特点，是用户进行短视频创作和编辑的得力助手。随着剪映版本的更新，也带来了更多的 AI 视频制作功能，可以帮助用户快速提升视频制作效率，节省剪辑的时间。本节主要介绍通过剪映的 AI 功能制作视频的操作方法。

6.3.1 一键成片，制作水上白鹭视频动画

扫 码
看视频

使用剪映的“一键成片”功能，用户不再需要具备专业的视频编辑技能或花费大量时间进行后期处理，只需几个简单的步骤，就可以将图片、视频片段、音乐和文字等素材融合在一起，AI 将自动为用户生成一段流畅且吸引人的视频，效果如图 6-54 所示。

图6-54 效果欣赏

下面介绍使用“一键成片”功能制作城市风光视频的操作方法。

STEP 01 在“剪辑”界面的功能区中，点击“一键成片”按钮，如图 6-55 所示。

STEP 02 进入手机相册，选择相应的图片素材，点击“下一步”按钮，如图 6-56 所示。

STEP 03 执行操作后，进入“选择模板”界面，系统会匹配合适的模板，如图 6-57 所示。

图6-55 点击“一键成片”按钮

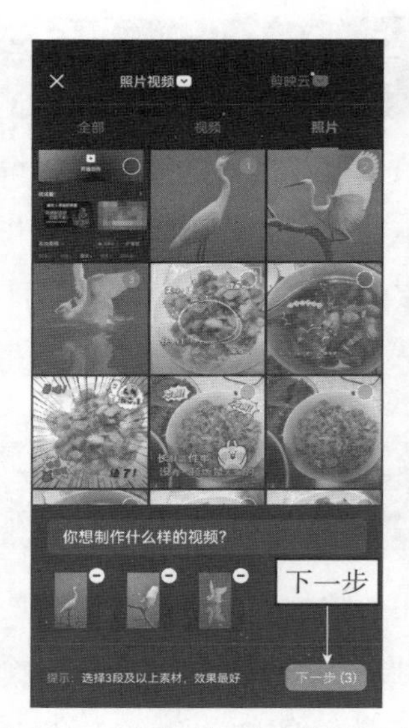

图6-56 点击“下一步”按钮

STEP 04 用户也可以在下方选择喜欢的模板，选择完成后 AI 自动对视频素材进行剪辑，视频生成后，点击“导出”按钮，如图 6-58 所示。

STEP 05 执行操作后，弹出“导出设置”面板，点击保存按钮，如图 6-59 所示，即可快速导出做好的视频。

图6-57 匹配合适的模板

图6-58 点击“导出”按钮

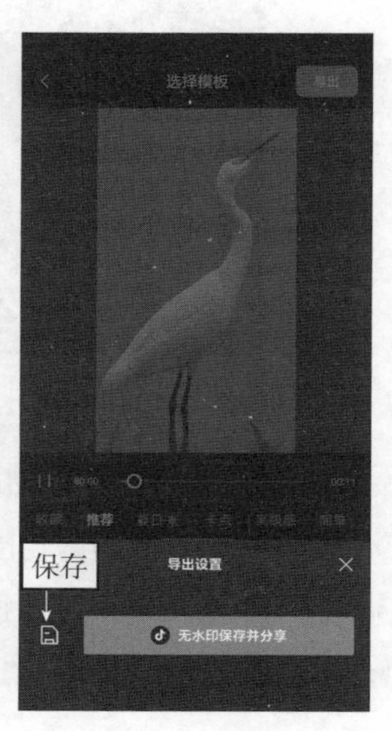

图6-59 点击保存按钮

6.3.2　图文成片，制作涠洲岛旅行感悟视频

扫　码
看视频

剪映的“图文成片”功能可以帮助用户将静态的图片和文字转化为动态的视频，从而吸引观众更多的注意力，并提升内容的表现力。

通过“图文成片”功能，用户可以轻松地将一系列图片和文字编排成具有吸引力的视频。图文成片功能不仅简化了视频制作流程，还为用户提供了丰富的创意空间，让他们能够以全新的方式分享信息和故事，效果如图 6-60 所示。

图6-60　效果欣赏

下面介绍使用“图文成片”功能制作美食教学视频的操作方法。

STEP 01 在“剪辑”界面的功能区中，点击“图文成片”按钮，如图 6-61 所示。

STEP 02 执行操作后，进入“图文成片”界面，在“智能文案”选项区中选择“旅行感悟”选项，如图 6-62 所示。

STEP 03 执行操作后，进入“旅行感悟”界面，输入相应的旅行地点和话题，并选择合适的视频时长，点击“生成文案”按钮，如图 6-63 所示。

STEP 04 执行操作后，进入“确认文案”界面，显示 AI 生成的文案内容，点击“生成视频”按钮，如图 6-64 所示。

STEP 05 弹出“请选择成片方式”列表框，选择“智能匹配素材”选项，如图 6-65 所示。

STEP 06 执行操作后，即可自动合成视频，如图 6-66 所示。

图6-61　点击“图文成片”按钮

图6-62　选择“旅行感悟”选项

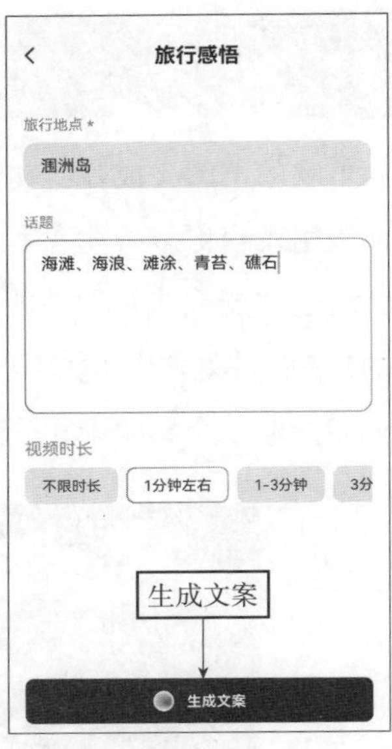

图6-63　点击“生成文案”按钮

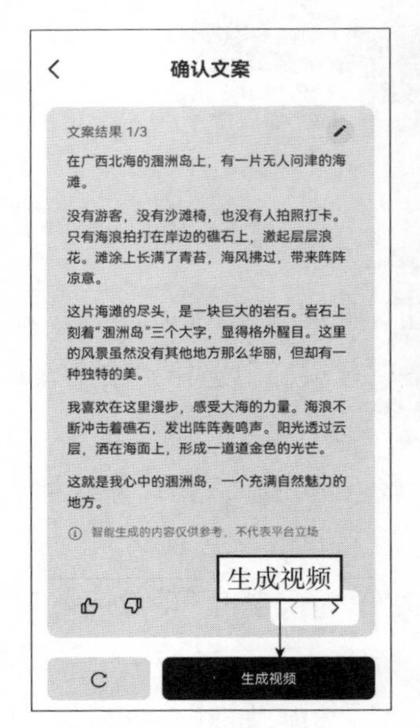

图6-64　点击“生成视频”按钮

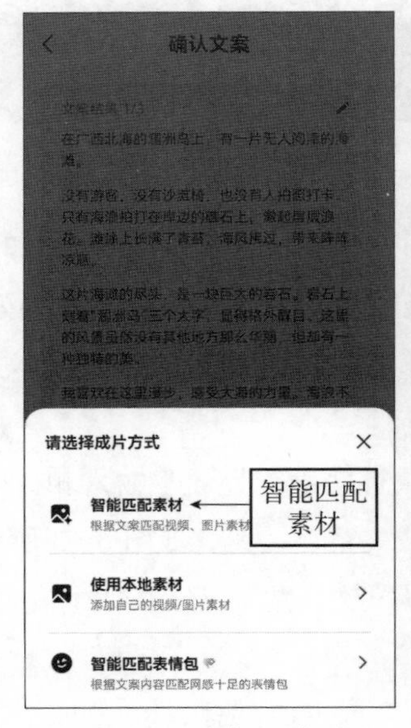

图6-65　选择“智能匹配素材”选项

图6-66　自动合成视频

6.3.3　营销成片，制作产品宣传广告视频

剪映的“营销成片”功能是专为商业营销和广告宣传设计的，它利用 AI 技术帮助用户快速制作出具有吸引力的视频广告或营销内容，特别适合需要在社交媒体、电子商务平台或其他数字营销渠道上推广产品和品牌的商家和营销人员使用。“营销成片”功能通过简化视频制作流程，让用户能够轻松创作出高质量的广告视频，效果如图 6-67 所示。

图6-67　效果欣赏

下面介绍使用“营销成片”功能制作骑行镜视频广告的操作方法。

STEP 01 在“剪辑”界面的功能区中，点击“营销成片”按钮，如图 6-68 所示。

STEP 02 执行操作后，进入“营销推广视频”界面，点击“添加素材”选项区中的＋按钮，如图 6-69 所示。

STEP 03 进入手机相册，选择多个视频素材，点击“下一步”按钮，如图 6-70 所示。

STEP 04 执行操作后，即可添加视频素材，在“AI 写文案”选项卡中输入相应的提示词，包括产品名称和产品卖点，如图 6-71 所示。

STEP 05 点击“展开更多”按钮，显示其他设置，在“视频设置”选项区中，选择合适的时长参数，如图 6-72 所示。

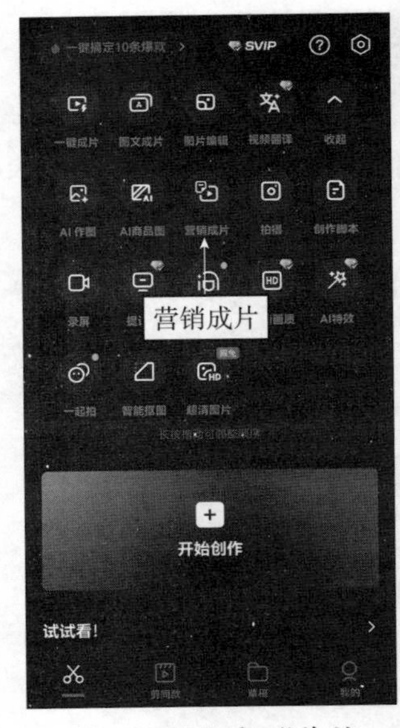

图6-68　点击“营销成片”按钮

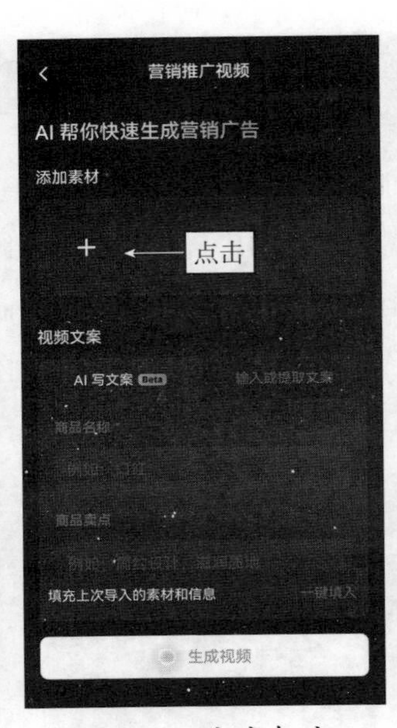

图6-69　点击相应按钮

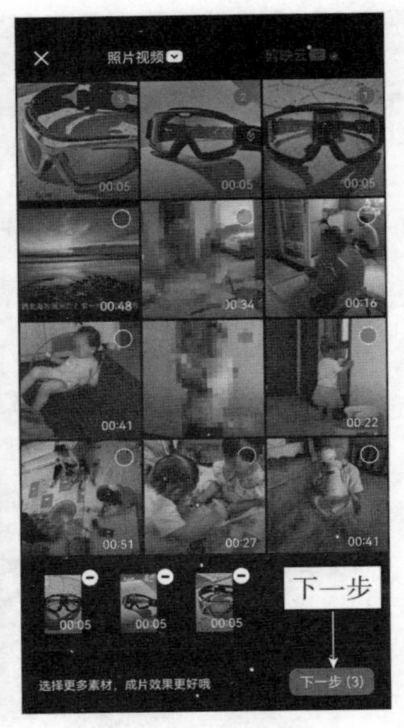

图6-70　点击“下一步”按钮

STEP 06 点击“生成视频”按钮，即可生成 5 个营销视频，在下方选择合适的视频即可，如图 6-73 所示。

图6-71　输入提示词

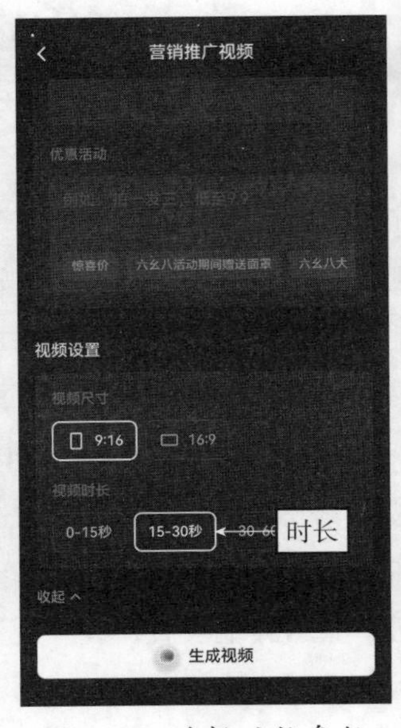

图6-72　选择时长参数

图6-73　选择合适的视频

6.3.4　模板生视频，制作儿童成长视频

扫　码
看视频

儿童成长视频是记录孩子成长过程的重要载体，它们能够永久地保存下来，成为家庭宝贵的记忆财富。无论岁月如何流逝，这些视频都能让家庭成员随时回顾和重温那些美好的时光。一些影楼在进行儿童摄影时，可以将儿童的照片做成视频，赠送给顾客，提高顾客的满意度。使用剪映的“模板”功能可以一键生成儿童成长类的视频，如图6-74所示。

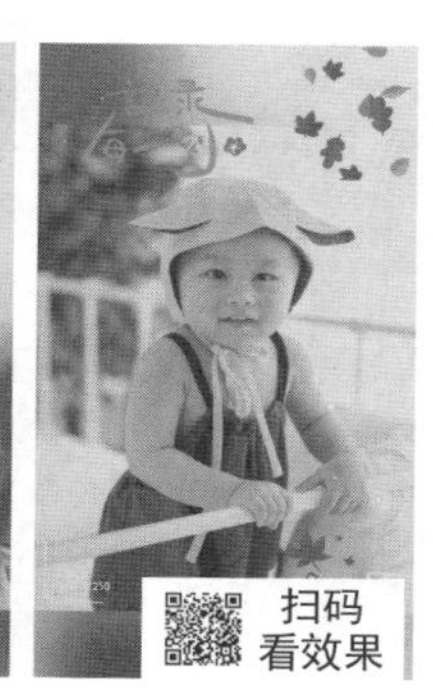

图6-74　效果欣赏

下面介绍使用“模板”功能制作儿童成长视频的操作方法。

STEP 01 进入剪映电脑版首页，切换至“模板”选项卡，如图6-75所示。

图6-75　切换至“模板”选项卡

STEP 02 在“推荐”选项卡中，选择相应的视频效果，单击下方的“使用模板”按钮，如图 6-76 所示。

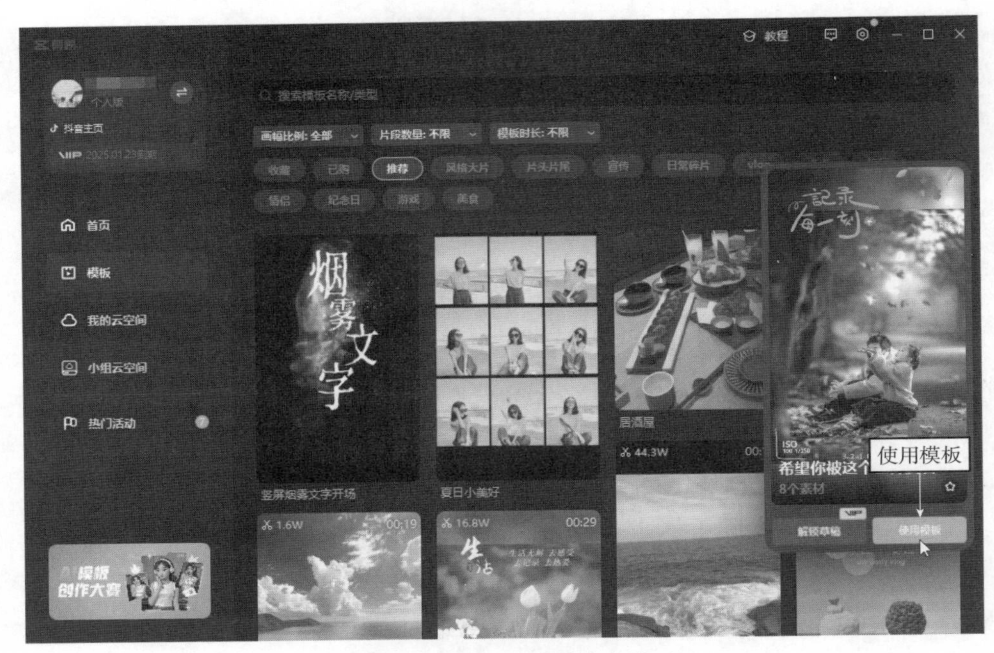

图6-76 单击“使用模板”按钮

STEP 03 进入编辑界面，单击第 1 段素材上方的“替换”按钮，如图 6-77 所示。

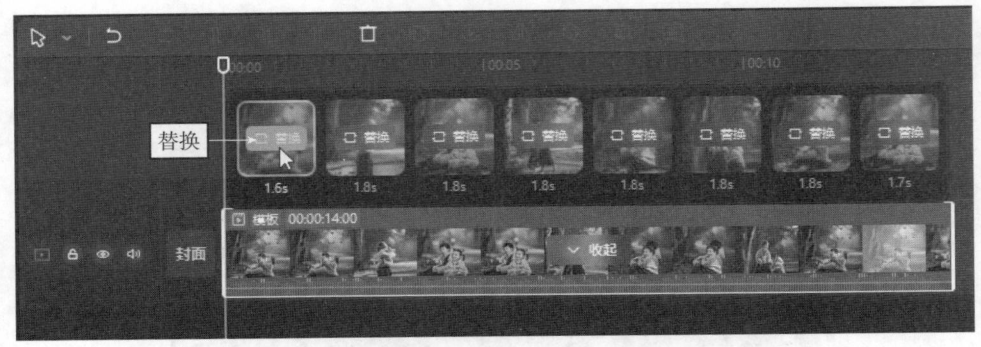

图6-77 单击第1段素材上方的“替换”按钮

STEP 04 弹出“请选择媒体资源”对话框，在文件夹中选择一张儿童照片，如图 6-78 所示。

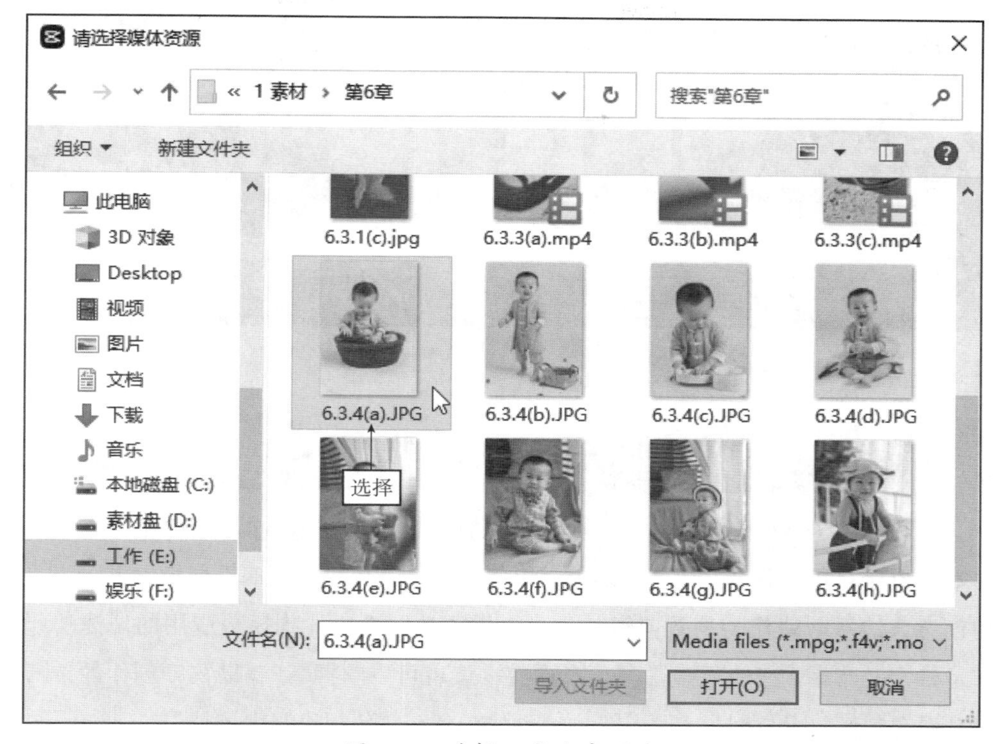

图6-78 选择一张儿童照片

STEP 05 单击“打开”按钮，即可替换第 1 段素材，如图 6-79 所示。

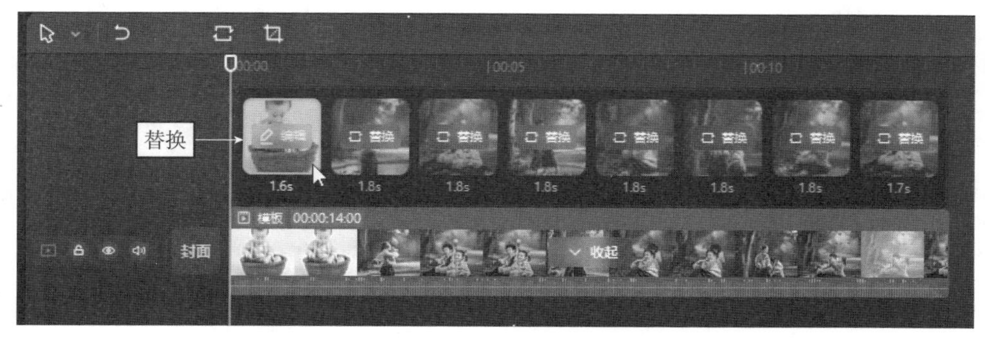

图6-79 替换第1段素材

STEP 06 用与上面相同的方法，替换其他的素材，如图 6-80 所示，单击右上角的“导出”按钮，导出视频。

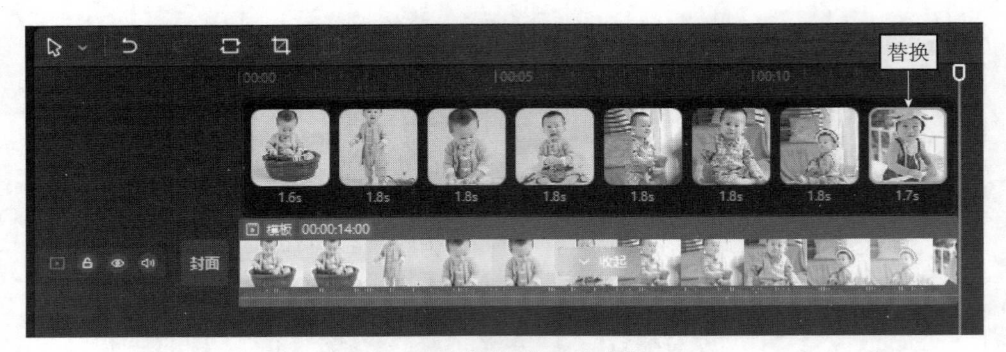

图6-80 替换其他的素材

6.4 本章小结

本章介绍了 AI 视频生成与智能剪辑的前沿技术，展示了即梦 AI 与可灵 AI 从文本、图片到视频的多样化创作能力，以及实现复杂场景（如四季变换、电影特效）的创意方法。剪映作为高效剪辑工具，提供了从一键成片到模板应用的便捷功能，满足日常及营销需求。通过学习本章内容，读者可以掌握 AI 辅助视频创作的技巧，提升视频制作效率与创意水平，为内容创作与营销宣传提供强大支持。

第 7 章

人事管理
AI 招聘求职与员工绩效评估

随着科技的飞速发展，人事管理正迈入智能化新纪元。本章深入探讨了利用先进AI技术进行人事管理的多种方法。AI不仅能智能优化简历、模拟面试场景，以显著提升招聘与求职的效率，还能通过深度数据分析，为员工绩效提供客观、全面的评估依据，从而助力企业构建更加公平、科学的激励机制。

采用这种先进的AI技术进行人事管理，不仅能对日益激烈的人才竞争，更能推动企业高效运营，实现可持续发展。

7.1 天工AI招聘求职：迈向职业巅峰的智能导航

天工 AI 是由 A 股上市公司昆仑万维研发的一款对话式 AI 助手，在国内 AI 搜索领域占据领先地位。它融入了先进的生成式 AI 技术，为用户提供高效、智能、全面的搜索体验，凭借其强大的功能和广泛的应用场景受到了用户的广泛好评。

在探索职场的征途中，天工 AI 不仅是用户智慧的伙伴，更是用户迈向职业巅峰的智能导航。从精心雕琢的简历到游刃有余的职场沟通，从清晰规划的职业蓝图到精准高效的求职策略，每一步都凝聚着天工 AI 的匠心独运。本节主要介绍天工 AI 在招聘与求职方面的具体应用，为企业和求职者提供更加便捷、高效的招聘求职服务。

7.1.1 简历生成器，打造你的职业名片

扫码看视频

天工 AI 中的“简历生成器”智能体是一个专为求职者设计的智能化工具，旨在帮助用户快速、高效地生成专业且个性化的简历。用户只需输入基本信息或关键信息，如教育背景、工作经验、技能特长等，“简历生成器”智能体就能根据这些信息自动生成一份结构清晰、内容完整的简历，具体操作步骤如下。

STEP 01 打开天工 AI 官方网站，在页面左下角单击“发现智能体”按钮，如图 7-1 所示。

图7-1　单击“发现智能体”按钮

STEP 02 进入“智能体广场”页面，单击右上角的搜索框，如图 7-2 所示。

STEP 03 在搜索框中输入“简历”，即可显示搜索到的相关智能体，单击“简历生成器”智能体，如图 7-3 所示。

STEP 04 进入“简历生成器”页面，如图 7-4 所示，在其中，用户只需提供基本信息，AI 即可生成一份凸显优势的简历。

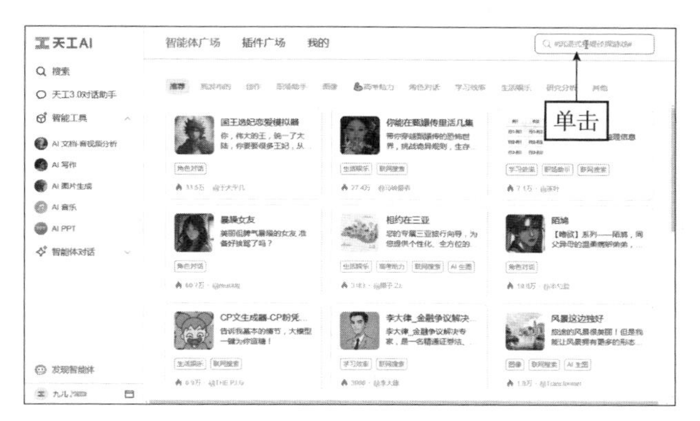

图7-2　单击右上角的搜索框

图7-3　单击“简历生成器”智能体

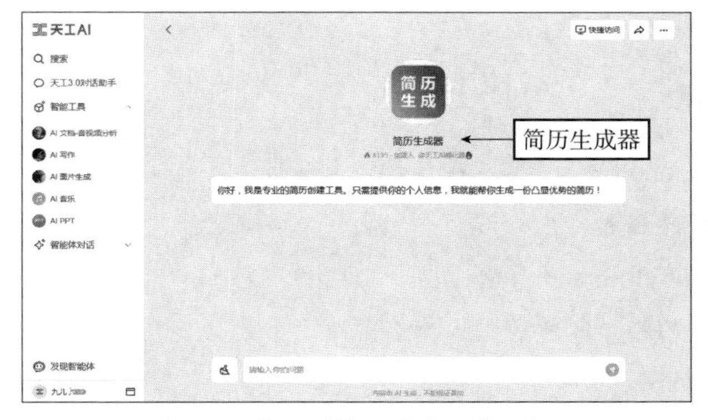

图7-4　进入“简历生成器”页面

STEP 05 在下方文本框中输入个人基本信息，单击右侧的发送按钮，便可以得到AI生成的个人简历，相关指令和回复内容如下。

提问

姓名：九儿

年龄：25 岁

毕业院校：湖南大学

专业：平面设计

能力擅长：擅长各类平面设计软件，如 Photoshop、CorelDRAW

工作经验：曾在长沙锦泰广告设计公司任职平面设计师，拥有 4 年工作经验

职业目标：希望寻找一份平面设计师的工作

天工 AI

[九儿的简历]

个人信息：

姓名：九儿

年龄：25 岁

毕业院校：湖南大学

专业：平面设计

工作经验：4 年

教育背景：

湖南大学 - 平面设计 - 2015.09 - 2019.06

技能：

熟练掌握 Photoshop、CorelDRAW 等平面设计软件

熟悉设计流程和创意构思

能够独立完成设计项目

具备良好的沟通能力和团队合作精神

工作经历：

长沙锦泰广告设计公司 - 平面设计师 - 2019.06 - 至今

负责品牌设计，包括标志设计、广告设计、宣传册设计等

参与多个大型项目，提升公司品牌形象

与客户沟通，理解需求并提供设计方案

个人评价：

作为一名拥有4年平面设计经验的设计师，我擅长使用Photoshop、CorelDRAW等软件，能够独立完成设计项目。我热爱创意和设计，能够与团队成员有效沟通，共同完成项目。我正在寻找一份平面设计师的工作，希望能够在新的环境中发挥我的设计才能。

提示

相比传统的手动编写简历，使用“简历生成器”智能体可以大大节省时间和精力，提高简历制作的效率。

7.1.2　职场百事通，提升你的面试沟通技巧

扫码看视频

天工AI中的“职场百事通”智能体，作为一个综合性的职场辅助工具，在职场沟通能力方面展现出了显著的优势和特色，能够帮助职场人士在沟通中更加精准地传达信息，提高沟通效率。下面介绍通过天工AI提升面试沟通能力的操作方法。

STEP 01 打开天工AI官方网站，在页面左下角单击“发现智能体”按钮，进入“智能体广场”页面，单击右上角的搜索框，在搜索框中输入“职场”，即可显示搜索到的相关智能体，单击“职场百事通”智能体，如图7-5所示。

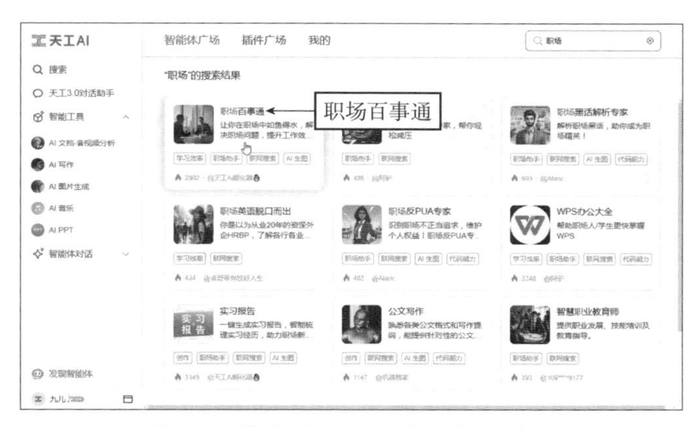

图7-5　单击“职场百事通”智能体

STEP 02 进入“职场百事通”页面，如图7-6所示，用户只需输入自己的需求，该智能体即可帮助用户解决职场中的问题。

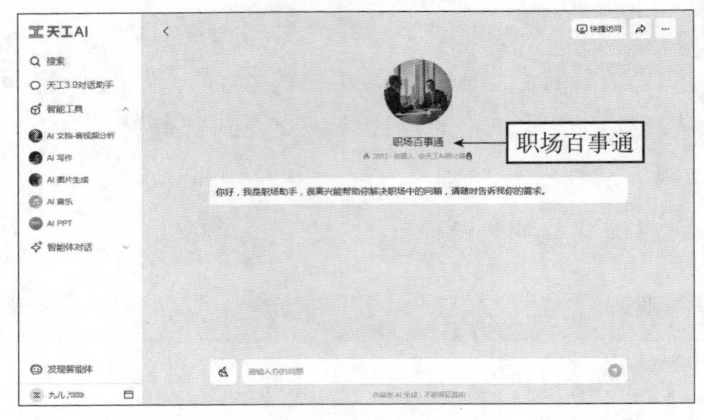

图7-6　进入“职场百事通”页面

STEP 03 在下方文本框中输入相应的指令，单击右侧的发送按钮，便可以得到AI生成的回复，相关指令和回复内容如下。

提问

在企业的面试沟通中，我应该如何更好地表现自己，让自己脱颖而出？

天工AI

在企业面试中，你需要展现出你的专业能力和个性魅力，以下是一些策略：

1. 准备：研究公司和职位，准备回答常见问题，如你的优势、经验、职业目标等。

2. 着装：着装得体，表现出你的专业性和对面试的重视。

3. 自信：保持自信的肢体语言，如直视对方，坐姿端正。

4. 倾听：认真倾听面试官的问题，不要打断。

5. 回答：简洁明了地回答问题，避免冗长的解释。

6. 准备问题：准备一些问题，显示你对职位和公司的兴趣。

7. 练习：模拟面试，提高你的表现。

8. 反馈：请求反馈，了解你的表现。

9. 跟进：面试后发送感谢信，感谢面试官的时间和机会。

10. 反思：反思面试，了解你的表现，哪些做得好，哪些需要改进。

11. 练习：与朋友或家人练习面试。

12. 准备：准备你的故事，如你的职业经历、成就和目标。

记住，面试是一个展示你的机会，展示你的价值和岗位适合度。祝你好运！

7.1.3　面试问题预测，掌握面试成功的秘诀

运用天工 AI 预测面试问题，是一种高效且具有前瞻性的面试准备策略。天工 AI 通过强大的数据分析能力，可以收集并整理大量历史面试数据、行业动态、公司文化及岗位需求等信息，这些信息构成了预测面试问题的重要基础。AI 能够识别出高频出现的面试问题、常见问题类型及公司特有的关注点，从而为用户提供更准确的预测。

提示

随着招聘市场的不断变化和公司的发展需求，面试问题也在不断更新和变化。天工 AI 能够实时跟踪这些变化，并根据最新的趋势和动态调整预测结果。这意味着用户始终能够获取到最新、最准确的面试问题预测，从而更好地应对面试挑战。

下面介绍使用天工 AI 预测面试问题的操作方法。

STEP 01 打开天工 AI 官方网站，在左侧列表框中选择“天工 3.0 对话助手”选项，打开一个新的对话页面，如图 7-7 所示。

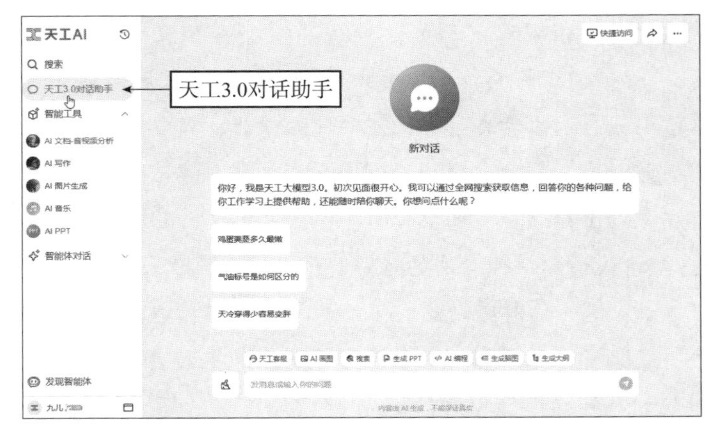

图7-7　打开一个新的对话页面

STEP 02 在下方文本框中输入相应的指令，单击右侧的发送按钮，便可以得到 AI 预测的面试问题和回答建议，相关指令和回复内容如下。

提问

我有3年的人事管理经验，希望找人事主管岗位的工作，请你预测一般企业会提出什么样的面试问题，我应该如何回答以突出自己的个人能力？

天工AI

面试人事主管岗位时，面试官可能会从以下几个方面提出问题，你可以提前准备，以突出你的个人能力和经验：

1. 专业技能与经验

- 问题："你能描述一下你处理过的人力资源管理中最复杂的案例吗？你是如何解决的？"

- 回答建议：选择一个你成功处理过的复杂案例，如解决员工冲突、设计绩效考核体系等，详细说明过程和结果，强调你的解决问题能力和专业性。

2. 团队管理与领导力

- 问题："你是如何激励团队成员，提升团队凝聚力和效率的？"

- 回答建议：分享你过去成功带领团队达成目标的例子，可以是通过培训、团队建设活动或公平的绩效管理等策略，重点展示你的领导力和人际交往能力。

3. 公司文化与价值观

- 问题："你如何理解并推动公司文化？举个例子说明。"

- 回答建议：表达你对公司文化重要性的认识，可以举一个实例说明你如何通过招聘、培训或团队活动促进公司价值观的传播。

4. 法律法规与合规性

- 问题："请谈谈你对劳动法的了解，以及如何确保公司遵守相关法规。"

- 回答建议：概述你对劳动法的了解，特别是与招聘、解雇、工时和福利相关的法规，强调你确保公司操作合法合规的经验和能力。

5. 策略规划与目标设定

- 问题："你如何为人力资源部门设定和实现战略目标？"

- 回答建议：描述你如何与高层沟通，理解公司战略，然后设定与公司目标相匹配的人力资源策略，包括招聘、培训和员工发展计划。

……

7.1.4 就业指导员，给出职业规划建议

天工 AI 能够提供广泛的就业方向信息，包括不同行业的职业介绍、发展前景、所需技能等。同时，天工 AI 的知识库是实时更新的，能够确保提供的信息是最新的，有助于求职者了解最新的就业趋势和市场需求。天工 AI 还能根据求职者的具体情况给出职业规划建议，它可以分析不同职业的发展路径、晋升渠道、薪资水平等，帮助求职者制定合理的职业规划。相关案例如下。

提问

请分析财务管理专业毕业生在企业中的就业机会与上升空间，并解释这些职位的主要职责和晋升路径。

天工 AI

就业机会

财务管理专业的毕业生在企业中拥有广泛的就业机会。他们可以从事会计、出纳、应付会计、应收会计、总账会计、财务助理、财务经理、预算专员、成本会计、审计经理、统计主管、财务分析经理、财务计划经理等职位。随着经济的发展和企业的不断壮大，财务管理已成为现代企业不可或缺的一部分，对财务管理人才的需求持续增长。

上升空间

财务管理专业的毕业生在职业生涯中拥有较大的晋升空间。他们可以从基层的会计或财务分析师职位起步，通过积累经验和提升专业技能，逐步晋升为财务主管、财务总监（CFO），甚至是公司的总经理（CEO）。在金融机构，如银行、证券公司和保险公司，财务管理专业的人才也有广阔的发展前景，可以成为专业的财务人员或参与资本运作和风险管理工作。

主要职责

- 会计和财务报告：负责日常账务处理、编制和分析财务报表，确保财务信息的准确性和合规性。

- 预算和财务规划：参与公司预算的制定和监控，进行财务预测和规划，以支持公司战略目标的实现。

- 财务分析：通过分析财务数据来评估公司的财务状况、盈利能力和现金流，为管理层提供决策支持。

- 风险管理：识别、评估和管理企业面临的财务风险，包括市场风险、信用风险和流动性风险。

- 内部控制：建立和维护内部控制系统，防止财务欺诈和错误，确保资产安全。

- 税务管理：确保公司遵守税法规定，优化税务策略，合理减少税负。

晋升路径

财务管理专业的毕业生通常遵循以下晋升路径：

1. 入门级职位：如会计员、出纳员，负责基础的账务处理和财务记录。

2. 中级职位：如成本会计师、管理会计师，开始参与财务分析和预算编制。

3. 高级职位：如财务经理、财务总监，负责领导财务团队，制定财务策略和政策。

4. 执行级别职位：如首席财务官（CFO）或总经理（CEO），参与公司的高层管理和决策。

在晋升过程中，持续的专业发展、考取相关的专业证书（如注册会计师CPA），以及在工作中展现出色的领导力和战略思维能力，对于职业发展至关重要。

提示

天工 AI 能基于大数据和机器学习算法，为求职者提供个性化的职业规划建议，精准匹配其兴趣、能力和市场需求，帮助求职者提前规划职业路径。

7.1.5 简历分析，筛选符合岗位需求的简历

扫码看视频

面对海量的简历，传统的人工筛选方式不仅效率低下，而且容易出现疏漏。天工AI则能够利用机器学习算法，自动对简历进行筛选和分类。通过识别简历中的关键信息，如教育背景、工作经验、技能证书等，天工 AI 能够迅速筛选出符合岗位需求的简历，提高招聘效率。下面介绍使用天工 AI 对求职简历进行人岗匹配分析的方法。

STEP 01 打开天工AI官方网站，在左侧列表框中选择“AI写作”选项，打开“AI写作”页面，在文本框的右侧单击“上传链接”按钮🔗，如图7-8所示。

图7-8　单击“上传链接”按钮

STEP 02 弹出相应面板，单击“点击上传”文字链接，如图7-9所示。

STEP 03 弹出“打开”对话框，在文件夹中选择需要上传的求职简历，如图7-10所示。

图7-9　单击“点击上传”文字链接

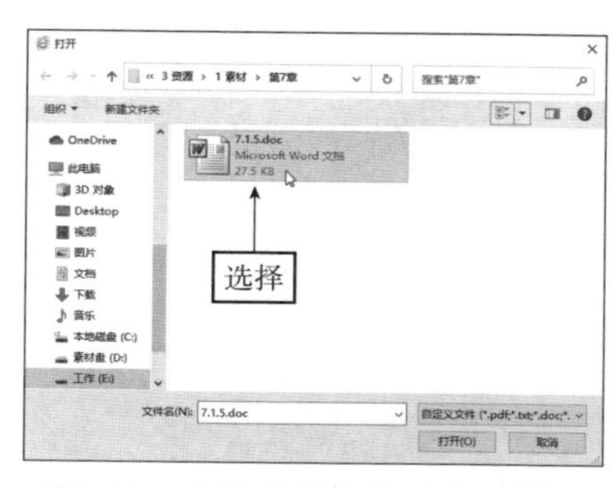

图7-10　选择需要上传的求职简历

STEP 04 单击“打开”按钮，即可上传求职简历，文件会显示在文本框中。然后在文本框中输入相应的指令，指导AI对简历进行相应分析，如图7-11所示。

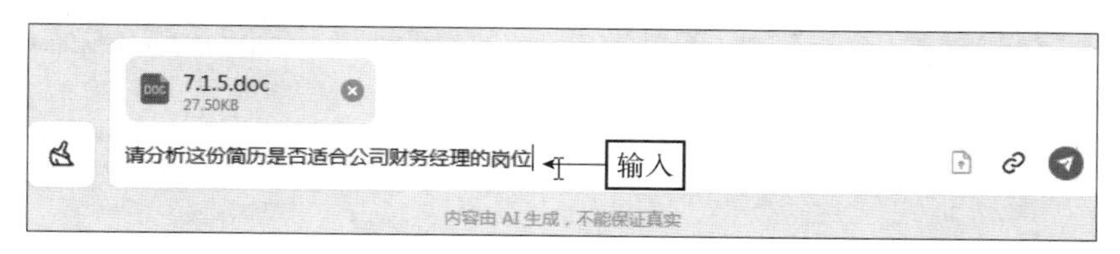

图7-11　输入相应的指令

STEP 05 单击右侧的发送按钮，便可以得到 AI 对简历分析的结果，相关回复内容如下。

天工 AI

这份简历展现了一位具有丰富财务管理经验和专业知识的候选人，其背景和技能与公司财务经理岗位的要求相匹配。以下是对该简历适合性的分析：

1. 教育背景：候选人拥有长沙理工大学财务管理专业的硕士学位，学习了包括高级财务管理、成本会计、财务分析等在内的核心课程，这为财务经理岗位工作提供了坚实的理论基础。

2. 工作经验：简历中提到候选人在长沙宁安公司担任财务经理 5 年，期间负责领导财务部日常运营、预算编制、财务分析、税务筹划等关键工作，这些经验与财务经理岗位的职责高度相关。

3. 专业技能：候选人精通国家财经法律法规、会计准则及税务政策，熟练使用财务软件和 Excel 高级功能，具备良好的沟通协调能力和问题解决能力，这些都是财务经理岗位所需的核心技能。

4. 语言能力：候选人普通话流利，英语达到 CET-6 水平，能够进行日常及专业交流，这对于需要与国际团队或客户沟通的财务经理岗位是一个加分项。

5. 自我评价：候选人强调了对精细财务管理和数据分析的重视，以及持续学习和提升专业能力的意愿，这表明其具有积极的工作态度和对财务管理工作的热情。

综上所述，这份简历显示了候选人具备担任公司财务经理岗位所需的学历、经验、技能和态度。如果公司正在寻找一位有经验、专业能力强、能够有效管理财务部门并为公司创造价值的财务经理，该候选人是一个合适的选择。

提示

天工 AI 可以基于候选人的简历和初步面试信息，自动筛选出符合岗位要求的候选人，大大减少了 HR 在初步筛选阶段所需的时间和人力成本。

7.1.6　智能面试官，协助HR定制面试问题

扫　码
看视频

天工 AI 可以根据企业中不同岗位的需求，定制面试问题，确保面试内容更具针对性和个性化，这有助于更准确地评估候选人与岗位的匹配度，相关案例如下。

提问

企业需要招聘一名行政总监，请定制相应面试问题，帮助 HR 筛选出合适的人才。

天工 AI

面试行政总监时，为了确保候选人具备所需的专业能力、领导力和个性特质，可以设计以下结构化面试问题：

一、专业能力与经验

1. 请描述一个您过去成功解决的行政管理挑战，以及您是如何达成目标的。

2. 您在前一家公司如何优化行政流程以提高效率？请分享具体案例。

二、领导力与团队管理

1. 请分享一个您激励团队达成目标的例子。您是如何评估团队成员的贡献的？

2. 遇到团队冲突时，您通常如何处理？请举例说明。

三、沟通与协调能力

1. 您如何与不同层级的员工有效沟通？请举例说明。

2. 在跨部门项目中，您如何协调资源和人员以确保项目顺利进行？

四、创新与适应性

1. 面对行业变化，您如何保持行政管理的创新性和前瞻性？

2. 请描述一个您在工作中实施的创新项目，以及它是如何帮助公司节省成本或提高效率的。

五、决策与问题解决能力

1. 请分享一个您在高压环境下做出关键决策的例子，以及决策的过程和结果。

2. 遇到预算限制时，您如何优先处理行政需求以确保公司运营不受影响？

六、个性特质与公司文化契合度

1. 您认为自己在何种工作环境中表现最佳？这与我们的公司文化有何契合点？

2. 请描述您处理工作压力的方式，以及如何保持工作与生活的平衡。

通过这些问题，HR 可以全面评估候选人是否适合行政总监的职位，不仅考察其专业技能，还能深入了解其领导风格、沟通能力和个性特质，确保招聘到能够有效推动公司行政管理并促进团队发展的合适人选。

7.2 天工AI绩效评估：提升工作效率与成果

天工 AI 具备强大的数据分析能力，能够快速处理并分析大量业务数据，如销售额、客户反馈及员工绩效指标等，通过自动提取关键信息、进行趋势预测和异常检测，帮助 HR 或管理层更高效地完成绩效评估工作，减少人为错误，提高评估的准确性。本节主要介绍天工 AI 在员工绩效考核与评估方面的应用。

7.2.1 构建绩效评估体系，提升员工工作效率

扫码看视频

天工 AI 可以根据企业中不同岗位、部门，以及员工的实际情况，定制绩效评估方案，这种个性化的评估方式能够更准确地反映员工的工作表现，提高绩效评估的公正性和有效性，相关案例如下。

提问

请帮我构建一份人力资源部门招聘主管的绩效评估体系，指标要明确，考核要具体。

天工 AI

构建人力资源部门招聘主管的绩效评估体系时，需要确保指标既全面又具体，能够准确反映其工作效能和贡献。以下是一个示例评估体系，包括多个维度的考核指标：

一、招聘效率

1. 招聘完成率：设定时间内实际完成招聘需求的岗位数占总需求岗位数的比例。

2. 平均招聘周期：从发布职位到候选人入职的平均时间，越短表明效率越高。

3. 成本控制：招聘成本与预算的对比，超预算或低于预算过多均需分析原因。

二、人才质量

1. 新员工留存率：一定周期内（如半年或一年）新员工的留存比例。

2. 新员工绩效表现：新员工在前6个月的平均绩效评分，反映招聘质量。

3. 关键岗位招聘成功率：对于技术、管理等关键岗位的招聘成功率及人才适配度。

三、人才吸引力与雇主品牌

1. 候选人体验评分：通过问卷调查等方式收集候选人的反馈，评估招聘流程的友好程度。

2. 招聘渠道效果：分析不同招聘渠道的转化率和成本效益比。

3. 行业评价与口碑：通过社交媒体、行业报告等收集关于公司作为雇主的评价。

四、创新与改进

1. 招聘流程优化：定期评估并改进招聘流程，提高效率和效果。

2. 技术应用：利用AI、大数据等技术提升招聘精准度和效率。

3. 培训与发展：对招聘团队进行培训，提升其专业技能和市场敏感度。

五、团队合作与领导力

1. 团队合作：团队内部合作情况，包括团队成员满意度和合作项目完成情况。

2. 跨部门沟通：与各部门沟通协调，满足各部门招聘需求的能力。

3. 领导力与团队建设：领导团队达成目标，提升团队士气和凝聚力。

六、法规遵守与风险管理

1. 合规性：确保招聘流程遵守国家和地方的劳动法规。

2. 风险控制：识别与招聘相关的潜在风险并制定预防措施。

……

通过上述体系，可以全面、具体地评估人力资源部门招聘主管的绩效，促进其持续改进和提升。

7.2.2 构建岗位KPI指标，反映员工实际绩效

扫码看视频

天工AI能够处理和分析大量数据，从而更准确地确定哪些指标最能反映岗位的实际绩效，避免了人为判断的主观性和偏差。天工AI构建的KPI体系可以使绩效目标更加透明化，员工可以清晰地了解自己的工作目标和绩效标准。相关案例如下。

提问

请列出招聘主管的KPI考核指标。

天工AI

招聘主管的KPI考核指标应当全面反映其在招聘过程中的工作效率、质量及成本控制等方面的表现。以下是一些常见的招聘主管KPI考核指标：

1. 招聘周期：衡量从发布职位到候选人入职所需的总时间。较短的招聘周期表明了招聘流程的高效性。

2. 招聘完成率：实际完成招聘的岗位数与计划招聘的岗位数之比。这个指标直接反映了招聘计划的执行情况。

3. 候选人面试比：收到的简历数与邀请参加面试的候选人数之比。这个指标可以帮助评估招聘广告的吸引力和初步筛选的效率。

4. 面试录用比：邀请参加面试的候选人数与实际录用的人数之比。这个指标反映了面试流程的效率和准确性。

5. 员工留存率（新员工）：新入职员工在一定时期内（如入职后6个月或1年）的留存比例。这个指标可以间接反映招聘到的人才质量。

6. 招聘成本/员工：每个新员工入职所花费的平均招聘成本，包括广告费用、招聘人员工资、差旅费等。这个指标有助于评估招聘活动的成本控制能力。

7. 候选人满意度：通过调查了解候选人对招聘流程、公司形象及沟通等方面的满意度。这个指标有助于评估雇主品牌形象构建能力和招聘效率。

8. 招聘团队绩效：如果招聘主管负责管理团队，还需要评估团队的整体绩效，包括团队成员的工作效率、协作能力和工作成果等。

这些KPI考核指标可以根据企业的具体情况和需求进行调整和补充，以确保绩效评估的全面性和针对性。同时，为了确保考核的公正性和客观性，应设定明确的考核标准和评分标准，并采用多种数据来源和评估方法进行综合评估。

7.2.3 智能分析绩效数据，精准衡量工作表现

利用 AI 技术，天工 AI 可以对收集到的大量数据进行快速、准确的分析，提取关键绩效指标数据，并生成详细的绩效分析报告。这相比传统的人工分析方式，不仅提高了效率，还降低了出错率。

下面介绍使用天工 AI 智能分析员工绩效考核数据的操作方法。

STEP 01 打开天工 AI 官方网站，在左侧列表框中选择“AI 写作”选项，打开“AI 写作”页面，在文本框的右侧单击“上传链接”按钮，如图 7-12 所示。

STEP 02 弹出相应面板，单击“点击上传”文字链接，如图 7-13 所示。

STEP 03 弹出“打开”对话框，在文件夹中选择需要上传的绩效考核文件，如图 7-14 所示。

STEP 04 单击“打开”按钮，即可上传绩效考核文件，文件会显示在文本框中。然后在文本框中输入相应的指令，指导 AI 对绩效考核文件进行相关分析，如图 7-15 所示。

图7-12　单击“上传链接”按钮

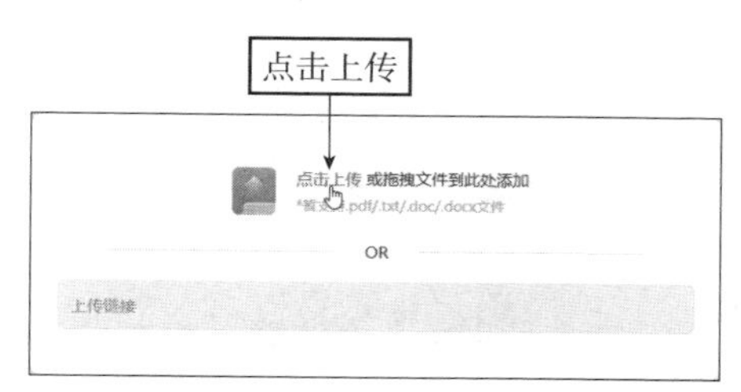

图7-13　单击“点击上传”文字链接

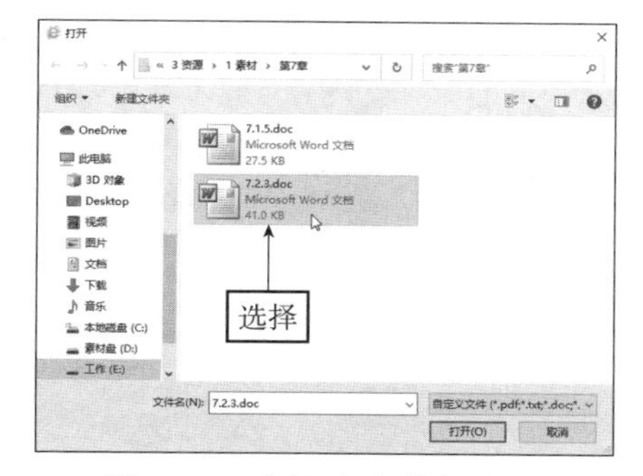

图7-14　选择绩效考核文件

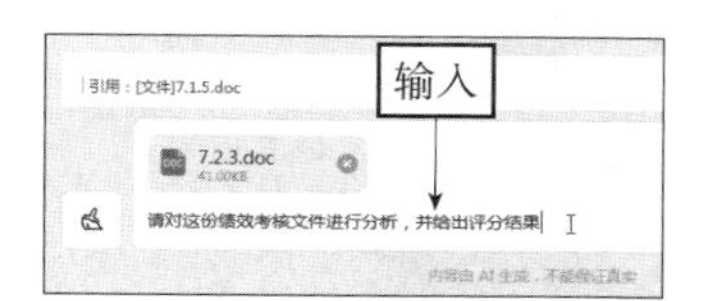

图7-15　输入相应的指令

STEP 05 单击右侧的发送按钮，便可以得到 AI 对绩效考核文件的分析结果，相关回复内容如下。

天工 AI

根据提供的绩效考核表，我们可以对张三在2024年第一季度的绩效进行分析和评分。绩效考核分为四个主要部分：业绩指标考核、客户服务与关系管理、团队协作与沟通、工作态度与纪律，每个部分都有不同的权重。

一、业绩指标考核（权重：60%）

- 销售额：完成率120%，得分96分
- 新客户开发：完成率125%，得分100分
- 订单数量：完成率120%，得分96分
- 平均订单金额：完成率105%，得分90分
- 回款率：完成率103%，得分100分

业绩指标考核总分为：(96 + 100 + 96 + 90 + 100) / 5 = 96.4分

二、客户服务与关系管理（权重：15%）

- 客户满意度调查：得分95分
- 客户回访率：得分90分
- 客户投诉处理：得分100分
- 客户关系维护活动：得分85分

客户服务与关系管理总分为：(95 + 90 + 100 + 85) / 4 = 92.5分

三、团队协作与沟通（权重：10%）

- 团队贡献：得分90分
- 内部沟通：得分85分
- 跨部门协作：得分95分
- 培训与学习：得分100分

团队协作与沟通总分为：(90 + 85 + 95 + 100) / 4 = 92.5分

四、工作态度与纪律（权重：15%）

- 出勤率：得分100分
- 工作效率：得分95分
- 责任心：得分90分
- 职业道德：得分100分

工作态度与纪律总分为：(100 + 95 + 90 + 100) / 4 = 96.25分

综合以上四个部分的得分，我们可以计算出张三的总评分：

- 业绩指标考核得分：96.4 分 * 60% = 57.84 分
- 客户服务与关系管理得分：92.5 分 * 15% = 13.875 分
- 团队协作与沟通得分：92.5 分 * 10% = 9.25 分
- 工作态度与纪律得分：96.25 分 * 15% = 14.4375 分

总评分 = 57.84 + 13.875 + 9.25 + 14.4375 = 95.4025 分

根据考核等级标准，优秀为 90 分以上，张三的总评分为 95.4025 分，因此他的绩效考核等级为优秀。

7.3 本章小结

本章详细介绍了天工 AI 在招聘求职与绩效评估两大领域的智能应用，从简历优化、面试技巧提升、面试问题预测、职业规划指导到智能筛选简历、定制面试问题，再到构建绩效评估体系、构建岗位 KPI 指标、智能分析绩效数据，全方位助力个人职业发展与企业人力资源管理。学习本章后，读者可以掌握利用 AI 工具优化求职与职场表现的方法，同时理解如何通过智能评估提升工作效率与成果，为个人职业晋升与企业管理优化提供有力支持。

第 8 章

编程辅助
AI 代码生成与错误检测

本章聚焦于人工智能如何革命性地改变代码编写与维护的面貌，通过智能代码生成工具减轻用户的负担，同时利用先进的错误检测技术提前规避潜在问题。AI不仅加速了开发流程，更提升了代码质量与安全性，为软件开发带来了前所未有的效率与精准度。

8.1 通义灵码：革新代码编程流程

在通义 AI 工具中，通义灵码是一个独特且功能强大的智能体，它隶属于阿里云通义系列，是一款基于先进人工智能技术的智能编程助手。通义灵码允许用户直接使用自然语言（如中文或英文）来描述编程需求，系统能自动将这些描述转换成可执行的代码，极大地提高了编程效率。本节主要介绍使用通义灵码智能体提升编程效率的操作方法。

8.1.1 搜索通义灵码智能体，添加到页面中

扫码看视频

对于非专业程序员或初学者来说，通义灵码的自然语言编程功能可以帮助他们更快地入门编程，减少学习成本。对于专业开发者来说，通义灵码的代码智能生成、实时续写和单元测试生成等功能可以显著提高编码速度和代码质量。用户使用通义灵码智能体之前，首先需要在通义中找到该智能体，下面介绍具体的操作方法。

STEP 01 打开通义页面，在左侧工具栏中单击“智能体”按钮，如图 8-1 所示。

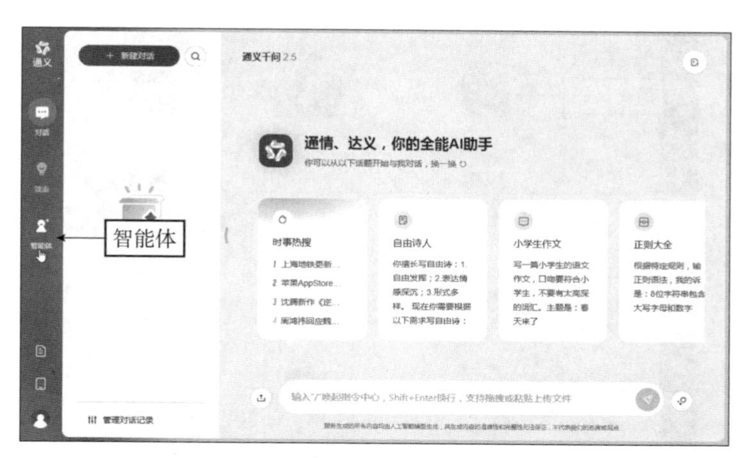

图8-1 单击“智能体”按钮

STEP 02 进入“发现智能体”页面，单击上方的搜索框，如图 8-2 所示。

STEP 03 在搜索框中输入“通义灵码”，在页面下方即可显示搜索到的智能体，单击第 1 个“通义灵码”智能体，如图 8-3 所示。

STEP 04 进入“通义灵码”页面，在其中输入相应指令，即可指导 AI 生成特定的程序代码，

单击右上角的“收藏”按钮☆，如图 8-4 所示，即可收藏该智能体。

图8-2 单击上方的搜索框

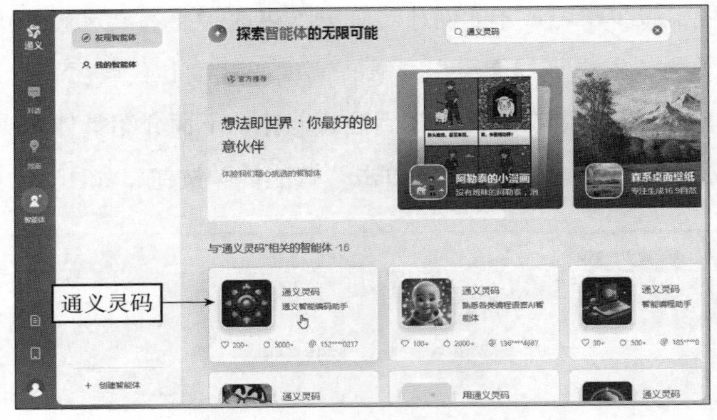

图8-3 单击第1个“通义灵码”智能体

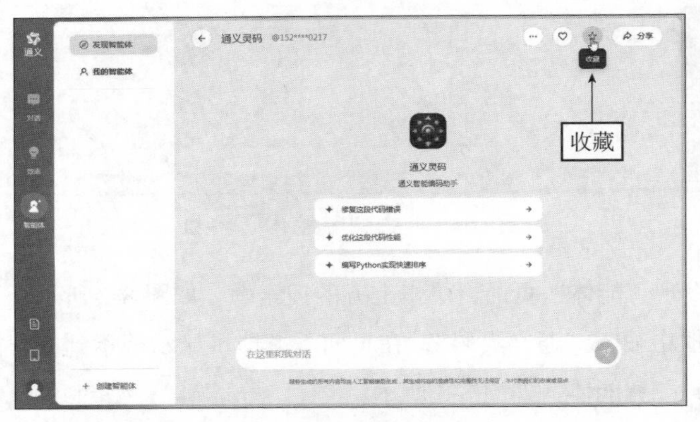

图8-4 单击右上角的“收藏”按钮

提示

在“通义灵码”页面中，收藏后的智能体将显示在“我的智能体”列表框中，方便用户以后直接调用该智能体进行代码生成操作。

8.1.2 自然语言生成代码，用说话的方式编程

扫码看视频

自然语言生成代码是通义灵码的一项核心功能，它允许用户以自然语言描述他们想要实现的功能或想要完成的任务，系统则能够自动理解这些描述，并生成相应的代码片段。这一功能极大地降低了编程的门槛，使得非专业程序员甚至是没有编程基础的用户也能参与到软件开发中来，从而节省了大量的编程时间。

在通义灵码中使用自然语言生成代码的方法很简单，用户只需在“通义灵码”页面下方的文本框中，输入相应的指令，指导AI生成特定的代码内容，单击右側的发送按钮，即可获得AI生成的程序代码，相关案例如下。

提问

请生成一个登录界面的HTML代码片段。

通义灵码

当然可以！下面是一个简单的登录界面的HTML代码片段。这个示例包含了一个基本的表单，其中有用户名和密码输入框，以及一个提交按钮。

```
html
<!DOCTYPE html>
<html lang="en">
<head>
    <meta charset="UTF-8">
    <meta name="viewport" content="width=device-width, initial-scale=1.0">
    <title>Login Page</title>
    <style>
        body {
```

```
            font-family: Arial, sans-serif;
            display: flex;
            justify-content: center;
            align-items: center;
            height: 100vh;
            background-color: #f0f0f0;
        }
        .login-form {
            border: 1px solid #ccc;
            padding: 20px;
            width: 300px;
            background-color: white;
        }
        .login-form input[type="text"],
    ……
```

提示

因为本书篇幅原因，AI 工具回复的代码只展示了前面一部分内容，详细的回复内容，请看随书提供的完整效果文件。

8.1.3 实现两个链表的合并，让编码一气呵成

扫码看视频

实现两个链表的合并，通常指的是将两个已排序的链表（或未排序但希望按照某种顺序合并的链表）合并成一个新的有序链表。这个过程通常涉及两个原始链表的遍历，并比较当前遍历到的节点的值，根据比较结果决定新链表中下一个节点的值。

合并后的链表应该包含两个原始链表中所有的元素，并且这些元素按照指定的顺序排列（在大多数情况下是升序或降序），相关案例如下。

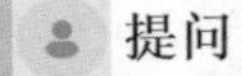

如何实现两个链表的合并？

通义灵码

要实现两个有序链表的合并，我们可以采用递归或迭代的方法。这里我将给出两种方法的实现代码示例，并解释每种方法的工作原理。

方法一：递归法

递归方法相对简单直观，但可能会导致栈溢出的问题，尤其是在处理非常长的链表时。

Python 示例代码

```
class ListNode:
    def __init__(self, val=0, next=None):
        self.val = val
        self.next = next
def mergeTwoLists(l1, l2):
    if not l1:
        return l2
    elif not l2:
        return l1
    elif l1.val < l2.val:
        l1.next = mergeTwoLists(l1.next, l2)
        return l1
    else:
        l2.next = mergeTwoLists(l1, l2.next)
        return l2
```

方法二：迭代法

迭代方法更节省内存，因为它不需要使用递归栈。

Python 示例代码

……

8.1.4 优化代码性能，提升程序的运行效率

扫码看视频

优化代码性能对于软件开发至关重要，它不仅能够提升用户体验和系统稳定性，

还能提高资源利用率、增强可扩展性和可维护性，进而提升产品的市场竞争力和企业的技术实力。

用户界面的响应速度直接影响用户体验，优化代码性能可以减少延迟，使得操作更加流畅，提升用户满意度。现在，使用通义灵码即可优化代码的性能，相关案例如下。

提问

优化下面这段代码性能：

```
def factorial(n):
    if n == 0:
        return 1
    else:
        return n * factorial(n-1)
```

通义灵码

为了提高阶乘函数的性能并避免递归带来的栈溢出风险，我们可以使用迭代而非递归来实现该函数。此外，我们可以利用一些小技巧来减少乘法操作的次数。这里给出一个使用迭代的版本，并且在适当的情况下使用 math.prod 函数来简化代码：

```
import math
def factorial(n):
    numbers = list(range(1, n + 1))
    return math.prod(numbers)
# 或者更简单的版本，直接使用 math 库提供的阶乘函数
def factorial_math(n):
    return math.factorial(n)
```

如果您希望避免使用 math.prod 和 math.factorial，可以使用一个简单的 for 循环来实现：

```
def factorial(n):
    result = 1
```

```
    for i in range(1, n + 1):
        result *= i
    return result
```

这个版本不会导致栈溢出，并且对于较大的n值来说更加高效。您可以选择其中一个版本作为您的阶乘函数。

8.1.5 检测代码内容，修复代码中的错误

扫 码
看视频

通义灵码具备代码内容检测与错误修复功能，能分析代码逻辑与语法，自动识别潜在问题。通过智能算法，它能提供针对代码错误的排查建议或直接修复方案，提高开发效率与质量。这一功能特别适用于快速定位复杂代码中的错误，辅助用户节省调试时间。然而，考虑到代码复杂性和多样性，用户仍需结合实际情况评估其建议的有效性，相关案例如下。

提问

请检测下面这段代码内容，修复错误的代码：

```
from flask import Flask, request, jsonify
from flask_sqlalchemy import SQLAlchemy
from werkzeug.security import generate_password_hash, check_password_hash
app = Flask(__name__)
app.config['SQLALCHEMY_DATABASE_URI'] = 'sqlite:///users.db'
db = SQLAlchemy(app)
class User(db.Model):
    ed = db.Column(db.Integer, primary_key=True)
    username = db.Column(db.String(80), unique=True, nullable=False)
    password_hash = db.Column(db.String(128), nullable=False)
    def set_password(self, password):
        self.password_hash = generate_password_hash(password)
    def check_password(self, password):
        return check_password_hash(self.password_hash, password)
```

通义灵码

这段 Flask 应用程序的代码有一些小错误，我们可以逐一修复它们。首先，User 类定义中的 ed 字段应该是 id。接下来，让我们修复这些错误，并确保其他部分也遵循最佳实践。以下是修改后的代码：

```
from flask import Flask, request, jsonify
from flask_sqlalchemy import SQLAlchemy
from werkzeug.security import generate_password_hash, check_password_hash
app = Flask(__name__)
app.config['SQLALCHEMY_DATABASE_URI'] = 'sqlite:///users.db'
app.config['SQLALCHEMY_TRACK_MODIFICATIONS'] = False #避免警告消息
db = SQLAlchemy(app)                                  #修复属性名
class User(db.Model):
    id = db.Column(db.Integer, primary_key=True)
    username = db.Column(db.String(80), unique=True, nullable=False)
    password_hash = db.Column(db.String(128), nullable=False)
    def set_password(self, password):
        self.password_hash = generate_password_hash(password)
    def check_password(self, password):
        return check_password_hash(self.password_hash, password)
……
```

这段代码做了以下更改和补充：

1. 将 ed 更改为 id。

2. 添加了 SQLALCHEMY_TRACK_MODIFICATIONS 的配置设置，以避免不必要的警告消息。

3. 在主函数中加入了创建所有表以及启动应用的部分，这样可以在运行时创建数据库表。

这样的代码应该可以正常工作了。如果你需要具体的测试或者想要了解如何使用这段代码，请告诉我。

8.1.6 生成代码注释，让代码更加易读易懂

扫 码
看视频

通义灵码的代码注释生成功能是其智能编码助手的重要组成部分，该功能能够一键生成方法注释及行间注释，极大地节省了用户编写代码注释的时间。通义灵码基于深度学习技术，能够深入理解代码的功能和逻辑，从而生成准确、有意义的注释，有效提升了代码的可读性和可维护性。这一功能支持多种主流编程语言，如 Java、Python、Go 等，并兼容多种主流编程工具，为用户提供了极大的便利，相关案例如下。

提问

请为下面这段代码生成行间注释：

```
def bubble_sort(arr):
    n = len(arr)
    for i in range(n):
        for j in range(0, n - i - 1):
            if arr[j] > arr[j + 1]:
                arr[j], arr[j + 1] = arr[j + 1], arr[j]
    return arr
array_to_sort = [5, 3, 8, 4, 2]
sorted_array = bubble_sort(array_to_sort)
print(sorted_array)
```

通义灵码

当然可以！下面是带有行间注释的冒泡排序算法代码：

```
def bubble_sort(arr):
    n = len(arr) # 获取数组的长度
    for i in range(n): # 外层循环遍历整个数组
        for j in range(0, n - i - 1): # 内层循环比较相邻元素
            if arr[j] > arr[j + 1]: # 如果前一个元素大于后一个元素
                arr[j], arr[j + 1] = arr[j + 1], arr[j] # 交换这两个元素的位置
```

```
        return arr # 返回排序后的数组
    array_to_sort = [5, 3, 8, 4, 2] # 定义一个待排序的数组
    sorted_array = bubble_sort(array_to_sort) # 调用冒泡排序函数对数组进行排序
    print(sorted_array) # 输出排序后的数组
```

这个版本的冒泡排序函数包含了详细的注释，帮助用户理解每一行代码的功能。如果你还有其他关于代码的问题或者需要进一步的帮助，请随时告诉我。

8.2 CodeGeeX编程助手：AI编程加速器

智谱清言中的CodeGeeX编程助手智能体是一个基于人工智能技术的编程辅助工具，旨在提高用户的编程效率。CodeGeeX编程助手能够根据自然语言注释或已有代码自动生成或补全代码，支持多种编程语言，如Python、Java、C++、JavaScript和Go等。CodeGeeX编程助手对个人用户完全免费，并且模型权重及代码已实现开源，支持私有化部署，确保数据安全。

CodeGeeX编程助手智能体可以应用于各类编程场景，如Web开发、移动端开发、大数据处理等，它不仅能够提高用户的编程效率和质量，还能够降低编程门槛，帮助编程新手更快地掌握编程技巧。本节主要介绍在手机中使用CodeGeeX编程助手的操作方法。

8.2.1 添加CodeGeeX编程助手，开启AI编程之旅

扫码看视频

CodeGeeX编程助手智能体是由智谱AI公司研发的，它利用了清华ChatGLM模型的130亿参数预训练大模型，具备了强大的自然语言理解和代码生成能力。使用CodeGeeX编程助手智能体之前，首先需要在智谱清言App中添加该智能体，具体操作步骤如下。

STEP 01 打开智谱清言 App，进入“对话”界面，点击“智能体”标签，如图 8-5 所示。

STEP 02 进入“智能体”界面，其中显示了用户最近使用的智能体，点击右上角的“搜索”按钮🔍，如图 8-6 所示。

STEP 03 进入搜索界面，在上方文本框中输入需要搜索的内容“CodeGeeX 编程助手”，此时在下方将显示搜索到的智能体，选择“CodeGeeX 编程助手”智能体，如图 8-7 所示。

STEP 04 执行操作后，即可打开“CodeGeeX 编程助手”界面，如图 8-8 所示，在其中通过输入相应的指令，可以指导 AI 生成特定的程序代码。

图8-5　点击“智能体”标签

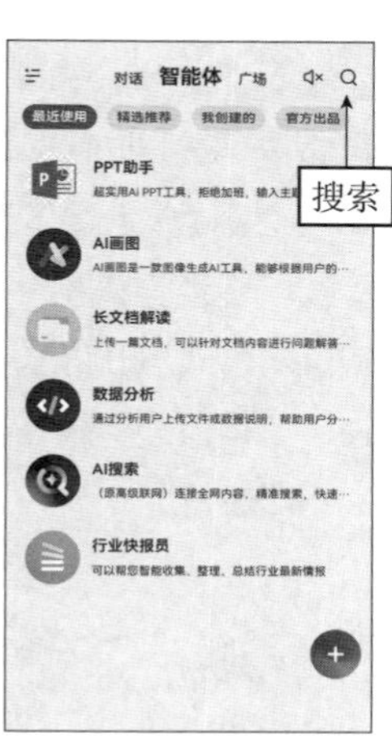

图8-6　点击“搜索”按钮

图8-7　选择相应智能体

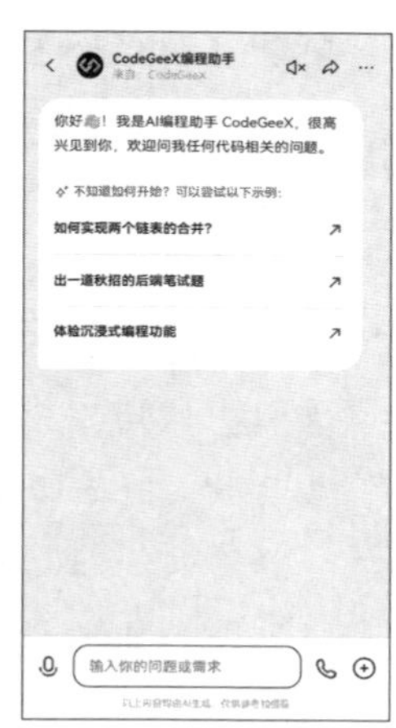

图8-8　打开相应界面

8.2.2　自动生成和补全代码，大幅提升编程速度

扫　码
看视频

CodeGeeX 能够根据自然语言注释描述的功能自动生成代码，也可以根据已有的代码片段自动生成后续代码，补全当前行或生成后续若干行。这一功能极大地提高了编程速度，减少了手动输入代码的时间，相关案例如下。

提问

构建一个 Web API 接口，处理用户登录请求。下面是已经写完的部分代码内容，请补全后续若干行。

```
from flask import Flask, request, jsonify
from werkzeug.security import check_password_hash
app = Flask(__name__)
# 假设这里有一个存储用户信息的模拟数据库
users = [
    {'username': 'user1', 'password_hash': 'hashed_password1'},
    {'username': 'user2', 'password_hash': 'hashed_password2'}
]
```

CodeGeeX 编程助手

为了完成用户登录请求的处理，我们需要添加几个关键部分：1. 路由来处理登录请求；2. 验证用户名和密码的逻辑；3. 返回适当的响应。我将使用Flask 框架来完成这个任务。

首先，我会创建一个路由 /login，它将接受 POST 请求，并包含用户名和密码。然后，我会检查提供的凭据是否与模拟数据库中的信息匹配。如果凭据有效，将返回成功的响应；否则，将返回错误消息。

下面是补全的代码：

```
from flask import Flask, request, jsonify
from werkzeug.security import check_password_hash
app = Flask(__name__)
# 模拟数据库中的用户信息
users = [
    {'username': 'user1', 'password_hash': 'hashed_password1'},
    {'username': 'user2', 'password_hash': 'hashed_password2'}
]
@app.route('/login', methods=['POST'])
def login():
    # 获取 JSON 数据
    data = request.json
    username = data.get('username')
    password = data.get('password')
    # 验证用户名和密码
```

```
    user = next((user for user in users if user['username'] == username), None)
    if user and check_password_hash(user['password_hash'], password):
        return jsonify({'message': 'Login successful'}), 200
……
```

8.2.3 翻译代码，实现无国界编程

扫码看视频

基于 AI 大模型对代码进行语义级翻译，支持多种编程语言互译，这使得用户可以轻松地将代码从一个语言转换为另一个语言，促进了跨语言编程的便捷性，相关案例如下。

提问

请将下面这段代码翻译为 JavaScript 语言：

SELECT * FROM users WHERE last_active_date >= CURDATE() - INTERVAL 30 DAY

CodeGeeX 编程助手

要将给定的 SQL 查询翻译成 JavaScript，我们需要考虑如何使用 JavaScript 处理日期和查询数据。在 JavaScript 中，我们通常使用 Date 对象来处理日期，并且如果数据存储在数组或数据库中，我们需要编写相应的逻辑来过滤数据。

下面是一个示例，展示了如何使用 JavaScript 来实现这个 SQL 查询的功能：

Javascript：

```
// 假设有一个用户数组，每个用户对象都有一个 lastActiveDate 属性
const users = [
  { id: 1, name: 'User 1', lastActiveDate: '2023-07-01' },
  { id: 2, name: 'User 2', lastActiveDate: '2023-07-15' },
  // ... 更多用户
];
// 获取当前日期
const currentDate = new Date();
```

```
// 计算 30 天前的日期
const thirtyDaysAgo = new Date();
thirtyDaysAgo.setDate(currentDate.getDate() - 30);
// 过滤出过去 30 天内活跃的用户
const activeUsers = users.filter(user => {
  const lastActive = new Date(user.lastActiveDate);
  return lastActive >= thirtyDaysAgo;
});
// 输出结果
console.log(activeUsers);
……
```

8.2.4 智能问答，你的编程问题让AI来解答

扫码看视频

开发中遇到的技术问题，可直接向 CodeGeeX 提问，它能够实时回答用户的问题，提供解决方案或建议，让用户无须离开 IDE 环境去搜索引擎寻找答案，相关案例如下。

提问

如何实现用户注销功能？

CodeGeeX 编程助手

实现用户注销功能通常涉及以下几个步骤：

1. 注销逻辑：确定用户注销的具体逻辑，例如删除用户的会话信息或令牌。

2. 前端处理：在前端添加一个注销按钮或链接，当用户点击时，发起注销请求。

3. 后端处理：在后端处理注销请求，执行注销逻辑，并返回适当的响应。

在 Web 应用中，常见的做法是使用会话（Session）或令牌（Token）来管理用户的登录状态。当用户登录时，服务器生成一个会话或令牌，并将其存储在服务器或客户端（如 Cookie 或 Local Storage）。用户注销时，只需销毁这个会话或令牌。

以下是一个简单的示例，展示了如何在 Flask 应用中实现用户注销功能：

```
from flask import Flask, session, redirect, url_for, escape, request
app = Flask(__name__)
# 设置密钥，用于安全地签名会话 cookie
app.secret_key = 'your_secret_key'
@app.route('/')
def index():
    if 'username' in session:
        return f' 已登录，欢迎 {escape(session["username"])}！ <br><a href=
"/logout"> 注销 </a>'
……
```

在这个示例中，我们使用了 Flask 的 session 对象来存储用户名。当用户登录时，我们在会话中设置用户名。注销功能通过 /logout 路由实现，它会从会话中删除用户名，从而实现注销。

在前端，我们添加了一个注销链接，当用户点击时，会发起到 /logout 的请求，后端处理该请求并执行注销逻辑。

请注意，实际应用中可能需要更复杂的注销逻辑，例如撤销令牌、记录注销日志等。此外，为了安全性，确保使用安全的会话管理方式，并在用户注销后清理所有相关的会话数据。

8.2.5　解释代码，深入理解每一行代码的含义

扫　码
看视频

CodeGeeX 编程助手可以对用户提供的代码片段进行智能分析，并尝试以易于理解的方式阐述该代码的功能、逻辑或运行过程。这一功能对于新手用户来说尤为有用，因为它可以帮助他们更好地理解和学习复杂的代码结构；同时，对于经验丰富的用户，它也能作为一个快速检查或验证代码逻辑的工具。

提问

```
SELECT * FROM users WHERE last_active_date >= CURDATE() -
INTERVAL 30 DAY
```

这是一段什么代码？

 **CodeGeeX 编程助手**

这是一段 SQL 查询语句。

这段代码的作用是从名为“users”的表中检索出所有在最近 30 天内（包含今天）有活动记录的用户信息。

具体解释如下：

SELECT * FROM users：表示从“users”表中选择所有列的数据。

WHERE last_active_date >= CURDATE() - INTERVAL 30 DAY：这是一个条件筛选语句。其中，CURDATE() 是一个函数，返回当前日期。INTERVAL 30 DAY 表示一个时间间隔为 30 天。所以 CURDATE() - INTERVAL 30 DAY 就计算出了从当前日期往前推 30 天的那个日期。last_active_date >= CURDATE() - INTERVAL 30 DAY 这个条件判断用户表中“last_active_date”列的值是否大于等于从当前日期往前推 30 天的日期，如果满足这个条件，就说明该用户在最近 30 天内有活动记录。

8.2.6 修正代码的bug，确保程序的稳定性

扫码看视频

在 CodeGeeX 编程助手中，修正代码的 bug 是指利用 CodeGeeX 的智能分析和建议功能，帮助用户定位和修复代码中的错误或缺陷。它不仅可以显著提高用户的编码效率，还能减少因手动查找和修复 bug 而花费的时间，相关案例如下。

提问

请检查下面这段代码，是否有漏洞，如果有问题，该如何修正？

```
def is_palindrome(s):
    half_length = len(s) // 2
    return s[:half_length] == s[-half_length:][::-1]
```

 **CodeGeeX 编程助手**

这段代码的目的是检查一个字符串 s 是否是回文，即它从前往后读和从后往前读是一样的。代码的基本逻辑是对的，但是有一个小问题需要注意：当字符串的长度是奇数时，中间的字符不应该参与比较。

目前，代码中的 half_length 是通过取字符串长度的一半得到的，这在字

符串长度为奇数时会导致中间的字符被包含在比较的两部分中。为了修正这个问题，我们应该确保只比较前半部分和后半部分的对应字符。

以下是修正后的代码：

```
def is_palindrome(s):
    half_length = len(s) // 2
    return s[:half_length] == s[-half_length:][::-1]
```

这段代码在大多数情况下都能正确工作，但是它没有处理字符串中可能包含的非字母数字字符，例如空格、标点符号等。如果需要检查包含这些字符的字符串是否是回文，可能需要先清理字符串，只保留字母数字字符，并忽略大小写。

例如，我们可以使用以下代码来清理字符串并检查是否为回文：

```
def is_palindrome(s):
    # 清理字符串，只保留字母数字字符，并转换为小写
    cleaned_s = ''.join(char.lower() for char in s if char.isalnum())
    half_length = len(cleaned_s) // 2
    return cleaned_s[:half_length] == cleaned_s[-half_length:][::-1]
```

在这个修正后的版本中，我们首先使用列表推导式和 isalnum() 方法清理字符串，只保留字母数字字符，并使用 lower() 方法将所有字符转换为小写。然后，我们再执行回文检查。这样，即使字符串包含非字母数字字符，这个函数也能正确地判断它是否是回文。

8.3 本章小结

本章介绍了通义灵码与 CodeGeeX 编程助手两大 AI 编程工具，它们通过自然语言编程、代码优化与检测、智能代码生成与补全、代码翻译与问答、代码解释及修正等功能，极大地革新了编程流程。学习本章内容后，读者可以掌握利用 AI 辅助编程的前沿技术大幅提升编程效率与质量、增强代码可读性与稳定性的方法。

第 9 章

营销策划

AI 赋能品牌推广与活动运营

本章将以前瞻性的视角，探索AI如何深刻改变品牌推广的格局，从营销计划到营销方案，从产品介绍到种草文案，AI技术正逐步成为品牌营销策略的核心驱动力。通过智能分析大数据，洞察消费者行为背后的秘密，我们将一同见证AI如何赋能品牌，实现营销效果的飞跃式提升，开启一场智慧营销的新征程。

9.1 文心一言：营销内容的智能创作工厂

文心一言是百度公司研发的知识增强大语言模型，它可利用先进的人工智能技术，自动化生成高质量、个性化的营销文案与素材。它能够深度分析用户数据与市场趋势，理解品牌调性，快速创作出既符合品牌形象又能吸引目标受众的内容。

本节主要介绍使用文心一言进行营销策划的操作方法，包括生成短视频带货脚本、品牌包装与推广方案、营销软文、活动标语、活动运营方案及市场营销计划等内容。

9.1.1 生成短视频带货脚本，提升销售转化率

扫码看视频

在文心一言的百宝箱中，有一个“短视频带货脚本”模板，为创作者提供了一个清晰的框架，包括如何引入产品、展示产品特点、激发购买欲望及引导购买行动等关键环节，使用户能够快速搭建起视频的基本结构，减少构思和策划的时间。

下面介绍使用文心一言生成短视频带货脚本的操作方法。

STEP 01 打开文心一言页面，在左侧工具栏中单击“百宝箱”按钮，如图9-1所示。

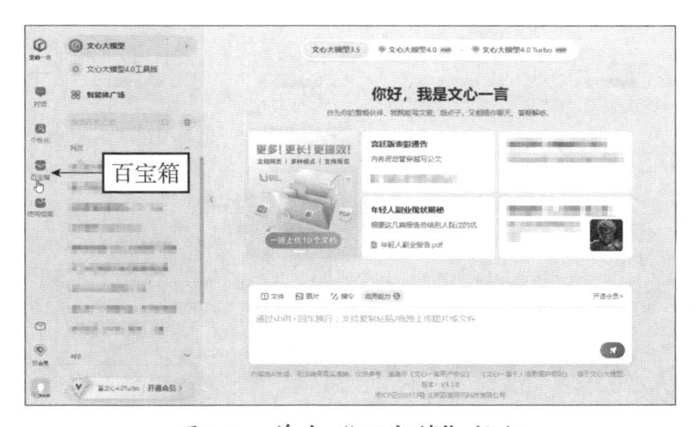

图9-1 单击“百宝箱”按钮

STEP 02 弹出“一言百宝箱”窗口，切换至“职业”选项卡，如图9-2所示。

STEP 03 单击“市场营销”标签，展开“市场营销”模板库，单击“短视频带货脚本”下方的“使用”按钮，如图9-3所示。

STEP 04 执行操作后，返回文心一言页面，在下方文本框中显示了相关指令，指导AI生成特定的短视频带货脚本，如图9-4所示。

图9-2 切换至“职业”选项卡

图9-3 单击“使用”按钮

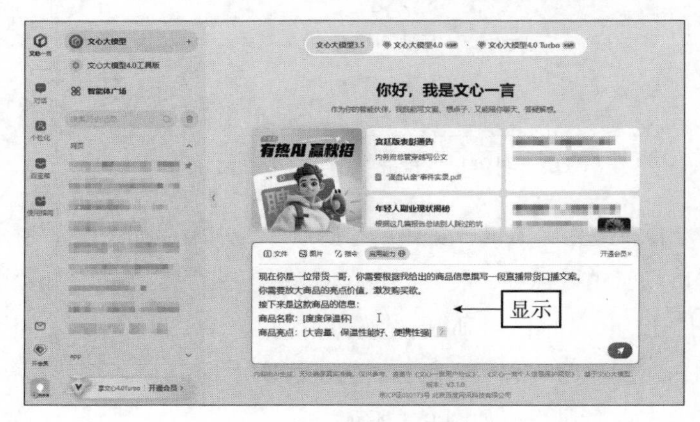

图9-4 显示了相关指令

STEP 05 用户可根据需要修改指令的内容，将商品名称与商品亮点修改为用户希望出现的内容，如图 9-5 所示。

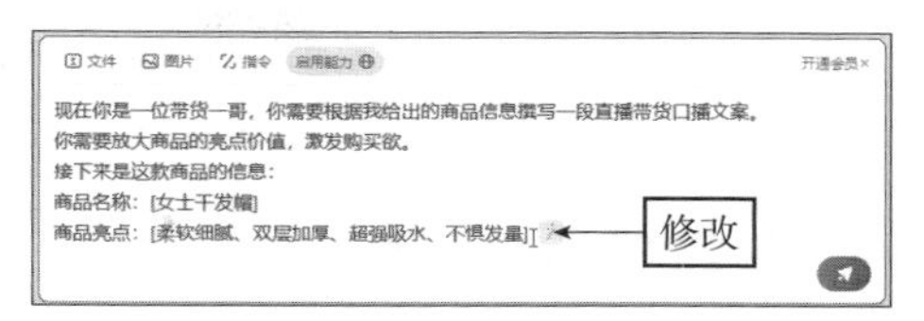

图9-5 根据需要修改指令的内容

STEP 06 单击发送按钮，即可生成短视频带货脚本，相关回复内容如下。

文心一言

大家好，欢迎各位亲爱的朋友们来到我的直播间！今晚，我手里这款宝贝，简直是每一位爱美小姐姐的浴室秘密武器——【女士干发帽】，它不仅仅是一件日常用品，更是你提升生活品质的小确幸！

首先，咱们来聊聊它的触感，这款干发帽采用了顶级柔软面料，触感细腻如云朵，轻轻一裹，仿佛给头皮做了一个温柔的SPA，让忙碌一天的你瞬间放松下来。无论是敏感肌还是追求极致舒适的你，都能享受到它带来的无与伦比的亲肤体验。

再来说说它的设计，双层加厚，这可不是简单的叠加哦！这样的设计不仅增强了吸水性，还保证了耐用性，即便是频繁使用，也能持久保持蓬松柔软。想象一下，洗完头，轻轻一裹，那些恼人的水珠立刻被它牢牢锁住，再也不怕滴得满地都是，让你的房间保持干爽整洁。

而且，这款干发帽真正做到了“不惧发量”！无论你是长发飘飘的仙女，还是短发利落的都市丽人，它都能完美适配，轻松包裹，不留缝隙。超强吸水力，让湿发迅速变干，大大缩短了吹头发的时间，保护你的头发免受热损伤，从此告别干枯分叉，让秀发更加柔顺有光泽。

朋友们，生活中的小细节往往能决定大幸福。一款好的干发帽，不仅能提升你的生活质量，更是对自己的一份呵护。现在下单，还有超值优惠等着你，数量有限，先到先得哦！赶紧把它带回家，让每一次沐浴后的时光都变得更加惬意和美好。让我们一起，从细节开始，宠爱自己，享受生活的每一个瞬间！

9.1.2 生成品牌包装与推广方案，创造影响力

扫码看视频

进行品牌包装与推广的核心作用在于塑造和提升品牌形象，增强品牌认知度与

美誉度，从而吸引目标消费者并促进产品的销售。精美的包装能直观展示品牌价值，提升产品吸引力，而有效的推广方案则能扩大品牌影响力，深化市场渗透力，使品牌在众多竞争者中脱颖而出。

下面介绍在文心一言中生成品牌包装与推广方案的操作方法。

STEP 01 打开“一言百宝箱”窗口，切换至“职业”选项卡，展开“市场营销”模板库，单击“品牌推广”下方的“使用”按钮，如图 9-6 所示。

图9-6　单击“使用”按钮

STEP 02 执行操作后，返回文心一言页面，在下方文本框中显示了相关指令，用于指导 AI 生成特定的品牌包装与推广方案，如图 9-7 所示。

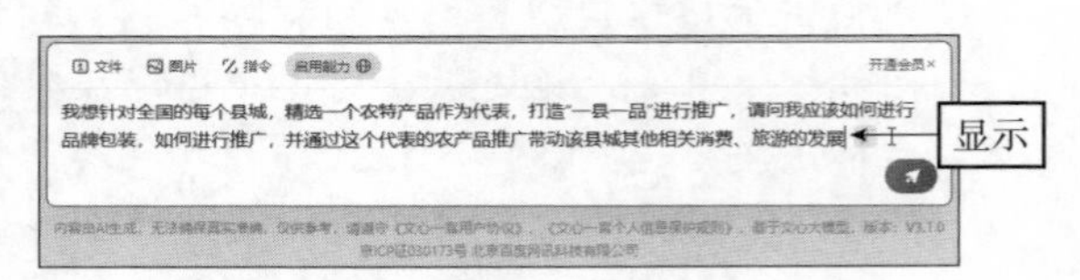

图9-7　文本框显示了相关指令

STEP 03 单击发送按钮，即可生成品牌包装与推广方案，相关回复内容如下。

文心一言

针对全国的每个县城，精选一个农特产品作为代表，打造“一县一品”进行推广，是一个具有深远意义的项目，旨在提升地方特色农产品的知名度，促进农村经济发展，并带动相关消费和旅游业的发展。以下是从品牌包装和推广策略两个方面的具体建议：

一、品牌包装

1. 定位与策划

明确产品特色：深入挖掘每个县城农特产品的独特卖点，如产地优势、品种特性、传统工艺等。

品牌形象设计：结合产品特性和地方文化，设计具有辨识度的品牌名称、标志和视觉形象系统（VI）。

包装设计：

形状选择：考虑产品的形状、大小和运输便利性，设计易于携带和保存的包装。

色彩搭配：运用鲜明且符合产品特性的色彩，吸引消费者的注意力，同时考虑色彩在不同环境下的视觉效果。

图案与文字：采用简洁明快的文字和图案，直观展示产品特点和品牌信息，确保信息传达准确无误。

2. 材料与工艺

环保材料：优先选用可回收、可降解的环保材料，提升品牌形象，满足现代消费者对环保的需求。

精湛工艺：注重包装的细节处理，如封口、印刷质量等，确保产品包装的精致度和耐用性。

3. 文化内涵

融入地方文化：在包装设计中融入地方文化元素，如民俗图案、历史故事等，增强产品的文化底蕴和吸引力。

故事讲述：通过包装上的文字或者二维码链接，讲述产品背后的故事和制作工艺，增加消费者的情感共鸣。

二、推广策略

1. 线上推广

社交媒体营销：利用微博、微信、抖音等社交媒体平台，发布产品介绍、制作过程、用户评价等内容，吸引粉丝关注和分享。

电商平台合作：与天猫、京东、拼多多等电商平台合作，开设旗舰店或参加促销活动，拓宽销售渠道。

……

9.1.3　生成营销软文，突出产品的优势和特点

扫　码
看视频

在营销软文中，强调产品的优势与特点能够直接吸引目标消费者的注意力，清晰传达产品的价值。通过精准描述产品的独特卖点、卓越性能或创新设计，能够有效区分于竞争对手，激发潜在客户的购买兴趣，不仅提升了品牌形象，还促进了市场认可度的提升，加速产品销售业绩的提高。下面介绍在文心一言中生成营销软文的操作方法。

STEP 01 打开“一言百宝箱”窗口，切换至“职业”选项卡，展开“市场营销”模板库，单击“营销软文”下方的“使用”按钮，如图 9-8 所示。

STEP 02 执行操作后，返回文心一言页面，在下方文本框中显示了相关指令，用于指导AI生成特定的营销软文，如图9-9所示，用户可根据需要修改指令的内容。

图9-8　单击“使用”按钮

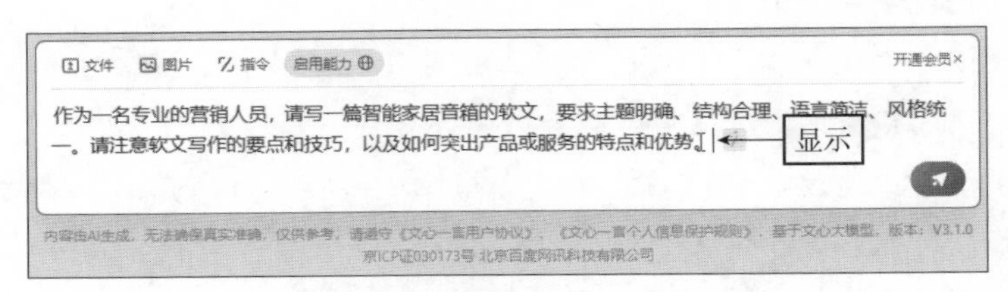

图9-9　文本框中显示了相关指令

STEP 03 单击发送按钮，即可生成营销软文，相关回复内容如下。

文心一言

【智启未来，声动生活——探索智能家居音箱的无限魅力】

在这个日新月异的智能时代，家，不再仅仅是遮风挡雨的港湾，更是科技与温馨交织的智慧空间。今天，就让我们一起走进智能家居的奇妙世界，探索一款颠覆传统、引领潮流的智能家居音箱——【智韵·未来之声】，它不仅是音乐的使者，更是您智能家居生活的贴心伴侣。

【一、音质卓越，触动心灵】

在【智韵·未来之声】的世界里，每一个音符都被赋予了生命。采用高解析度音频技术，搭配定制化扬声器单元，无论是激昂的摇滚乐，还是悠扬的古典乐，都能精准还原，让每一次聆听都成为一场属于耳朵的盛宴。低音深沉有力，中音温润饱满，高音清澈透亮，层次分明，直击心灵深处，让家中的每一个角落都沉浸在无与伦比的音乐海洋中。

【二、智能互联，一语即达】

告别烦琐操作，拥抱智能生活。【智韵·未来之声】内置先进的人工智能语音助手，只需简单口令，无论是播放音乐、查询天气、设置闹钟，还是控制家中其他智能设备，都能轻松实现。它不仅是音乐的播放工具，更是您生活中的智能助手，让您的家居生活更加便捷高效。

【三、个性化定制，专属您的声音】

每个人的喜好都是独一无二的，【智韵·未来之声】深刻理解这一点。通过专属App，您可以根据个人喜好设置播放列表、调整音效风格，甚至定制个性化的语音唤醒词，让音箱成为真正属于您的私人音乐顾问。更有海量在线资源，从热门新歌到经典老歌，从有声读物到儿童故事，应有尽有，满足全家人的娱乐需求。

……

9.1.4　生成活动标语，传达活动主题与亮点

扫码看视频

活动标语在营销活动中扮演着至关重要的角色，它能够迅速吸引公众的眼球，简洁有力地传达活动主题与亮点，激发参与兴趣和期待感。优质的活动标语能够深入人心，成为口碑传播的重要元素，增强活动的记忆点与影响力。

下面介绍在文心一言中生成活动标语的操作方法。

STEP 01 打开“一言百宝箱”窗口，切换至“职业”选项卡，展开“市场营销”模板库，单击“活动标语”下方的“使用”按钮，如图9-10所示。

图9-10　单击“使用”按钮

STEP 02 执行操作后，返回文心一言页面，在下方文本框中显示了相关指令，用户可根据需要修改指令的内容，指导AI生成特定的活动标语，如图9-11所示。

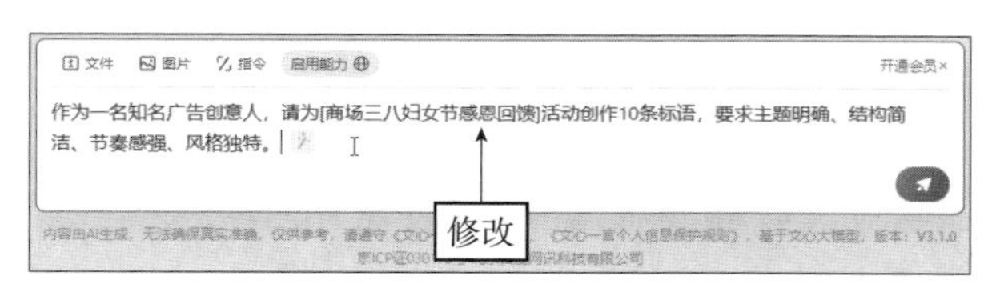

图9-11　修改指令的内容

STEP 03 单击发送按钮，即可生成活动标语，相关回复内容如下。

文心一言

当然，以下是为“商场三八妇女节感恩回馈”活动精心创作的10条标语：

1. 悦动三八，感恩回馈，商场盛惠，只为独一无二的你！
2. 她力量，她风采，商场献礼，三八感恩购精彩！
3. 春风十里，不如你美，商场三八节，感恩回馈不打烊！
4. 三八女神节，商场感恩行，特惠专享，宠爱升级中！
5. 绽放女性魅力，商场三八节，感恩回馈，美丽无负担！
6. 智慧与优雅并存，商场感恩回馈，三八节礼遇不停歇！
7. 悦享三八，感恩有你，商场特惠，让美丽更轻松！
8. 宠爱自己，从三八开始，商场感恩回馈，美丽不设限！
9. 三八佳节，商场盛宴，感恩回馈，每一刻都值得被珍藏！
10. 她时代，她主张，商场三八感恩回馈，让美丽与自信同行！

9.1.5 生成活动运营方案，推动业务增长

扫 码
看视频

活动运营方案对于提升品牌影响力、增强用户黏性、促进销售转化率及收集市场反馈至关重要，它明确了目标用户、活动时间、内容创意、执行流程、预算分配及效果评估标准，确保活动有序高效进行。通过精心策划的活动，不仅能快速吸引目标用户关注，还能在市场中形成独特的品牌形象，加深用户对品牌的认知与好感，最终推动业务增长，相关案例如下。

提问

作为一名资深运营专家，请设计一个[国庆节出游的活动运营]方案，注重目标用户的选择、活动时间的安排、活动具体的玩法形式、推广方式的多元化、风险的有效控制及数据的监测与分析。

文心一言

国庆节出游活动运营方案

一、目标用户选择

1. 核心用户定位：以年轻家庭、情侣、中青年自由行爱好者为主要目标

群体，这些群体倾向于在国庆长假期间进行旅游消费，追求个性化、品质化的旅行体验。

2. 用户画像细化：通过历史数据分析，进一步细分用户兴趣点（如自然风光、历史文化、亲子游乐、美食探索等），以便精准推送定制化活动内容。

二、活动时间安排

1. 预热期（提前2周）：通过社交媒体、App推送、邮件营销等方式发布活动预告，激发用户兴趣，收集用户出行意向。

2. 活动期（国庆假期前后）：正式开展活动，确保覆盖整个国庆假期，为用户提供便捷的预订、出行、分享等服务。

3. 延续期（国庆后1周）：收集用户反馈，发布精彩瞬间回顾，延续话题热度，同时推出针对未出行用户的后续优惠。

三、活动具体玩法形式

1. “国庆出游挑战赛”：鼓励用户分享自己的国庆旅行故事、美图、短视频至指定平台，设置话题挑战赛，如#最美秋色#、#家庭欢乐游#等，根据点赞、转发量评选出优胜者，赠送下次旅行优惠券或精美礼品。

2. “定制游路线特惠”：联合旅行社推出多条精选定制游路线，覆盖热门及小众景点，提供限时折扣、早鸟价等优惠，满足不同用户的出行需求。

3. “旅行达人直播秀”：邀请知名旅行博主或达人进行直播，进行旅行攻略分享、目的地介绍、实时互动答疑，增加活动趣味性和互动性。

……

9.1.6 生成市场营销计划，提供实地营销策略

扫码看视频

市场营销计划是企业战略规划的核心组成部分，其关键作用在于明确市场定位、指导营销活动、优化资源配置、预测市场趋势并应对竞争挑战。

通过制定详细的市场营销计划，企业能够系统地分析市场环境、识别目标客户、设计有效的营销组合策略（产品、价格、渠道及促销策略），以确保营销活动的针对性、有效性和可衡量性，最终实现企业市场占有率的提升和长期盈利目标，相关案例如下。

提问

作为一名市场营销专家，请制定一份[雅安洗护用品]中秋节市场营销计

划，需要关注目标市场、竞争情况、产品定位、促销策略和预算分配等细节，同时需要制定合理的营销时间线和效果评估标准。

文心一言

洗护用品中秋节市场营销计划

一、市场分析

1. 目标市场

• 年龄层：主要面向18～45岁的中青年消费者，这部分人群注重生活品质，对洗护用品有较高需求和消费能力。

• 性别：男女兼顾，但女性市场占比略高，因女性对洗护产品的选择更为细致多样。

• 消费心理：中秋节作为传统佳节，消费者倾向于选择有节日氛围、寓意团圆与健康的礼品送给家人朋友，同时也关注自我犒赏与家庭护理。

2. 竞争情况

• 主要竞争对手：分析市场上同类洗护品牌的中秋促销活动，包括折扣力度、赠品选择、营销创意等。

• 差异化优势：强调品牌独特的天然成分、环保理念、特殊功效（如防脱、滋养、留香等）或创新包装设计，以区别于竞争对手。

二、产品定位

• 产品特色：主打“健康团圆，美好呵护”主题，推出中秋限定礼盒，包含家庭装洗护套装（洗发水、沐浴露、护发素等），强调产品温和无刺激，适合全家人使用，同时融入中秋元素（如月饼形状包装、团圆寓意文案）。

• 目标价值：传递“用爱呵护，共赏月圆”的情感价值，满足消费者节日送礼与自我关爱的双重需求。

三、促销策略

1. 预售优惠

提前一个月（即中秋节前一个月）开启预售，前100名下单者享受额外赠品或折扣。

2. 捆绑销售

家庭装洗护套装搭配精美中秋贺卡或小型月饼礼盒，提升购买吸引力。

……

9.2 讯飞星火：实现品牌赋能的得力AI助手

讯飞星火是科大讯飞公司推出的一款 AI 大语言模型，旨在通过先进的人工智能技术提升自然语言处理的能力，帮助用户快速完成各种任务。该工具自发布以来，凭借强大的功能和广泛的应用场景，受到了广泛关注。

讯飞星火在助力企业品牌营销策划方面，展现了强大的智能生成能力。它能够快速生成多样化的营销策划文案，从创意概念到执行细节，为企业量身定制营销方案。这不仅提升了策划效率，还丰富了文案的创意与个性化，帮助企业更好地吸引目标受众，增强品牌影响力。

本节主要介绍使用讯飞星火助力企业营销策划的相关案例。

9.2.1 生成产品广告语，从品牌中脱颖而出

扫码看视频

产品广告语的作用在于精准传达产品的核心价值，吸引目标顾客注意，激发购买欲望，同时塑造品牌形象，增强市场竞争力。精炼有力的广告语能够瞬间抓住消费者注意力，让产品在众多选项中脱颖而出，成为消费者心中的首选。下面介绍使用讯飞星火生成产品广告语的操作方法。

STEP 01 在讯飞星火页面左侧，选择“智能体中心”选项，如图 9-12 所示。

图9-12 选择“智能体中心”选项

STEP 02 进入“智能体中心”页面，单击“营销”标签，切换至“营销”面板，在其中选择“广告语创意达人”智能体，如图 9-13 所示。

STEP 03 进入“广告语创意达人”页面，如图 9-14 所示，在其中可以通过 AI 生成各种具有创意的产品广告语。

图9-13　选择“广告语创意达人”智能体

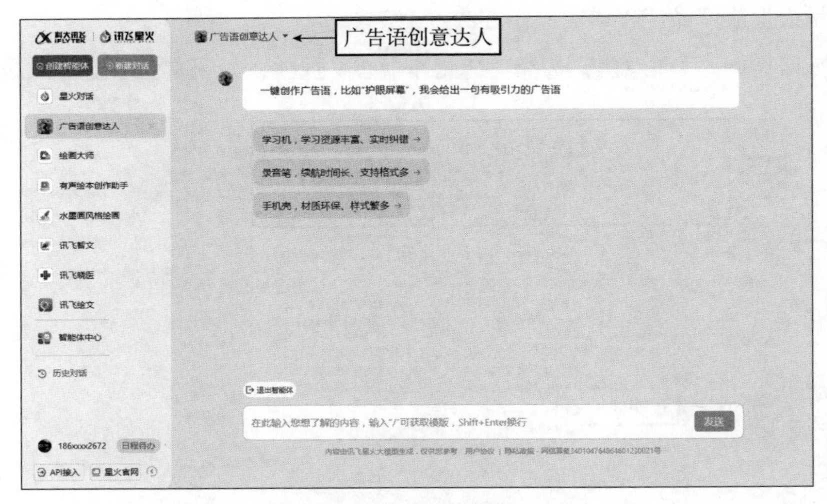

图9-14　进入“广告语创意达人”页面

STEP 04 在下方文本框中输入相应的指令，单击右侧的“发送”按钮，便可以得到 AI 生成的产品广告语，相关指令和回复内容如下。

提问

智能音箱

讯飞星火

听，未来的声音。智能音箱，触手可及的科技魔法。

9.2.2　生成产品介绍，迅速建立品牌形象

扫码看视频

产品介绍不仅能展示产品特性、优势与独特卖点，还能激发潜在客户的兴趣，促进购买决策。清晰、吸引人的产品介绍能够迅速建立品牌形象，增强市场认知度。同时，通过精准传达产品价值，能使自身有效区分于竞品，提升竞争力。此外，优质的产品介绍还能作为营销材料，在多渠道进行传播，从而扩大市场覆盖，助力销售业绩提升。相关案例如下。

提问

请帮我撰写一篇关于高端按摩椅的产品介绍，内容需涵盖其主要功能（如全身气囊按摩、多种按摩模式、智能温控热敷、零重力体验）、适用人群，以及为何它能成为缓解疲劳、提升生活品质的理想选择。语言要专业且吸引人，控制在500字左右。

讯飞星火

引领未来健康生活新风尚的高端按摩椅，集尖端科技与奢华享受于一体，是您居家放松、恢复活力的不二之选。该款按摩椅采用全方位立体气囊包裹技术，精准贴合人体曲线，从肩颈至足底，实现全身无死角按摩，深度缓解肌肉紧张与僵硬。

内置多种按摩模式，包括仿真人手推拿、揉捏、敲打、振动等，结合个性化程序设置，满足不同用户的按摩偏好与需求。智能温控热敷功能，温暖渗透肌理，促进血液循环，有效缓解关节酸痛与身体寒凉，让每一次按摩都成为一场温暖的疗愈之旅。

特别引入的零重力体验，模拟太空舱失重状态，让身体自然伸展，减轻脊椎与关节压力，仿佛置身于云端之上，享受极致的放松与舒适。这不仅是

一款按摩椅，更是私人健康管理的智慧伙伴。

适用于各年龄层人士，无论是久坐办公室的上班族，还是追求生活品质的中老年朋友，都能在这里找到专属的舒缓方式。高端按摩椅以其卓越的按摩效果与人性化的设计，成为现代人缓解疲劳、提升生活品质的理想选择。在繁忙的生活中，给自己一个温馨的拥抱，让健康与舒适常伴左右。

9.2.3 生成海报营销文案，扩大品牌曝光度

扫码看视频

海报营销文案能够以视觉与文字结合的方式，迅速抓住目标受众的注意力，传递产品核心价值或活动亮点。优质的海报文案能激发情感共鸣，引导消费者采取行动，如购买、关注或参与。同时，海报作为可分享的内容，能扩大品牌曝光度，促进口碑传播，助力市场营销活动取得更广泛的影响力与成效。相关案例如下。

提问

奶茶店开业引流。

讯飞星火

一、输入信息分析

输入信息概括为“奶茶店开业引流”，这意味着目标是为新开业的奶茶店吸引顾客。这需要我们设计一个吸引人的营销活动，以增加店铺知名度并带动初步销售。

二、海报营销文案构思

主标题：魔都新茶界炸弹！

副标题：震撼开业：畅饮一夏！

子标题：初见惊喜，再见倾心！

三、活动内容

- 见面礼：前 100 名到店顾客可获得“神秘奶茶”免费试饮机会。
- 打卡好礼：在社交平台打卡分享本店定位，即送定制精美小礼品。
- 满减优惠：开业期间，买一送一，双倍快乐！

四、活动主题

-“新茶初体验”：打造全新奶茶体验，让顾客成为奶茶创新的一部分。

> 五、活动目的
> - 创造开业热度，增加客流和品牌曝光度。
> - 收集顾客反馈，优化产品与服务。
> 六、活动需求
> - 营销海报需在本地社区、学校及社交媒体广泛传播。
> - 店内准备充足的物料与人员以应对客流。
> ……

9.2.4　生成营销策划案，指导市场推广

扫　码
看视频

营销策划案是指导市场推广与销售的蓝图，它可以精准定位目标市场，明确竞争优势，规划创意营销活动，确保资源有效配置。通过策略性布局，可以吸引潜在客户，提升品牌知名度与美誉度，促进销量增长。同时，策划案还可以助力企业预测市场反应，灵活调整策略，以应对市场变化。下面介绍使用讯飞星火 App 生成营销策划案的操作方法。

STEP 01 打开讯飞星火 App，进入“对话”界面，点击“智能体”按钮，如图 9-15 所示。

STEP 02 进入“智能体”界面，在上方点击“应用广场”标签，如图 9-16 所示。

STEP 03 进入“应用广场”界面，点击“营销”按钮，显示营销类的智能体，在下方选择“营销策划案撰写”智能体，如图 9-17 所示。

STEP 04 进入“营销策划案撰写”界面，在下方文本框中输入相应的指令，指导 AI 生成特定的营销策划案，如图 9-18 所示。

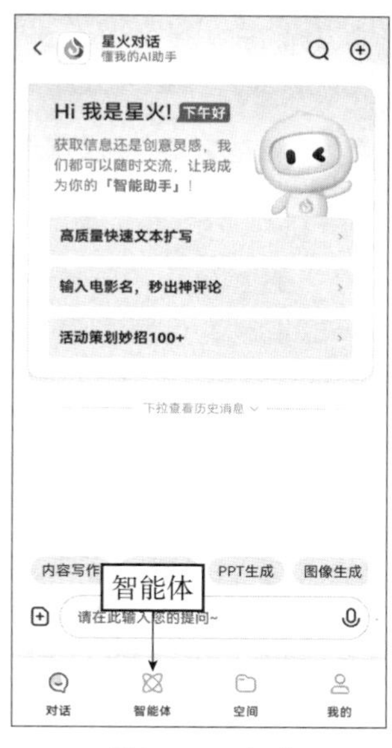

图9-15　点击“智能体”按钮

图9-16　点击“应用广场”标签

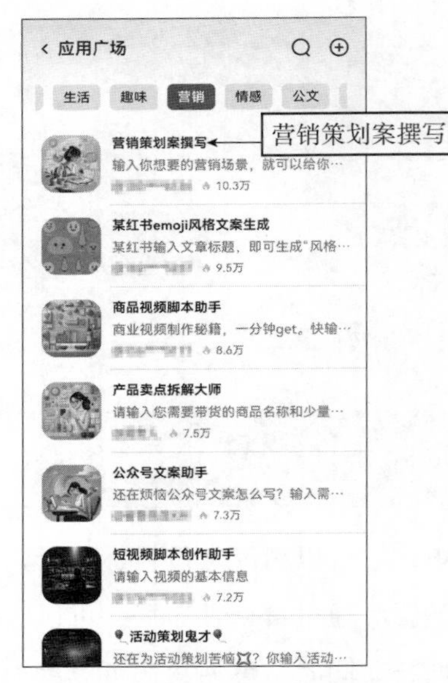

图9-17　选择相应的智能体

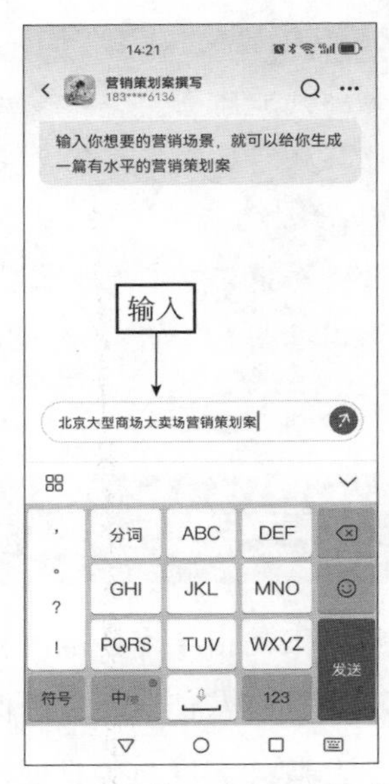

图9-18　输入相应的指令

STEP 05 点击发送按钮，即可生成大型商场大卖场营销策划案，相关回复内容如下。

讯飞星火

标题：北京大型商场大卖场营销策划案

一、引言

在繁忙的都市生活中，购物不仅仅是一种生活需求，更是一种放松和享受。北京作为中国的首都，其购物环境丰富多样，特别是大型商场大卖场，成为市民和游客购物的首选。本营销策划案旨在通过精准的市场分析和策略，提升商场大卖场的客流量和销售额，为顾客提供更好的购物体验。

二、市场分析

北京作为国际化大都市，拥有庞大的消费者群体和成熟的零售市场。目前，北京的购物中心数量多、规模大，并且竞争激烈。消费者对购物体验的要求也越来越高，单纯的价格战已无法满足市场需求。因此，商场大卖场需要通过创新营销策略来吸引更多的顾客。

三、目标客户群定位

我们的目标客户群主要是年龄在18至55岁之间、追求高品质生活的中高端消费者。这部分人群注重商品质量与购物体验，更愿意为优质服务和独特体验支付额外费用。

四、营销目标

在接下来的一年内，通过实施本营销策划案，实现以下目标：

1. 提升品牌知名度：提高20%

2. 增加客流量：增长30%

3. 提高销售额：提升25%

五、营销策略（遵循AIDA法则）

……

9.2.5 生成抖音直播带货标题，提高产品销量

扫码看视频

抖音直播带货标题的作用至关重要，它不仅是吸引观众点击观看的第一道门槛，更是快速传达商品亮点、营造直播氛围及激发购买欲望的关键。

一个优质的抖音直播带货标题能够精准定位目标受众，利用关键词提升搜索曝光度，同时结合创意与趣味性，让直播间在众多选择中脱颖而出。它能在瞬间抓住用户的注意力，引导他们进入直播间，从而增加互动、转化率和销售额。相关案例如下。

提问

请生成10个日用品抖音直播带货标题。

讯飞星火

当然可以，以下是为您生成的标题：

1.【抖音专享】日用品尖货直播！抢先看，抢先购！

2.【居家生活】日用品大促销！抖音直播带你领略购物新体验！

3.【限时抢购】抖音直播间日用品特卖！错过今天，再等一年！

4.【生活好物】日用品抖音直播大放送！快来抢购你的心仪好货！

5. 抖音直播带货盛宴！日用品一站式购齐，省钱省心省时间！

6.【日常必须】抖音直播独家优惠，高品质日用品一网打尽！

7. 抖音直播日用专场！全场包邮，优惠不停歇，抢到就是赚到！

8. 家居生活新升级！抖音直播带你淘好货，日用品全搞定！

9. 日常生活就该精致！抖音直播带货，日用品好物推荐！

10. 抖音直播带货来啦！日用品样样齐全，速来囤货，限时优惠等你领！

9.2.6 生成小红书种草文案，生动描述真实体验

扫码看视频

小红书种草文案的作用在于精准吸引目标用户注意，通过生动描述和真实体验分享，激发用户的购买欲望和兴趣。简短有力的文案搭配高质量图片或视频，能够快速提升口碑，增加产品曝光度，形成良好的品牌形象。对于品牌方而言，这是低成本高效能的营销方式；对消费者而言，则是获取真实购物参考的便捷途径。相关案例如下。

提问

轻薄防晒霜，防晒指数 SPF50+。

讯飞星火

标题：防晒大作战，轻盈守护你的美！

夏日炙热的阳光总是让人爱恨交加，它赋予了大地生机，却也可能带走肌肤的水润与白皙。想要在炎炎夏日中自由漫步，一款轻薄防晒霜绝对是你的随身必备品！今天要跟大家分享的就是这款我超爱的——SPF50+ 轻薄防晒霜！

你是否还在为厚重的防晒霜感到烦恼？是否担心高倍数防晒霜会油腻难吸收？别担心，这款防晒霜来拯救你的夏日肌肤！它的质地轻薄如羽，涂抹在脸上，仿佛肌肤之上只留下一层隐形的防护罩，透气又舒适。

而且，你知道吗？它的 SPF50+ 高倍防护力，能够有效阻挡 UVA 和 UVB，减少肌肤晒伤的风险。即便是长时间外出，也能保持肌肤的水润和健康。经过科学验证，这款防晒霜不仅防晒效果好，还能防水防汗，让你尽情享受夏日乐趣，无须频繁补涂。

最吸引人的是，它不含任何对肌肤有负担的成分，即使是敏感肌也能安心使用。一瓶在手，无论是户外运动还是海滩度假，都能让你轻松面对烈日的挑战。

所以，亲爱的小伙伴们，不要等到肌肤受损才想起防晒的重要性。现在

就行动起来，让这款轻薄防晒霜成为你夏日的新宠吧！一起在阳光下自由呼吸，享受清新夏日的每一刻！

#轻薄防晒##夏日必备##防晒种草#

9.3 秘塔AI搜索：高效收集与整理营销内容

秘塔 AI 搜索是上海秘塔网络科技有限公司开发的一款人工智能搜索引擎，其通过强大的语义理解能力和多轮对话式搜索功能，可以帮助企业营销策划人员快速收集到与产品、市场及竞争对手相关的各类信息。这种高效的信息收集方式，可以大大缩短市场调研的时间，提高信息获取的效率。本节主要介绍使用秘塔 AI 搜索助力企业营销策划的相关案例。

9.3.1 生成产品营销方案，精准定位用户需求

扫码看视频

产品营销方案是连接产品与市场的桥梁，它精准定位目标消费群体，通过创意策划和有效渠道传播，提升品牌知名度与产品吸引力。

下面介绍使用秘塔 AI 搜索 App 搜索并整理产品营销方案的操作方法。

STEP 01 打开秘塔 AI 搜索 App，进入“首页”界面，如图 9-19 所示。

STEP 02 在中间的文本框中输入需要搜索的内容“蓝牙耳机产品营销方案”，如图 9-20 所示。

STEP 03 点击发送按钮，即可搜索并整理出产品营销方案，相关回复内容如下。

图9-19　进入“首页”界面

图9-20　输入需要搜索的内容

秘塔AI搜索

制定蓝牙耳机产品的营销方案需要综合考虑市场需求、用户需求、产品特点和竞争环境等多个方面。以下是一个详细的营销方案：

一、市场分析

1. 市场规模与增长趋势

- 根据QYResearch的预测，2023年中国蓝牙耳机市场预计出货9486万台，同比增长2.7%。全球市场在2022年销售额达到了1440亿元，预计到2029年将达到3153亿元，年复合增长率（CAGR）为11.7%。

- 市场需求持续增长，尤其是开放式耳机市场表现突出，2023年第二季度出货量达到196万台，同比增长125.2%。

2. 竞争分析

- 主要竞争对手包括苹果、华为、小米等品牌，这些品牌的市场占有率分别为15.6%、8.8%、8.4%。

- 竞争对手的产品特点、价格策略和渠道分布情况也需要深入了解。

3. 用户行为与心理分析

- 用户对音质、智能功能和时尚设计有较高要求。

- TWS无线蓝牙耳机的需求心理分析显示，用户更关注产品的便携性、续航能力和连接稳定性。

二、目标设定

1. 销售目标

- 提高蓝牙耳机的销售量和销售额，特别是在高需求地区如一线城市。

- 提升品牌知名度和市场占有率，争取在未来几年内实现显著增长。

2. 品牌建设目标

- 增强品牌的市场影响力，通过多种渠道提升品牌认知度。

- 打造品牌形象，成为消费者首选的蓝牙耳机品牌之一。

……

提示

产品营销方案不仅能帮助企业明确市场定位，还能指导营销策略的制定与执行，如价格策略、促销活动和渠道布局，以最大化市场渗透力和销售转化率。同时，营销方案能收集市场反馈，持续优化产品，增强顾客忠诚度，为企业的长期发展奠定坚实基础。

9.3.2 生成自媒体营销文案，增强品牌情感连接

扫码看视频

自媒体营销文案在营销活动中扮演着至关重要的角色，它不仅能够吸引目标受众的注意力，激发其兴趣与好奇心，还能通过精准传达产品价值、品牌故事或优惠信息，引导受众产生购买欲望或参与购买。优质的自媒体营销文案能够增强品牌与消费者之间的情感连接，提升品牌形象，促进口碑提升。相关案例如下。

提问

生成自媒体营销文案，标题：美丽不打烊，美妆护肤新潮流来袭！

秘塔AI搜索

标题：美丽不打烊，美妆护肤新潮流来袭！

正文：

亲爱的美妆爱好者们，你们是否还在为如何保持美丽而烦恼？是否还在为选择合适的产品而犹豫不决？现在，是时候迎接美妆护肤新潮流了！美丽不打烊，我们为你带来了最新的美妆护肤品需求趋势，让你的美丽时刻在线！

一、细分需求，精准护肤

根据最新的市场调研，消费者对美妆护肤品的需求趋向更细分的方向发展。抗衰、祛痘、保湿等特定类型产品受到追捧，同时，性价比和产品功效也成为消费者的重要考量因素。我们为你精选了多种针对性强且功效明确的产品，让你的护肤更加高效和精准。

二、小众品牌崛起，独特视觉引领潮流

互联网时代的到来为美妆护肤行业带来了丰富的传播平台。抖音、微博、小红书等社交平台的用户活跃度与使用时间均呈现出增长趋势。小众美妆品牌凭借独特的视觉和创新模式，引领了新的美妆潮流。我们为你推荐几款小众品牌，让你在美妆护肤中与众不同。

三、天然与科技融合，护肤新潮流

珂尼娜品牌全新升级，以天然与科技融合引领护肤新潮流。我们为你带来了去黄素颜棕色系列、修复爆水绿色系列、胶原肌活鎏金系列等多款新品，让你的肌肤在天然成分和科技力量的双重呵护下焕发光彩。

四、个性化护肤，专属私教

作为美妆行业的“黑科技”产品之一，“大眼睛”测试仪能够以50倍的镜头探视肌肤的深层秘密，并通过6个维度读懂肌肤“密语”，为消费者生成专属的肌肤护理方案。我们为你提供个性化护肤服务，让你的美丽更加专属和精准。

……

9.3.3 生成探店短视频文案，提升视频观看体验

扫码看视频

探店短视频文案在营销中极具价值，它能瞬间抓住观众眼球，通过生动有趣的描述和引人入胜的语言，快速传达店铺特色、美食诱惑或独特体验，激发观众的好奇心和探索欲。优质的文案不仅能提升视频观看体验，还能将观众转化为实际顾客，促使其到店消费。同时，文案中的真实推荐和情感共鸣，有助于增强品牌信任度，扩大品牌影响力，实现口碑营销的效果。相关案例如下。

提问

生成一篇海鲜自助餐探店短视频文案。

秘塔AI搜索

标题：探店东戴河渔田半岛海鲜餐厅——一场味蕾的盛宴！

1. 开场介绍：

镜头缓缓推进，展示东戴河渔田半岛海鲜餐厅的外观，随后切换到店内环境，温馨而充满海洋气息的装饰让人立刻感受到这里独特的氛围。

旁白：“欢迎来到东戴河渔田半岛海鲜餐厅，一家以海鲜特色炒菜为主打的宝藏餐厅。每一道菜都是对海鲜美味的极致诠释，让人一尝难忘。”

2. 镜头切换至海鲜池：

展示餐厅内的鲜活海鲜池，数十种活海鲜在眼前游动，包括龙虾、螃蟹、贝类等，新鲜程度可见一斑。

旁白：“在这里，你可以看到各种各样的新鲜海鲜，从龙虾、螃蟹到贝类，应有尽有。所有海鲜均来自自家渔船打捞，保证了食材的新鲜和品质。”

3. 镜头切换至自助餐台：

展示自助餐台上琳琅满目的海鲜菜品，包括生蚝、扇贝、虾仁等，以及

各种烹饪方式的海鲜，如烧烤、铁板烧、日式料理等。

旁白："我们的海鲜自助餐种类丰富，从生蚝、扇贝到虾仁，各种烹饪方式任你选择。无论是喜欢传统做法还是创新口味，这里都能满足你的需求。"

4. 镜头切换至顾客用餐场景：

展示顾客们在享受美食的场景，脸上洋溢着满意的笑容，不时与朋友分享美味。

旁白："在这里，你不仅可以品尝到美味的海鲜，还可以与朋友共享这美好的时光。无论是家庭聚餐还是朋友聚会，渔田半岛都是最佳选择。"

5. 结尾：

镜头再次回到餐厅外景，夕阳西下，海风轻拂，餐厅的灯光渐渐亮起，营造出一种温馨而浪漫的氛围。

旁白："东戴河渔田半岛海鲜餐厅，等你来探索更多美味。记得带上你的家人和朋友，一起来体验一场味蕾的盛宴吧！"

9.4　本章小结

本章详细介绍了文心一言、讯飞星火及秘塔 AI 搜索三大 AI 工具在营销内容创作中的广泛应用。从短视频脚本、品牌包装到活动策划，再到具体的营销文案生成，这些工具极大地提升了营销内容的智能化与效率。学习本章内容后，读者可以掌握如何利用 AI 辅助创作，优化营销策略，增强品牌影响力与销售转化率，成为现代营销领域的智慧践行者。

第 10 章

职场提效
AI 金融分析与行业信息搜索

AI金融分析与信息搜索为职场提效的重要工具。在金融领域，AI通过大数据分析、机器学习等技术，能够提供精准的现金流分析、财务分析和SWOT分析，显著提升金融决策的效率和准确性。同时，AI信息搜索能够智能理解用户意图，快速提炼并呈现相关信息，避免传统搜索的冗余与低效。这些AI技术的个性化和高效化，成为职场提效的关键驱动力。本节主要介绍AI工具在职场提效方面的具体应用。

10.1　ChatGPT：为金融领域提效

ChatGPT 是 OpenAI 开发的高级 AI 聊天机器人，基于 GPT-3.5 架构开发，具备强大的自然语言处理与生成能力。它能理解复杂的问题，生成流畅、有逻辑的回复，常用于客服、教育及创作等多个领域，能为用户提供个性化的智能服务。

ChatGPT 能够辅助撰写短信、邮件，提升用户的写作效率与质量；在提供客户服务时，能够自动解答常见问题，减轻人工客服压力。在商业领域，ChatGPT 能进行个性化推荐、智能客户管理，助力精准营销。同时，它还能提供财务数据分析支持与决策支持，为商业决策提供有力依据。这些显著提升了用户的工作效率与服务质量，推动了商业模式的创新与发展。

本节主要介绍使用 ChatGPT 为职场提效的相关案例。

10.1.1　营销短信批量生成，简化工作流程

扫　码
看视频

批量发送营销短信是金融领域中常见的营销方式，主要是以短信的形式，向受众传递金融产品或服务的优惠信息，从而获得用户的关注。营销短信的编辑形式通常是企业或品牌名称 + 营销信息 + 链接传送门 + “回 T 退订”，用户可以将其提供给 ChatGPT，让 ChatGPT 按照编辑形式批量生成营销短信，无须人工花费精力编辑。

下面介绍使用 ChatGPT 批量生成营销短信，为工作流程提效的操作方法。

STEP 01 打开 ChatGPT，在下方文本框中输入相应指令，指导 AI 生成相应的营销短信，如图 10-1 所示。

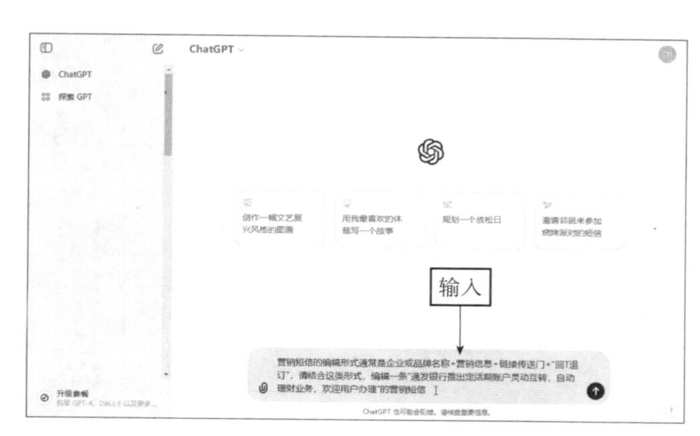

图10-1　输入相应指令

STEP 02 单击右侧的发送按钮 ，即可获得 ChatGPT 生成的金融类营销短信，相关回复内容如下。

ChatGPT

【通发银行】重磅推出定活期账户灵动互转功能，资金自动配置，收益与灵活兼得！无须手动操作，省时省心，轻松理财！立即点击 >> 链接传送门，快速办理专属服务。回 T 退订。

提示

可以看出，ChatGPT 根据指令生成了符合形式要求的营销短信模板，用户可以将其复制并填入银行名称、参与链接等明确的信息后，发送给目标受众。若用户想让 ChatGPT 一次性生成可用的营销短信，可以在指令中提供具体、明确的营销信息。

10.1.2 企业现金流分析，敏锐洞察财务状况

扫码看视频

使用 ChatGPT 分析企业现金流数据，能够显著提升分析的效率和准确性。ChatGPT 可以快速处理大量复杂数据，识别现金流趋势、预测未来现金流状况，并发现潜在的风险与机会，这有助于企业决策者更全面地了解财务状况，及时做出调整和优化，确保资金的有效利用和企业的稳健运营。同时，ChatGPT 还能提供个性化的管理建议，助力企业实现财务目标。

下面介绍使用 ChatGPT 分析企业现金流数据的操作方法。

STEP 01 打开 ChatGPT，单击文本框左侧的“附加文件”按钮，在弹出的列表框中选择“从电脑中上传”选项，如图 10-2 所示。

STEP 02 弹出“打开”对话框，在文件夹中选择需要上传的企业现金流文件，如图 10-3 所示。

图10-2 选择“从电脑中上传”选项

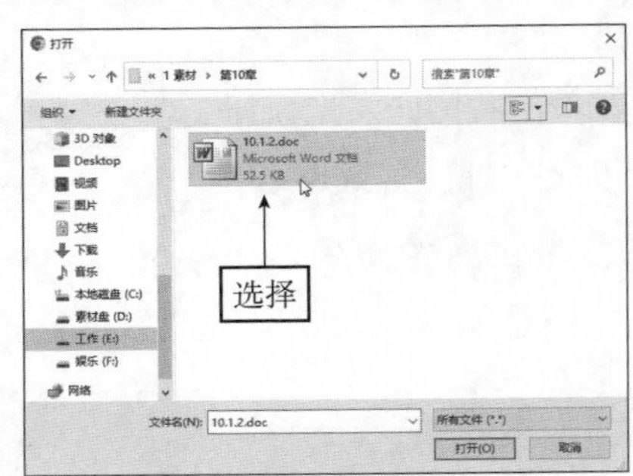

图10-3 选择企业现金流文件

STEP 03 单击“打开”按钮，即可上传文件，在ChatGPT下方的文本框中，输入相应指令，指导AI对企业现金流进行相关分析，单击发送按钮，即可获得ChatGPT生成的企业现金流分析报告，相关指令和回复内容如下。

提问

请根据上传的文件，分析蓝新科技有限公司2024年经营活动产生的现金流量净额的变化情况，并指出主要驱动因素，评估经营活动现金流对公司整体现金流状况的贡献程度。

ChatGPT

蓝新科技有限公司2024年经营活动产生的现金流量净额为5000万元，相较于2023年的2700万元，增加了2300万元，增长幅度显著。主要驱动因素包括：

1. 销售商品、提供劳务收到的现金增加：2024年收到的现金为50000万元，比上年增加了5000万元。这表明公司在2024年销售业绩有所提升，业务规模有所扩展。

2. 其他经营活动相关现金流入增加：2024年收到的其他与经营活动相关的现金为2000万元，相比2023年增加了200万元，虽然金额不大，但也对整体现金流入形成了正向贡献。

3. 经营活动现金流出增加，但控制得当：尽管经营活动的现金流出从2023年的44100万元增加到2024年的47000万元，但增幅相对较小（增加了2900万元），说明公司在支出管理上保持了较好的控制。

从整体现金流状况来看，经营活动现金流对公司现金流的贡献程度显著。经营活动现金流净额占全年现金及现金等价物净增加额7700万元的64.94%。这表明公司的经营活动仍然是其现金流的主要来源，推动了公司整体现金流的改善。

相比之下，投资活动产生的现金流量净额为-1800万元，虽然较2023年的-2900万元有所改善，但依然处于负值，表明投资活动依然是现金流的消耗项。

筹资活动则为公司提供了正向的现金流量净额4500万元，显著改善了现金流状况。总体来看，经营活动产生的现金流量是蓝新科技有限公司现金流的主要支柱，且在2024年有了显著的改善。

10.1.3 财务规划与分析，为未来财务健康铺路

扫 码
看视频

利用ChatGPT进行财务规划与分析，能显著提升效率与精准度。ChatGPT能自动化处理大量财务数据，快速识别趋势与异常，为决策提供即时、深入的洞察。通过智能算法预测现金流、评估投资风险与回报，帮助企业或个人优化资产配置。同时，ChatGPT的个性化财务规划服务成为可能，满足不同用户的特定需求。ChatGPT还能持续学习市场动态，灵活调整策略，确保财务规划的有效性与前瞻性。

打开ChatGPT，上传一份企业财务数据，然后在文本框中输入相应指令，单击发送按钮⬆，即可获得ChatGPT生成的财务规划与分析报告，相关指令和回复内容如下。

提问

请基于附件中的财务报表，规划未来一年现金流，并提出财务优化建议，重点考虑成本控制与收入增长策略。

ChatGPT

基于附件中的财务报表信息，以下是对蓝新科技有限公司未来一年现金流的规划和财务优化建议，特别关注成本控制和收入增长策略。

一、未来一年现金流规划

1. 经营活动现金流预测

- 销售收入增长：根据当前财务数据，销售收入从45000万元增长到50000万元，增幅约为11.1%。假设公司保持此增长率，预计下一年度的销售收入可能达到55500万元。

- 成本控制：假设公司通过成本优化策略使成本增长控制在5%，预计未来一年经营活动现金流出合计为49350万元。

- 经营活动现金流净额：预计下一年度的经营活动现金流净额约为6150万元（55500万元－49350万元）。

2. 投资活动现金流预测

- 投资收益优化：本期投资活动现金流为－1800万元，预计通过优化投资结构和提高收益，投资活动现金流的净额可能收窄到－1500万元。

3. 筹资活动现金流预测

- 维持筹资规模：本期筹资活动现金流净额为4500万元，假设未来一年公司维持此筹资规模，预计净现金流入仍为4500万元。

4. 现金流合计

- 预计下一年度的现金流量净增加额为9150万元（6150万元 + 4500万元 −1500万元）。

二、财务优化建议

1. 成本控制策略

- 供应链优化：与供应商协商降低采购成本，特别是大宗商品和长期供应合同，争取更优价格。

- 减少运营开支：在保证生产效率的前提下，通过技术改进和流程优化减少能源、人工和管理成本。

- 数字化转型：引入信息化管理系统，通过数字化手段监控和控制各项成本，提升整体运营效率。

……

10.1.4　商业计划书撰写，绘制企业成长路径

扫码看视频

商业计划书是创业或项目发展的蓝图，对企业具有多重作用：明确项目定位与目标，规划市场策略与营销方案；评估资金需求与盈利预测，吸引投资者关注；指导团队行动，确保资源有效配置；作为与合作伙伴、金融机构沟通的桥梁，增强信任与合作；同时，也是自我审视与调整经营策略的重要工具。总之，商业计划书是项目成功的基石，助力企业稳健前行。

用户通过在ChatGPT中输入相关指令，可以生成各种商业计划书，相关案例如下。

提问

请生成一份详细的《中老年健康产业项目》商业计划书

ChatGPT

《中老年健康产业项目》商业计划书

目录

一、执行摘要
二、公司介绍
三、市场分析
四、产品与服务
五、营销策略
六、运营计划
七、管理团队
八、财务计划
九、风险分析
十、社会责任与可持续发展
十一、附录

一、执行摘要

1. 项目概述

本项目旨在为中老年人群体提供综合健康服务，涵盖健康管理、康复护理、心理咨询、健康产品等领域。通过建立一体化的健康服务平台，提升中老年人的生活质量。

2. 愿景与使命

愿景：成为国内领先的中老年健康服务品牌。

使命：改善中老年人的生活质量，提供全方位的健康管理服务。

3. 项目亮点

市场需求旺盛：人口老龄化趋势显著，健康需求增长迅速。

服务体系完善：涵盖预防、治疗、康复的全周期健康管理。

专业团队：拥有医疗、护理、心理等多领域专家团队。

4. 财务概况

预计前期投资5000万元，三年内实现盈利，预计年收入达2亿元，投资回报率（ROI）达20%。

二、公司介绍

1. 公司概述

公司成立于20××年，专注于中老年健康服务，核心业务包括健康管理、康复护理、健康产品销售、线上健康咨询等。

2. 公司愿景与价值观

愿景：通过创新与专业服务，打造中国最具影响力的中老年健康服务品牌。

价值观：客户至上、专业诚信、持续创新。

……

10.1.5 SWOT分析，全面审视企业内外部环境

扫码看视频

利用ChatGPT进行SWOT分析，能高效整合并分析企业内外部的海量数据，精准识别企业的优势（Strengths）、劣势（Weaknesses）、机会（Opportunities）与威胁（Threats）。此举不仅加速了决策过程，还确保了分析的全面性和客观性，帮助管理者做出更科学、更前瞻的战略规划。ChatGPT能揭示传统方法难以发现的微妙趋势与关联，从而制定更精准的市场定位、资源配置策略，增强企业竞争力，促进可持续发展，相关案例如下。

提问

请对一家零食生产企业进行SWOT分析，深入分析内部优势与劣势，外部机会与威胁。重点考虑市场趋势、竞争对手及客户需求变化，生成详尽报告。

ChatGPT

对一家零食生产企业进行SWOT分析，可以帮助其更好地了解内部和外部环境，以制定有效的战略。以下是详细的SWOT分析报告：

一、内部分析

1. 优势（Strengths）

- 品牌知名度：如果该企业在市场上已有一定的知名度，其品牌效应将帮助其吸引更多的消费者。尤其是在消费者对品牌忠诚度较高的零食市场中，知名品牌的优势十分明显。

- 产品多样性：零食企业通常通过提供多种口味和种类的产品来满足不同消费者的需求。多样化的产品线可以覆盖更广泛的市场，并减少对单一产品的依赖。

- 生产效率和成本控制：如果企业拥有先进的生产设备和高效的生产流程，这将帮助其降低生产成本，提升盈利能力。此外，稳定的供应链也可以确保原材料的及时供应，从而减少生产中的中断风险。

- 创新能力：强大的研发团队可以帮助企业开发出符合市场需求的新产品，尤其是在健康零食趋势兴起的背景下，能够推出低糖、低脂、无添加剂的产品将成为重要竞争优势。

2. 劣势（Weaknesses）

- 市场覆盖率不足：如果企业的市场份额较小或分销渠道有限，可能难以与大型零食品牌竞争。这种情况尤其在需要大规模生产和分销的零食市场中显得更为不利。

- 品牌定位不清：如果企业的品牌形象模糊，或无法清晰传递其独特的价值主张，消费者可能无法区分其产品与竞争对手的产品，从而影响销售表现。

- 研发投入不足：对于零食行业，消费者的口味变化较快，如果企业在研发方面投入不足，可能难以跟上市场的变化，导致产品缺乏竞争力。

- 生产设施老化或不足：如果企业的生产设备较为陈旧或规模较小，可能会限制其生产能力和产品质量，影响其市场竞争力。

二、外部分析

1. 机会（Opportunities）

- 健康消费趋势：随着消费者健康意识的提高，市场对健康零食（如无糖、无添加剂、有机零食）的需求大幅增长。企业可以通过推出符合这一趋势的新产品来占领市场份额。

- 电商和新零售的崛起：随着电子商务和新零售模式的普及，零食企业可以通过线上渠道扩大销售，尤其是在社交电商、直播带货等新兴销售模式下，能够迅速提升品牌知名度和销量。

- 国际市场扩展：一些零食企业可以通过出口拓展国际市场，尤其是在东南亚、非洲等新兴市场，这些地区对零食产品的需求增长迅速，具有较大的市场潜力。

……

10.2 智普清言：快速提升职场效率

智谱清言是北京智谱华章科技有限公司推出的生成式 AI 工具，它可在工作、学习和日常生活方面为用户提供广泛的支持和帮助。智谱清言具备通用问答、多轮对话、创意写作、代码生成及虚拟对话等丰富功能，能为用户带来更加便捷、高效和智能的服务体验。本节主要介绍使用智谱清言快速提升职场效率的方法。

10.2.1　批量点评小学生作文，提升教师工作效率

扫　码
看视频

智谱清言的批量点评小学生作文功能是一项针对教育的功能，它能够高效地对大量小学生的作文进行自动评估和反馈，可以根据预设的评分标准自动为作文打分，如语法正确性、拼写准确性及句子结构等。针对每篇作文的特点，AI 可以提供个性化的反馈和建议，帮助学生认识到自己的优势和需要改进的地方。与传统的人工点评相比，AI 点评可以快速处理大量作文，节省了教师的时间。

下面以点评两篇小学生作文为例，讲解用智谱清言点评小学生作文的方法。用户在智谱清言中输入相关指令时，可以指定 AI 输出的格式，可以要求以表格形式回复、指定评阅维度等，以便得到理想的点评效果，具体操作步骤如下。

STEP 01 在智谱清言页面中，单击文本框左侧的“上传文件”按钮，如图 10-4 所示。

STEP 02 弹出“打开”对话框，在文件夹中选择需要批量点评的小学生作文，如图 10-5 所示。

STEP 03 单击“打开”按钮，即可上传小学生作文文档，如图 10-6 所示。

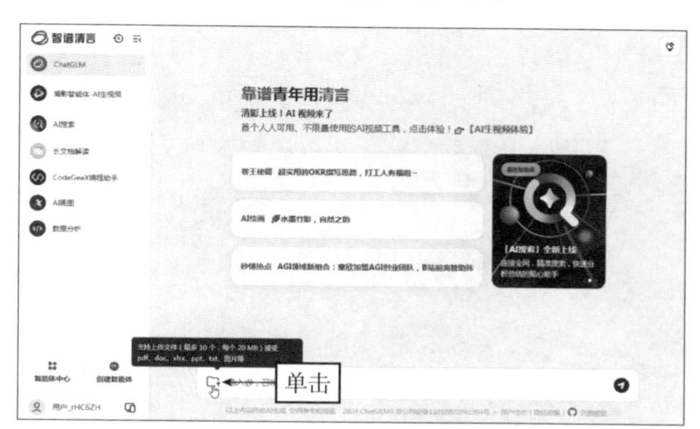

图10-4　单击文本框左侧的“上传文件”按钮

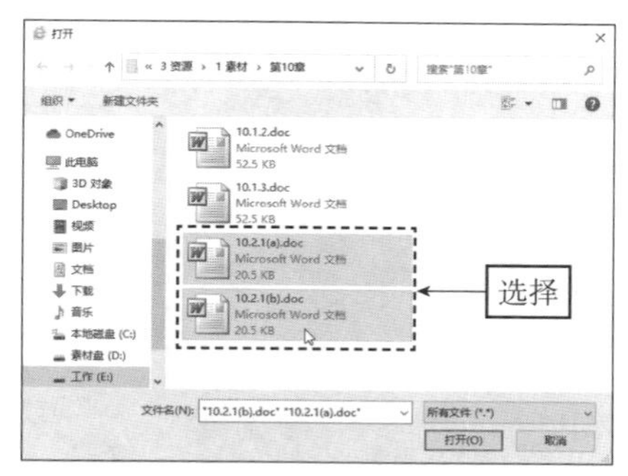

图10-5　选择两篇小学生作文

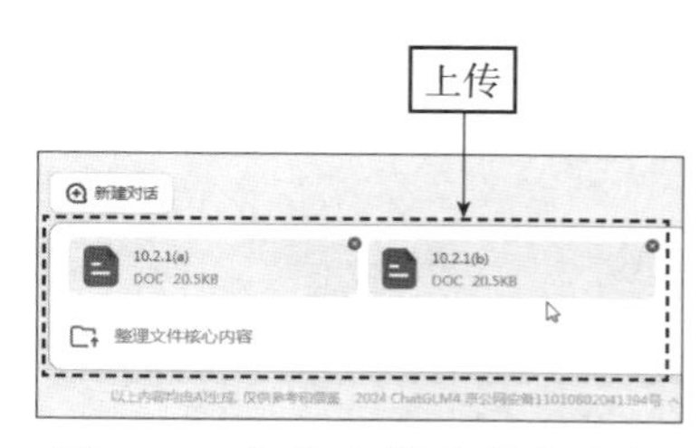

图10-6　上传小学生作文文档

STEP 04 在文本框中输入相应的指令，单击右侧的发送按钮，便可以得到智谱清言批量生成的作文点评回复，相关指令和回复内容如下。

提问

按四年级作文的标准，从主题、结构、语言的维度评阅以上学生作文，分维度返回作文评语内容，并根据内容的语法正确性、拼写准确性、句子结构等，给作文评分，评分区间为 0～100 分。

智谱清言

作文一：《我的家乡》

主题：

· 主题明确，围绕家乡的四季美景展开描写，表达了对家乡的热爱之情。

· 可以适当加入家乡的特产、民俗等元素，使内容更加丰富。

结构：

· 结构清晰，按照春、夏、秋、冬四季顺序进行描写，层次分明。

· 可以考虑在开头或结尾加入对家乡情感的总结，使文章更具感染力。

语言：

· 语言流畅，用词生动形象，例如“小草偷偷地从土里探出头来”“桃花、杏花、梨花竞相开放”等。

· 可以适当运用一些修辞手法，例如比喻、拟人等，使语言更加生动。

作文二：《我亲爱的爸爸》

主题：

· 主题鲜明，表达了对父亲的敬爱之情，展现了父亲勤劳、关心孩子、有爱心的形象。

· 可以适当加入一些具体事例，使父亲的形象更加丰满。

结构：

· 结构完整，按照总分总的结构进行描写，层次分明。

· 可以考虑在开头或结尾加入对父亲情感的总结，使文章更具感染力。

……

评分：

· 作文一：85 分

· 作文二：90 分

10.2.2　精准搜索房产政策，快速掌握行业动态

通过精准搜索房产政策，职场人士可以及时了解这些政策对企业的影响，帮助企业及时调整产品策略和经营方向，以便更好地满足市场需求，更快地实现企业的财务目标，提升市场竞争力。下面介绍在智谱清言 App 中精准搜索房产政策的操作方法。

STEP 01 打开智谱清言 App，进入“对话”界面，点击“智能体”标签，如图 10-7 所示。

STEP 02 进入“智能体”界面，选择“AI 搜索”选项，如图 10-8 所示。

STEP 03 进入“AI 搜索”界面，如图 10-9 所示，在其中可以精准搜索全网内容。

图10-7　点击“智能体”标签

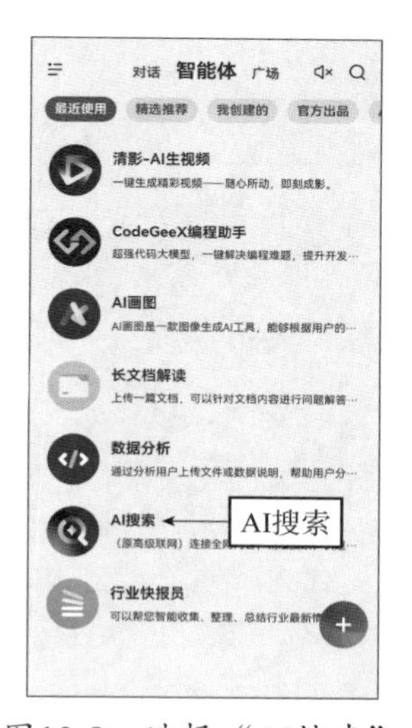

图10-8　选择“AI搜索”选项

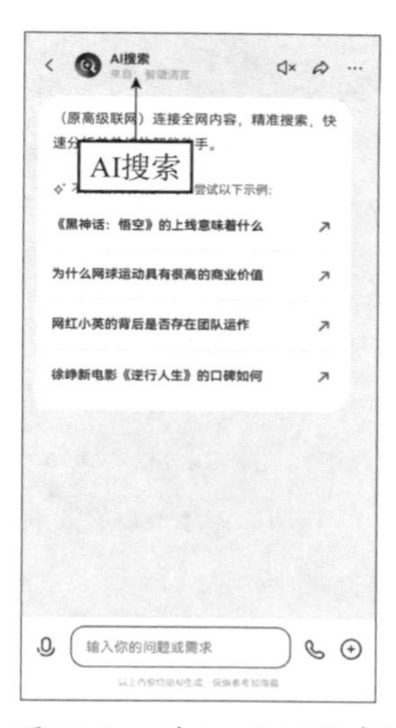

图10-9　进入“AI搜索”界面

STEP 04 在下方的文本框中输入相应的指令，点击“发送”按钮，即可得到房产政策信息，相关指令和回复内容如下。

提问

请搜索最新的房地产政策，并讲解其对企业有何影响。

智谱清言

根据最新的房地产政策，以下是这些政策对企业可能产生的影响：

1. 防范化解风险：中共中央政治局会议强调要持续防范化解重点领域风

险，特别是房地产市场的风险。这意味着企业需要更加注重合规经营，避免因市场波动带来的财务风险。

2. 进市场健康发展：政策要求落实促进房地产市场平稳健康发展的新政策，坚持消化存量和优化增量相结合。企业需要调整策略，积极消化存量商品房，同时优化增量供应，提高产品质量，以满足市场需求。

3. 支持保障性住房：政策积极支持收购存量商品房用作保障性住房，这将增加企业在保障性住房领域的投资机会。企业可以通过参与保障性住房建设获得更多政策支持和市场机会。

4. 保交房工作：政策进一步强调要做好保交房工作，确保项目按时交付。这对企业提出了更高的工程管理和交付能力要求，同时也要求企业加强与政府的合作，确保项目顺利推进。

5. 构建新模式：政策鼓励探索房地产发展新模式，如鼓励扩大内需、推动家居消费、老旧小区改造等。企业可以探索新的商业模式和业务领域，如参与租赁市场、城中村改造等，以适应市场变化和政策导向。

6. 金融支持：政策提到综合运用多种货币政策工具，加大金融对实体经济的支持力度，促进社会综合融资成本稳中有降。这将有助于企业获得更多金融支持，降低融资成本，提高资金使用效率。

7. 取消限购政策：部分城市取消限购政策。这将有助于释放市场需求，提高市场活跃度。企业可以抓住这一机会，合理调整销售策略，增加市场供应，提升销售业绩。

综上所述，最新的房地产政策将对企业的经营策略、风险管理、市场拓展和融资环境等方面产生深远影响。企业需要密切关注政策动向，灵活调整经营策略，以适应新的市场环境和政策要求。

10.2.3 行业快报员，帮助企业把握市场趋势

扫码看视频

了解餐饮行业的最新动态，有助于餐饮企业了解当前市场的热点和消费者偏好的变化，如新业态的兴起、特定产品的流行等，从而调整经营策略，推出符合市场需求的产品。另外，快报中的行业趋势分析通过了解食材价格变化和供应链动态，餐饮企业可以更好地进行成本控制和风险管理，例如在猪肉和鸡肉价格上涨时寻找替代食材或调整菜单。相关案例如下。

提问

帮我生成一份餐饮行业的快报。

智谱清言

以下是根据最新信息整理的餐饮行业快报：

餐饮行业快报

1. 全球美食新味道，全国饭店餐饮业“精品消费月”首场活动亮相

2024年11月13日，FHC上海环球食品展上，中国饭店协会和上海市餐饮烹饪行业协会联合举办了“中国国际消费中心城市精品消费月——全球美食新味道”活动。该活动覆盖了来自全球50个国家及地区的3000多家食饮行业展商，展示了上万件优质产品。活动期间，将举办多场消费促进活动和行业高峰论坛，旨在提振消费，激发市场活力。

2. 10月餐饮月报：新品秋冬氛围浓厚，品牌积极推副牌

2024年10月的餐饮行业观察报告显示，全国餐饮行业景气指数在9月有所下滑，从119.7降至113.2，反映出餐饮行业整体进入调整期。报告指出，这种下滑与暑期结束后消费者回归日常生活节奏有关。尽管如此，品牌仍在积极推出新产品和副牌，以应对市场竞争。

3. 新观念、新需求“催生”餐饮竞争新逻辑

随着消费需求的变化和行业竞争的加剧，餐饮业迎来了结构性调整。连锁化率进一步提升，消费场景持续创新，同时“出海”与“下沉”市场并行发展。乡村基董事长李红和西贝董事长贾国龙均表示，现在消费者对餐饮的要求不仅是吃饱，还包括食材精良、环境与服务升级等。

4. 餐饮业最新趋向

根据《2024中国餐饮业年度报告》，尽管短期内存在一定的困难与不确定性，但餐饮行业市场规模仍在持续扩大。2023年，全国餐饮收入首次突破5万亿元大关，同比增长20.4%。报告认为，高性价比、精致的大众化餐饮回归主流，数字化餐饮服务在增收中的作用越来越重要。

10.2.4 生成年会邀请函，批量印刷与分发

扫码
看视频

邀请函是一种正式的书面文件，通常用于邀请个人或团体参加特定的活动、仪式、

庆典、会议或出席其他重要场合。这种文书旨在传达邀请者的真诚邀请，并提供受邀人所需的关键信息。用户可以提供给智谱清言相关的信息，让智谱清言生成一封符合要求的邀请函内容，然后批量设计、印刷与分发，将邀请函送至相应的客户手中。相关案例如下。

提问

生成一份企业年会邀请函的内容，主要邀请公司的大客户。

智谱清言

尊敬的[客户名称]：

我们诚挚地邀请您参加我们公司即将举行的年度盛会。本次年会不仅是对过去一年成就的回顾，更是展望未来，共同探讨合作新机遇的重要时刻。

【年会主题】：携手共创，共赢未来

【时间】：2024年[具体日期][具体时间]

【地点】：[具体地点]

本次年会亮点包括：

1. 公司年度成就展示：一起回顾过去一年的辉煌成就。
2. 行业专家讲座：深入分析行业趋势，洞察未来商机。
3. 产品发布：首次展示我们最新研发的创新产品。
4. 高端交流晚宴：在轻松愉快的氛围中，与业界同人深入交流。

我们深知，您的支持和信任是我们不断前行的动力。因此，我们特别希望您能够出席本次年会，与我们一起分享喜悦，共谋发展。

期待您的光临，让我们共同见证这一难忘的时刻！

此致 敬礼！

10.2.5 创作情歌歌词，为艺术创作提效

扫码看视频

智谱清言的AI技术能够学习和模仿不同艺术家和风格的歌词写作方式，在生成情歌歌词的时候，它会提供多样化的情歌风格，以满足用户对不同情感和主题的需求。另外，智谱清言具备自动化生成大量歌词候选的能力，这将大大提高音乐创作的效率，相关案例如下。

提问

请以“深情告白、浪漫邂逅、永恒誓言”为主题，创作一首情歌的歌词，构建一段从相遇、相爱到承诺的温馨故事

智谱清言

【第 1 节】

在这繁忙的世界里，我遇见了你，

你的笑容照亮了我的心，让我不再迷茫。

我们相遇的那一刻，时间仿佛静止，

你的眼神，你的温柔，让我深深着迷。

【副歌】

深情告白，浪漫邂逅，我们的故事开始了，

从相遇的那一刻，我就知道，你是我的命中注定。

爱意满怀，期待未来，我们的心紧紧相连，

永恒誓言，承诺着爱，直到永远。

【第 2 节】

我们相爱在花海中，漫步在星光下，

每一次相处，都充满了甜蜜和浪漫。

你的笑声，你的温暖，让我心动不已，

我们的爱在心中生根发芽，无法割舍。

……

10.3　本章小结

本章详细介绍了 ChatGPT 与智普清言在金融与职场领域的智能应用，ChatGPT 可以实现从批量营销短信生成、企业现金流分析、财务规划、商业计划书撰写与 SWOT 分析等，展现了 AI 在金融策略上的高效与精准。同时，智普清言中的作文点评、房产政策搜索、行业快报、生成邀请函、创作歌词等功能，显著提升了工作效率与创新能力。学习完本章内容后，读者可以掌握 AI 工具在金融与职场中的实际应用，提升工作效率，为职业发展与决策制定提供有力支持。

附 录 A

10 款好用的 AI 工具推荐

现在的AI工具，层出不穷，各有千秋，正文中已经为大家介绍了18款热门的AI工具，接下来再为大家推荐10款好用的AI工具，因为篇幅有限，这里只是简单介绍，感兴趣的读者可以根据正文中的思路，将各个AI工具的常用功能与擅长之处，都一一体验一下。

工具1　WPS AI

WPS AI 是金山办公推出的一款具备大语言模型能力的生成式人工智能应用，也是中国协同办公领域的首个类 ChatGPT 应用。WPS AI 提供了全面的应用渠道，包括网页端、电脑桌面应用软件及手机 App，让用户可以在不同的设备上都能享受智能化的办公体验。

WPS AI 旨在通过 AI 技术提升用户在办公、写作和文档处理方面的工作效率和体验，可以通过自然语言处理技术，自动识别、分析和处理数据，理解用户的意图和需求，提供个性化的解决方案，如图 A-1 所示。

图A-1　WPS AI

WPS AI 能够根据用户输入的指令，自动生成劳动合同、会议通知、团建游戏方案及应聘人员签到表等，帮助用户快速搭建起文档的基本框架，为用户提供更加高效、便捷和个性化的办公体验。

WPS AI 还为用户提供了丰富的行业热门办公模板，涵盖行政工作、公文写作及营销报告等多个领域，用户可以根据需要选择合适的模板进行编辑和使用。

工具2 360智绘

360智绘是由360公司推出的一款集成了人工智能技术的图像生成平台，它利用先进的算法，能够根据用户输入的指令，自动生成具有特定风格（如卡通、现代建筑等）和元素的图像，并允许用户添加特定元素和调整色彩。

此外，360智绘可针对丰富的应用场景（如广告设计、社交媒体内容制作、游戏开发及教育和展示等）提供服务，能够大大提高图像创作的效率和质量，满足用户在不同场景下的视觉需求。用户可以通过其官方网站或相关应用轻松体验这个平台强大的AI图像创作功能，其操作页面如图A-2所示。

图A-2 360智绘

工具3 腾讯元宝

腾讯元宝是腾讯公司推出的一款基于自研混元大模型的C端AI助手App，集成了AI搜索、总结和写作等功能。它支持多轮问答，能解析多种格式文档，提升信息获取和处理效率。同时，它还具有个性化智能体创建、克隆用户声音等功能，可为用户打造专属体验。

腾讯元宝以强大的 AI 能力和便捷的操作，为用户提供全面而智能的助手服务。其操作页面如图 A-3 所示。

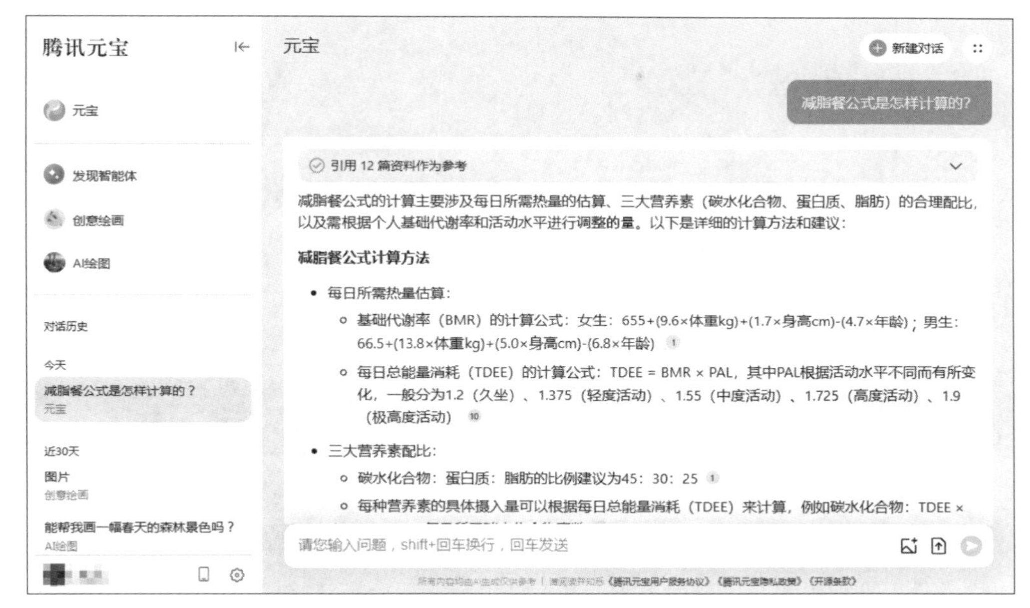

图A-3　腾讯元宝

工具4　海螺AI

海螺 AI 是一款由 MiniMax 推出的免费 AI 对话工具，其核心功能包括多模态交互、语音通话、智能搜索、数据查询、图像识别及文案创作等，有网页版和 App 版两种，能够为用户提供智能、高效的服务体验。其 AI 语音通话功能自然流畅，支持多种声音效果和语速设置，用户还可以克隆自己的声音供使用。此外，海螺 AI 还具备快速阅读长文本和智能写作等能力，满足用户在工作和学习中的多样化需求，其操作页面如图 A-4 所示。

图A-4 海螺AI

工具5 360 AI办公

360 AI 办公是一款集成了多种 AI 工具和海量内容模板的高效办公平台，其核心功能包括 PDF 文件处理、图片编辑与处理、文档模板与编辑、AI 辅助创作、文件管理、桌面备份、事项提醒、语音助手等。360 AI 办公采用会员订阅模式，用户开通“360 AI 大会员”即可获取全部应用，一站式解决多行业多场景办公痛点。其操作页面如图 A-5 所示。

图A-5 360 AI办公

工具6　包阅AI

包阅 AI 是一款高效的智能阅读助手，专为提升文档处理和内容阅读效率设计，它支持 PDF、Word、PPT 等多种格式文档的阅读与解读，并能即时提炼文档要点，自动生成摘要和大纲。此外，包阅 AI 还具备智能问答、OCR 截图问答、多格式文件翻译、全文改写和笔记添加功能，满足不同用户在学术研究、商业分析等多种场景下的需求，其操作页面如图 A-6 所示。

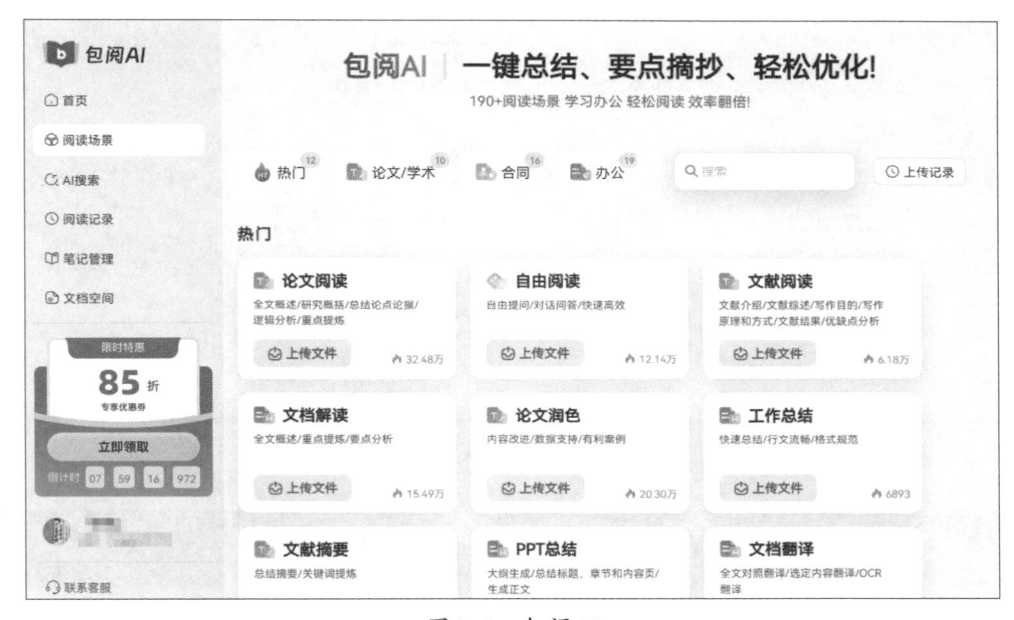

图A-6　包阅AI

工具7　笔灵AI

笔灵 AI 是一款面向专业写作人员的智能写作工具，它凭借强大的人工智能模型，为用户提供多样化的写作辅助服务。笔灵 AI 支持快速生成公文、商业计划书等多种类型文稿，且拥有超过 200 个写作模板，覆盖多个领域和场景，使写作变得更加简单和高效。用户输入简单的关键词或要求，笔灵 AI 就能在极短的时间内生成高质量的内容，极大地提升了写作效率。

此外，笔灵 AI 还具备智能改写、续写和推荐灵感等功能，能帮助用户优化文稿，激发创作灵感，解决写作过程中的瓶颈问题。笔灵 AI 不仅适用于个人写作，也广泛应用于教育、企业、媒体等多个领域，成为众多写作者和创作者的得力助手。其操作页面如图 A-7 所示。

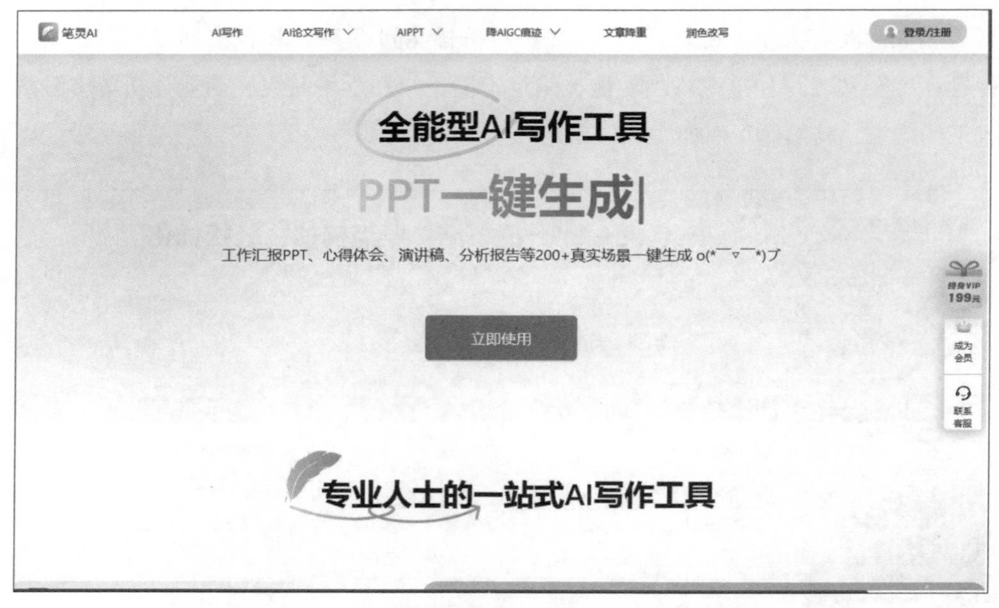

图A-7 笔灵AI

工具8 Notion AI

Notion AI 是 Notion 推出的一款革命性 AI 工具，它集成了先进的 AI 技术，为用户提供强大的文本处理和笔记编辑功能。这款工具能够智能化地生成文本、表格等内容，支持文本扩写、缩写、语气调整等多种功能，极大地提高了用户的写作效率和创作能力。同时，Notion AI 还具备实时语法和拼写检查功能，帮助用户快速修正错误。

此外，它支持多平台使用，包括 Windows、MacOS、Android 等操作系统，并提供了 Web 版，方便用户随时随地进行创作。Notion AI 的出现，为学生、研究人员和企业家等各类用户提供了前所未有的便利，是知识管理和生产力提升的重要工具。其操作页面如图 A-8 所示。

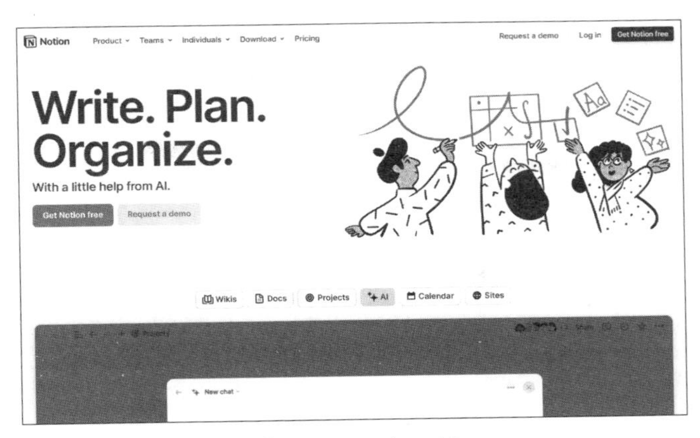

图A-8 Notion AI

工具9 Midjourney

Midjourney 是一款基于人工智能技术的绘画工具，它能够帮助艺术家和设计师更快速、高效地创建数字艺术作品。Midjourney 提供了各种绘画工具，用户只要输入相应的指令，就能通过 AI 算法生成对应的图片。

Midjourney 具有智能化绘图功能，能够智能化地推荐颜色、纹理、图案等元素，帮助用户轻松创作出精美的绘画作品。同时，Midjourney 可以用来快速创建各种有趣的视觉效果和艺术作品，极大地方便了用户的日常设计工作。其图像生成页面如图 A-9 所示。

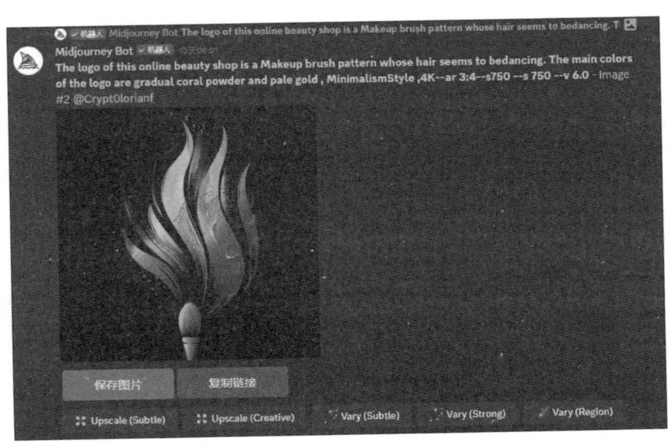

图A-9 Midjourney图像生成页面

工具10 Stable Diffusion

Stable Diffusion 是一种基于深度学习技术的模型，其最基本的功能是根据文本生成相应图像，同时支持图像修复、图像绘制、文本到图像和图像到图像等功能，这使得它在创意设计、艺术创作等领域具有广泛的应用。

它在娱乐、创意产业等领域也发挥着重要的作用，如虚拟现实、游戏设计等。其图像生成页面如图 A-10 所示。

图A-10 Stable Diffusion图像生成页面